AF474687

LEÇONS

DE

SCIENCE HIPPIQUE GÉNÉRALE.

PARIS.—Impr. de COSSE et J. DUMAINE, r. Christine, 2.

LEÇONS

DE

SCIENCE HIPPIQUE GÉNÉRALE

OU

TRAITÉ COMPLET

DE L'ART DE CONNAITRE, DE GOUVERNER ET D'ÉLEVER

LE CHEVAL

PAR LE B[on] DE CURNIEU.

> . . . *Nihil equini a me alienum puto.*
> Rien de ce qui a rapport au cheval ne doit nous être étranger.

Première Partie.

PARIS,
LIBRAIRIE MILITAIRE,
J. DUMAINE, LIBRAIRE-ÉDITEUR DE L'EMPEREUR,
Rue et passage Dauphine, 30.

BRUXELLES,
LIBRAIRIE MILITAIRE DE FL. LEROY, 13, RUE DE LA MONTAGNE.

1855

A M. le Lieutenant général Marquis DE LAWŒSTINE,

Commandant supérieur des Gardes nationales du département de la Seine.

MON GÉNÉRAL,

Je vous dois beaucoup, et de ces choses qu'on sent et qu'on n'oublie pas. Ce n'est pas dans l'espoir de m'acquitter, mais dans le but de vous exprimer ma reconnaissance, que je vous ai demandé la permission de vous faire l'hommage de ce que j'ai écrit.

Nul n'en sera meilleur juge; aussi, dois-je espérer auprès de vous beaucoup moins de mon mérite que de votre indulgence.

Ce livre eût été meilleur sans doute si j'eusse pu continuer mes travaux et augmenter mon expérience en servant de longues années sous vos ordres, comme je devais y être appelé par mille raisons, ne fût-ce que par mon nom, car vous avez bien voulu vous rappeler que vous aviez été l'ami de mon père.

Mais je ne dois pas me plaindre de ma destinée, puisqu'elle a fini par me rapprocher de vous.

Recevez, mon Général, l'assurance du respect profond et de l'entier dévouement avec lequel j'ai l'honneur d'être

Votre très-humble et très-obéissant serviteur,

Bon DE CURNIEU.

Je supplie mes lecteurs de ne me supposer, d'après le titre donné à cet ouvrage, aucune ambitieuse prétention.

Ce que j'offre ici n'est pas un cours destiné au public, c'est simplement le résumé de leçons faites à l'École des haras.

L'envie d'utiliser mes études et de réaliser mes théories m'a donné autrefois le désir de professer ; je voulais enseigner ce que j'avais appris pendant une partie de ma vie.

Mon vœu a été réalisé grâce à M. Dittmer, mon parent, qu'une fin prématurée a enlevé à des travaux utiles, sans l'empêcher de laisser une mémoire chérie et glorieuse.

Il m'avait chargé de la direction de l'École royale des haras sous le rapport de la science hippique et de l'équitation.

J'ai rempli de mon mieux cette mission pendant quelques années.

A la mort de M. Dittmer, je me suis hâté de quitter l'administration des haras, dont je ne partageais ni les vues ni les doctrines.

La fin du règne de Louis-Philippe, toute la durée de la République, n'étaient pas un temps où je voulusse me mettre en avant de quelque manière que ce fût.

A l'avénement de l'Empire, j'ai cru qu'il était peut-être de mon intérêt, mais assurément de mon devoir, de payer à mon pays le tribut modeste de mes connaissances et de mon dévouement.

Il m'a fallu du temps pour recueillir mes matériaux, les mettre en ordre et les publier; voilà pourquoi ce n'est qu'aujourd'hui que je puis faire paraître le livre que voici.

Ἐπειδὴ διὰ τὸ συμβῆναι ἡμῖν πολὺν χρόνον ἱππεύειν οἰόμεθα ἔμπειροι ἱππικῆς γεγενῆσθαι, βουλόμεθα καὶ τοῖς νεωτέροις τῶν φίλων δηλῶσαι, ᾗ ἂν νομίζομεν αὐτοὺς ὀρθότατα ἵπποις προσφέρεσθαι.

XÉNOPHON.

Une longue pratique du cheval m'ayant donné, je crois, des connaissances en équitation, j'ai voulu en faire profiter les jeunes gens de mes amis en leur indiquant les meilleurs principes, selon moi, pour gouverner les chevaux.

INTRODUCTION.

J'appelle science hippique (1) générale l'ensemble des connaissances nécessaires pour arriver à l'art de connaître, de gouverner et de produire le cheval.

De ces connaissances, les unes sont particulières à la science hippique et de son domaine spécial ; elles n'ont pas encore été réunies en corps de doctrine ; les autres constituent, soit des sciences purement hippiques, telles que l'équitation, la maréchalerie, la médecine vétérinaire ; soit des sciences étrangères au cheval quant à leur but et à leur essence, mais

---

(1) Le mot hippique n'est pas reconnu par l'Académie ; mais nous demandons grâce pour une expression indispensable dans notre sujet ; aucun adjectif de la langue française ne peut le remplacer. N'est-il pas permis, d'ailleurs, à une science nouvelle de créer des termes nouveaux ? Les mathématiciens emploient, tous les jours, des mots français dans un sens technique et détourné de leur véritable acception : les expressions de triangles semblables, figures symétriques, en sont deux exemples entre mille.

qui s'y rattachent nécessairement, comme l'agriculture et l'art militaire; soit enfin des sciences dont l'étude a jusqu'à présent occupé les savants seuls, à l'exclusion des gens du monde, par exemple : la physiologie, l'histoire naturelle, l'anatomie comparée.

Rangeant ainsi en quatre classes les connaissances nécessaires à l'homme de cheval, il est facile de voir dès à présent, de quelle manière nous allons être amené à les envisager respectivement. En effet, les premières seront traitées par nous d'une manière spéciale et complète, puisque c'est là véritablement le fond de notre sujet; les sciences hippiques proprement dites, ou celles qui se rattachent d'une manière quelconque au cheval, ne sont qu'accessoirement de notre ressort, bien qu'elles doivent de toute nécessité nous être très-familières. Il faut que leur étude précède ou du moins accompagne celle de la science hippique générale. Nous supposerons donc au lecteur toutes les connaissances nécessaires en équitation, en hippiatrique, en agriculture, et lorsqu'il nous faudra entrer dans de grands détails, nous renverrons aux ouvrages qui traitent de ces sciences d'une manière spéciale, afin d'éviter les longueurs et les digressions.

Quant aux sciences que nous avons citées en dernier lieu, sciences d'un ordre infiniment plus élevé, et auxquelles malheureusement les gens du monde, et surtout les hommes de cheval, sont peu initiés, c'est principalement par leur application à l'objet qui nous occupe que nous pouvons espérer un résultat à la fois neuf et utile.

C'est là le seul moyen de tirer l'étude du cheval des routines de l'ignorance et du chaos de l'empirisme; là est par conséquent le point le plus important et le plus difficile de la tâche que nous avons à remplir.

La définition que nous donnons de la science hippique générale nous amène naturellement à partager ce livre en trois parties :

1° Connaissance du cheval;

2° Application du cheval à nos besoins ou à nos plaisirs;

3° Production du cheval ou manière de l'élever.

Dans la première partie, nous traiterons du cheval tel qu'il se présente à nos yeux, sans nous préoccuper des causes qui l'ont produit. Nous le considérerons comme animal sous le rapport purement zoologique; nous le comparerons avec les espèces dont il se rapproche; nous nous rendrons un compte exact de ses habitudes à l'état sauvage, de sa conformation, de ses allures, des couleurs de sa robe, de ses variétés, ou, en d'autres termes, de ses diverses races. Nous l'observerons aussi comme individu pour juger autant que possible, par son extérieur, de ses qualités bonnes ou mauvaises.

La seconde partie envisagera le cheval comme animal de service, ou mieux, comme moyen de locomotion donné à l'homme. Elle comprendra par conséquent tout ce qui a rapport à l'équitation, aux attelages, et par suite aux voitures et autres moyens de transport.

Cette matière demanderait à elle seule un ouvrage spécial et volumineux pour être traitée complétement.

L'équitation, partie importante, disons mieux, base fondamentale de la science hippique, aurait, je crois, besoin d'être envisagée sous un point de vue entièrement nouveau; mais comme un tel sujet mérite d'être traité à part, il faudra nous borner à quelques aperçus ou à des généralités indispensables.

Une histoire succincte, mais aussi complète que possible du cheval considéré comme animal de service, nous mettra sous les yeux tout ce que les différentes époques ou les différentes nations peuvent nous fournir d'utiles enseignements. Là, nous recueillerons tous les faits authentiques capables de nous donner une idée juste de ce que l'on peut réellement obtenir du cheval dans chaque condition de service.

Nous diviserons l'espèce chevaline, non plus en espèces, mais en types différents et appropriés à tel ou tel usage. Cette étude des types, combinée avec celle des races, aura particulièrement pour objet de rectifier les idées reçues en les généralisant, et de faire comprendre la portée des erreurs communément accréditées, ainsi que la cause des divergences d'opinion qui divisent le monde hippique.

La troisième partie enfin traitera complétement de l'art de faire naître et élever le cheval. Comme cet art repose principalement sur l'étude approfondie de nos goûts et de nos besoins, nous comprendrons dans ce volume les questions de l'ordre le plus élevé, celles qui intéressent particulièrement l'économie politique et le commerce. Tous les encouragements donnés à l'élève du cheval, dans un but sérieux d'amélioration, comme aussi les exigences du luxe ou de l'industrie ne devant être à nos yeux que des causes de production indirectes, mais puissantes, trouveront naturellement leur place ici. En un mot, cette dernière partie étant destinée à compléter l'ensemble des connaissances nécessaires à l'homme de cheval, sera à la fois le résultat et le résumé des deux premières; elle nous servira à les utiliser, à les compléter, en offrant à nos yeux tout ce qui aurait pu avoir été omis jusque-là.

LEÇONS

DE

SCIENCE HIPPIQUE GÉNÉRALE.

PREMIÈRE PARTIE.

CONNAISSANCE DU CHEVAL.

PROLÉGOMÈNES.

> Il nous faudrait un professeur d'équitation qui pût nous enseigner en même temps l'anatomie comparée.
>
> *(Souhait prématuré d'un sportsman érudit.)*

L'idée simple et féconde qui a inspiré à Georges Cuvier la création de la science connue aujourd'hui sous le nom d'anatomie comparée devra nous servir de guide dans nos études. En effet, c'est en comparant entre elles toutes les diverses organisations des animaux que cet homme de génie est parvenu à classer tous les êtres ; c'est par la comparaison des individus que l'on acquiert le tact et le coup d'œil du connaisseur en chevaux. Ce n'est donc qu'en développant cette précieuse faculté de comparaison que nous pourrons espérer quelques progrès dans l'étude qui nous occupe. Sans contredit, beaucoup voir et voir longtemps est un moyen d'arriver, je dirai plus, un moyen indispensable : car, sans une pratique longue et laborieuse, il ne saurait exister de connaissances certaines et d'expérience véritable ; d'autant plus que les différences entre deux animaux de même espèce sont quelquefois trop subtiles pour ne pas échapper à toute définition, à toute analyse raisonnée, et l'on est souvent obligé de se servir de l'instinct plus que du raisonnement, du sentiment plus que du calcul. Mais il serait funeste d'abuser d'une vérité utile, et de conclure que le goût peut seul nous diriger, que c'est un don inné qui ne s'acquiert point, et que l'habitude fait le reste sans qu'on ait à s'en occuper d'ailleurs ; c'est prendre l'instinct pour la réflexion, et la routine pour l'étude.

Si notre but ici est de répandre et de généraliser les connaissances qui constituent l'homme de cheval, notre prétention n'est pas de donner à tous une habileté qui n'est et ne sera jamais que le privilége exclusif du petit nombre; sans contredit, bien des hommes d'une habileté incontestable ont beaucoup appris par l'habitude et la routine ; il n'en est pas moins vrai qu'une méthode logique et savante peut abréger les études, et faire mieux fructifier l'expérience.

Convaincu donc, et de l'utilité d'un enseignement régulier, et de la difficulté que l'on éprouve à se former le coup d'œil par la comparaison de types dont les différences échappent à l'analyse, nous avons pensé que l'étude de la zoologie pouvait être du plus grand secours.

En effet, n'est-ce pas une marche simple et logique

que de passer successivement en revue les animaux dont l'organisation présente, avec celle du cheval, les rapports les plus remarquables ou les contrastes les plus frappants? N'est-ce pas un moyen d'accoutumer l'esprit et l'œil à des distinctions plus délicates et plus pénibles à saisir, que de débuter par l'étude des principaux types organiques?

Ces machines vivantes, que la nature offre à nos observations, ont chacune leur destination spéciale révélée par une conformation singulièrement bien adaptée au but qu'elle a à remplir. Ce sont autant d'exemples utiles, et dans l'analyse desquels il y a toujours à apprendre, toujours à admirer : car la moindre critique hasardée par l'observateur superficiel ne manque jamais de tourner à sa confusion.

Nous verrons des preuves curieuses de cette infaillibilité complète de la nature dans le choix des moyens qu'elle a pris pour arriver à son but.

Mais, n'oublions pas de le dire, pour que la comparaison soit profitable il faut qu'elle soit intelligente, raisonnée, ingénieuse; et cette opération de l'esprit, comme toutes les fonctions intellectuelles ou autres, demande indispensablement des facultés heureuses, une bonne direction et un long exercice.

C'est donc afin de préciser l'idée de la marche à suivre dans nos études, que nous allons donner ici quelques notions de zoologie.

C'est surtout en entrant dans l'esprit de notre manière d'étudier que l'on pourra ajouter utilement des connaissances plus étendues aux observations suivantes auxquelles nous sommes obligé de nous restreindre. Un travail consciencieusement suivi convaincra bientôt que le seul moyen d'avancer dans une science spéciale est de savoir appeler à son secours les connaissances, non-seulement les plus générales, mais encore les plus étrangères en apparence au sujet qui nous occupe.

NOTIONS DE ZOOLOGIE.

Natura non facit saltus.
La nature procède par nuances.

Tout ce qui existe se présente à nos yeux sous l'une de ces trois formes, *minéral*, *végétal*, *animal*. On a formé trois grandes catégories qu'on a appelées règnes, dans l'une desquelles doit nécessairement se ranger tout objet que nous voyons, ou dont nous pouvons concevoir l'existence. Le règne minéral comprend les corps bruts, c'est-à-dire ceux qui n'ont en eux aucun principe capable de les soustraire à l'action des lois naturelles, celles dont l'étude fait l'objet spécial de la physique, de la chimie, etc.

En d'autres termes, les corps bruts sont ceux qui n'ont aucune vie, en prenant ce mot dans sa véritable acception physiologique (1). Ils manquent par conséquent d'in-

(1) Nous ne nous étendrons pas sur ces premières données scientifiques; que dire après Cuvier et Richerand? Je préfère renvoyer à leurs écrits, dont la lecture, d'ailleurs si attrayante par elle-même, est indispensable à quiconque veut voir la science sous un point de vue élevé et autrement qu'en maquignon ignorant.

dividualité ainsi que de la faculté de se reproduire ou d'être détruits. Prenez un lingot de fer et partagez-le en plusieurs fragments, n'importe par quel moyen, chacun de ces fragments sera isolément aussi complet que l'était le lingot, réunion de tous ces fragments ; soumettez le lingot ou une de ses parties à toutes les manipulations imaginables, vous ne l'aurez jamais détruit, vous aurez fait subir à ses molécules diverses transformations ; mais une suite d'opérations contraires pourra toujours rétablir le premier état de choses : et le lingot de fer primitif redeviendra ce qu'il était avant, sans être diminué ni augmenté autrement que par la perte de quelques-unes de ses molécules ou par l'agrégation de molécules hétérogènes, et prises ailleurs qu'en lui-même.

Comparez ce résultat avec ce que vous observez dans tout être appartenant au règne végétal. Voyez par exemple le saule, qui naît, vit et meurt, qui a son individualité, dont chaque partie est différente, et contribue avec toutes les autres à former un ensemble ; ensemble que vous ne pouvez diviser sans le détruire.

Lorsqu'on a fait subir à cet arbre les transformations nécessaires pour faire disparaître sa forme primitive, on peut bien réunir les éléments constitutifs dont il était formé, mais le reconstruire, jamais, parce que sa forme était le résultat d'une force vitale dont le secret nous échappe.

Coupez maintenant une des branches de ce saule et plantez-la, vous verrez cette branche devenir à son tour un arbre pareil, un individu séparé, capable, comme le premier, et de vie et de mort, et qu'on ne pourra plus réunir à celui dont on l'a distrait. C'est encore là un autre phénomène de la vie, celui de la reproduction. C'est donc la vie qui distingue le règne végétal du règne minéral ; mais, comme il n'y a rien de heurté dans la nature et qu'elle semble avoir pris à tâche de ménager des transitions insensibles entre toutes les choses qu'elle a créées, il existe des êtres chez lesquels la végétation est pour ainsi dire rudimentaire, et dont le mode de reproduction nous échappe, aussi les a-t-on appelés cryptogames (noces cachées ; de κρύπτειν et γάμειν). Ils semblent destinés à servir de chaînon intermédiaire entre les corps bruts et les corps organisés.

Les anciens paraissent avoir eu le sentiment instinctif de toutes les découvertes récentes de la science. Nous en voyons la preuve à tout moment, et ici entre autres.

.....*Gustus elementa per omnia quærunt,*

a dit Juvénal, en parlant de la truffe. Cette image vive et saisissante d'un aliment arraché comme un métal précieux aux entrailles de la terre, ne semble-t-elle pas nous indiquer cet aliment comme un minéral, et nous rappeler ce que nous dit aujourd'hui la physiologie : que « les substances minérales sont d'une nature trop hétérogène à la « nôtre pour pouvoir être converties en notre propre substance ; il semble que leurs éléments aient besoin d'être « élaborés par la vie végétative ; ce qui a fait dire, avec raison, que les plantes peuvent être regardées comme des « laboratoires dans lesquels la nature prépare les aliments « des animaux. » RICHERAND.

Nous voyons donc chez les végétaux une vie et une reproduction, mais on ne découvre pas de preuve incontestable de sensibilité. Ainsi, bien que sur la lisière de nos forêts, les jeunes arbres, écrasés par les plus robustes, se courbent en dehors pour présenter leurs cimes aux effets bienfaisants d'un air plus libre et plus pur, bien que chez les plantes où les sexes sont séparés, on remarque certains efforts de rapprochement, bien qu'enfin la sensitive se contracte au moindre toucher, nous ne pouvons croire à l'existence que d'une sensibilité obscure et incomplète ; serait-il en effet digne du Créateur et de sa bonté infinie d'avoir exalté la sensibilité jusqu'à la douleur, chez des êtres qui n'ont pas la faculté d'éviter ce qui leur nuit, puisqu'ils n'ont ni mouvement, ni armes défensives ? Croyons donc, avec d'autres physiologistes, que la vie végétale est celle d'un animal qui dort (1).

La vie végétative se compose d'un certain nombre de fonctions, telles que la circulation, une sorte de nutrition, etc., le tout terminé par une mort véritable ; c'est la vie à l'état rudimentaire.

La vie animale est une vie complète en ce qu'elle jouit du sentiment, de la volonté et du mouvement ; elle est le partage exclusif du règne animal, mais elle n'existe pas au même degré de perfection chez tous les êtres qui en sont

---

(1) Peut-on vivre et ne pas sentir ? s'écrie Richerand, pour blâmer cette phrase de Linné comme moins juste que laconique : « *Lapides crescunt, vegetalia crescunt et vivunt, animalia crescunt, vivunt et sentiunt.* »

doués. Si, par exemple, nous passons de l'examen de la plante la plus richement organisée à celui du zoophyte, dernier échelon du règne animal, nous voyons une espèce de ruche vivante, un être incomplet qui, comme certains végétaux, se reproduit par bouture ; car, si on divise un zoophyte en plusieurs morceaux, chacun de ces morceaux devient, avec le temps, un animal complet et pareil à celui du fragment auquel il doit l'existence.

Mais ce zoophyte diffère de la plante en ce qu'il a un estomac et par conséquent un mode de nutrition tout à fait particulier.

Si donc de cet échelon intermédiaire, végétal par sa reproduction, animal par son mode de nutrition, nous nous élevons graduellement dans la série des êtres appartenant au règne animal, nous verrons à chaque degré l'individualité se compléter, les facultés physiques et intellectuelles se développer. L'animal cesse d'être attaché à la terre, il acquiert le mouvement, il devient un et lui, il peut sentir et vouloir, et par une mystérieuse et admirable connexion entre l'esprit et la matière, l'intelligence s'accroît en proportion du perfectionnement de l'organisation ; en d'autres termes, les besoins n'augmentent qu'avec les moyens de les satisfaire.

Ainsi, à mesure que l'être que nous observons se rapproche du type le mieux doué par la nature, il obtient à un plus haut degré la faculté de se mouvoir, la volonté pour diriger ces mouvements, et l'instinct de conservation. Mais à ces existences privilégiées, le Créateur a imposé de terribles compensations, comme s'il eût voulu égaliser les conditions de tous, tout en frappant nos yeux par les plus éclatantes disparates dans la perfectibilité des organes.

Ainsi, l'arbre, coupé par la hache, élagué, transformé en palissade, pousse encore des rejetons, ne meurt qu'au bout de quelques mois, et conserve encore, même après cette fin d'existence, une faculté vivace. Les ouvriers la connaissent et la recherchent comme utile dans les arts; ils l'ont pittoresquement appelée *l'amour du bois*. Le sanglier, placé bien plus haut dans l'échelle des êtres, animal doué de force, d'instinct et de courage, après avoir longtemps effrayé les chasseurs, tombe et expire sous la balle qui lui a effleuré le péricarde.

Hachez en cent morceaux certaines espèces de polypes, chaque morceau devient un nouvel individu, et chez eux, chaque blessure est une cause de fécondité ; retranchez plusieurs fois la même partie à certains reptiles, chaque amputation sera réparée en un temps donné par le développement d'un nouveau membre pareil à celui que vous aurez détruit; et nous voyons l'étalon le plus noble et le plus précieux périr d'une fracture de paturon occasionnée souvent par le moindre choc! Ainsi, en même temps que l'être reçoit avec plus de libéralité du Créateur les moyens d'exister, son existence s'entoure de plus de dangers, et la loi qui règle la conservation de l'individu, règle en même temps la conservation de l'espèce. L'animal dépourvu de force et d'intelligence, exposé aux attaques d'ennemis nombreux et redoutables, ou soumis à un ensemble de circonstances contraires à son existence, voit sa race défendue par d'autres causes contre la fragilité de l'individu ; le lapin qui n'a ni vitesse, ni armes, ni intelligence, résiste par sa prodigieuse fécondité à toutes les causes de destruction qui l'environnent, tandis que l'éléphant, qui ne redoute aucun ennemi, ni rusé, ni fort, l'homme excepté, produit à peine un petit en deux ans.

Nous voyons donc ainsi, pour toutes les espèces d'êtres, varier à l'infini les conditions de l'existence : les unes protégeant l'individu lui-même, telles que l'intelligence, la force, le courage, des armes terribles, ou une solide cuirasse, une grande vitesse, un petit volume, ou enfin une singulière ténacité de vie ; les autres conservant la race en laissant sacrifier l'individu, comme, une génération nombreuse, ou une fécondité sans cesse renaissante. Toutes ces conditions, variant à l'infini dans chaque espèce, arrivent toujours à un résultat d'ensemble nécessaire et suffisant pour lui assurer une durée éternelle. Et qu'on ne croie pas que l'extinction totale de telle ou telle espèce d'animaux soit une preuve à arguer contre l'existence de cette volonté éternellement conservatrice de la nature. Les fossiles, dont il ne reste plus que les débris, ont été victimes d'une convulsion de la nature ; ils n'ont péri que par une violente infraction à sa loi.

D'autres espèces, il est vrai, ont cessé d'exister sans cause extraordinaire en apparence : le dronte, par exemple, oiseau singulier, dont la famille semble avoir disparu de la surface du globe, et dont il ne reste plus que de rares dépouilles dans les cabinets de nos naturalistes. Mais le dronte a été détruit par l'homme, et seulement alors que l'homme, par l'audace de son génie, a osé pénétrer dans des contrées désertes que la nature semblait lui avoir interdites.

Nequidquam Deus abscidit
Prudens oceano dissociabili
Terras, si tamen impiæ
Non tangenda rates transiliunt vada.

C'est en vain que Dieu, dans sa prévoyance, avait placé entre une terre et l'autre l'Océan qui devait les séparer toujours ; des vaisseaux impies traversent des flots qu'ils n'auraient jamais dû toucher.

Est-ce un crime à l'homme de détruire à jamais l'ouvrage de Dieu ? N'est-ce, au contraire, que l'emploi de sa puissance, puissance qu'il a le droit d'exercer, puisqu'il la possède ? Et lui aurait-elle été conférée comme une preuve incontestable de la faveur divine ?

Toujours est-il que la nature a évidemment voulu assurer à son ouvrage une durée éternelle. Aussi a-t-on dit quelque part : « L'existence du monde est l'effet de cette parole de « Dieu, « Que la terre soit faite » ; parole qui vibre à « jamais dans l'espace et crée à tout instant. »

Mais la nature a fait plus encore que de donner la vie à ses créatures ; elle a été équitable dans la distribution de ses bienfaits, et, que la vie soit un mal, un bien ou un état passager de la matière, la sensibilité est graduée chez tous de manière à singulièrement égaliser les existences, quelle que soit la différence des organisations.

Comparez l'insensibilité de la fleur que l'on mutile sans lui ôter de longtemps sa vie et son éclat, avec les atroces douleurs qui terminent l'existence de la gazelle dévorée par le tigre. Pensez aux peines morales qu'endure le soldat dans une campagne désastreuse; elles centuplent ses souffrances, tandis que son cheval n'a que le sentiment présent de ses privations ou de ses fatigues. Il ne souffre que de ce qu'il éprouve : ses blessures et l'épuisement diminuent en lui l'intensité de la douleur en même temps que la force vitale. Chez les êtres d'une organisation supérieure, la pensée compense tous les maux et par le prestige de l'espérance et par l'occupation même que donne le soin de la vie, et plus encore par la divine conscience d'elle-même; car la pensée n'inspire-t-elle pas surtout l'horreur du néant, le mépris de l'idiotisme qui ne comprend pas, et de l'existence végétative qui semble ne pas sentir?

Oui, il est évident que la somme de bien-être est égale pour tous, la vie incomplète n'ayant ni joies ni peines, et l'organisation privilégiée assujettissant à la fois et au bien et au mal qui le contrebalance.

Des considérations analogues ou plutôt le même esprit d'observation peuvent nous aider à analyser fructueusement toutes les facultés des divers êtres de la création, et c'est dans le but de fournir un canevas à vos études que l'on va exposer très-succinctement le tableau du règne animal d'après la classification de Cuvier.

Nous n'avons voulu ici ni copier ni paraphraser les pages admirables qui servent d'introduction aux *Leçons d'anatomie comparée ou de zoologie;* nous préférons y renvoyer nos lecteurs en les avertissant que leur lecture est indispensable pour l'étude un peu approfondie des matières que nous avons à traiter.

L'organisation animale se caractérise par certaines fonctions qui lui sont propres, telles que la digestion, la circulation, les sens, etc. Nous renvoyons, pour le développement de ces intéressantes théories, aux ouvrages de physiologie de Richerand, d'Alibert ou de Cuvier.

IDÉE DU RÈGNE ANIMAL.

Georges Cuvier, classant tous les êtres d'après le développement de leurs facultés et la perfection de leur organisation, a partagé ceux qui sont doués de la vie animale en quatre grandes classes :

1° Vertébrés ;
2° Mollusques ;
3° Articulés ;
4° Rayonnés.

Les vertébrés tirent leur nom du principal caractère de leur organisation, savoir : une enveloppe osseuse, composée d'un crâne et de vertèbres, destinée à renfermer le cerveau et le tronc principal du système nerveux. On sait que le crâne peut être considéré lui-même comme composé de trois vertèbres, ce qu'il importe d'admettre pour justifier pleinement la dénomination adoptée de vertébré.

Aux côtés de la colonne mitoyenne s'attachent les côtes et les os des membres qui forment la charpente du corps. Les viscères sont renfermés dans le tronc et les os recouverts de la masse musculaire destinée à les faire agir. Le sang est rouge et chaud : il y a toujours un cœur musculaire, deux mâchoires, des organes distincts pour la vue (1), l'ouïe, l'odorat et le goût, placés dans les cavités de la face ; jamais plus de quatre membres, des sexes toujours séparés, etc.

« En examinant de plus près chacune des parties de cette « grande série d'animaux, on y trouve toujours quelque « analogie même dans les espèces les plus éloignées l'une de « l'autre, et l'on peut suivre les dégradations d'un même plan « depuis l'homme jusqu'au dernier des poissons. » — CUVIER.

Dans la seconde forme, il n'y a point de squelette ; toute la machine est maintenue à l'extérieur par une enveloppe molle, élastique et contractile qui, chez plusieurs, en tout ou en partie, se change en une substance pierreuse appelée coquille et de nature muqueuse. On a appelé cette grande classe : *Mollusques;* l'huître en fait partie.

Nous supprimons ici tous les détails qui ne nous sont pas indispensables et dont l'étude fait l'objet spécial de l'anatomie comparée (2).

---

(1) Il existe, à la vérité, des animaux vertébrés, même dans un ordre assez relevé, chez lesquels l'organe de la vue est fort peu développé. Ainsi, la taupe, que le vulgaire a très-longtemps crue aveugle, jouit en effet d'une vue très-imparfaite. On cite même un animal, le *zemmi* ou *spalax*, rongeur, chez lequel la peau ne laisse aucune ouverture pour le passage des rayons lumineux et qui est par conséquent condamné à une cécité naturelle tout à fait complète. Mais on retrouve le rudiment de l'organe très-distinct et qui semble n'exister là que pour ne pas manquer à la règle générale. C'est un des exemples innombrables que nous offre l'étude de la zoologie de la réalité d'une loi universelle créée comme pour faciliter nos recherches. Rien de plus attrayant que l'étude approfondie des organes rudimentaires.

(2) Les gens du monde, et en particulier les hommes de cheval, ne sont peut-être pas tous accoutumés à cette manière d'envisager les sub-

La troisième classe, qui contient les vers, les crustacés, les insectes, etc., est celle des *articulés*. Ce nom leur a été donné parce que leur système nerveux consiste en deux longs cordons régnant le long du ventre, et renflés d'espace en espace, en nœuds ou ganglions (1).

La quatrième classe enfin comprend les *zoophytes* et tire son nom de rayonnés de son mode particulier de formation.

En effet, dans tous les êtres précédents, les organes du mouvement et des sens étaient symmétriquement disposés aux deux côtés de l'axe ; ici ils le sont comme des rayons autour d'un centre et toujours sous des faces égales ou du moins semblables (2).

---

stances bien plutôt sous le point de vue de leur mode de formation que d'après l'aspect qu'elles présentent à un examen superficiel. Ainsi, rien ne heurte davantage certaines idées reçues que de voir une humeur muqueuse dans l'enveloppe dure et pierreuse du colimaçon ou du homard, l'assemblage de trois vertèbres dans un crâne, des lèvres dans un bec d'oiseau, un bouquet de poils dans une corne de rhinocéros. Il faut cependant que l'esprit s'habitue à de pareilles liaisons d'idées, si l'on veut pousser un peu loin l'étude des sciences naturelles, beaucoup plus nécessaires que l'on ne croit pour arriver à la connaissance du cheval. Il est de la dernière évidence pour moi que c'est au peu d'instruction générale des hommes de cheval qu'on doit attribuer le peu de progrès de la science hippique. Je me crois donc obligé de procéder d'une manière qui serait niaise au point de vue de la science, mais que nécessite notre degré d'instruction, à nous autres hommes du métier ; car, pas plus que les autres, je ne suis un savant, et puisque je n'ai pas ce mérite, je ne veux pas avoir le ridicule d'en afficher la prétention.

(1) Les sangsues, par exemple, font partie des articulés ; et comme leur corps semble composé d'une multitude de cercles musculeux dont les contractions opèrent le mouvement, on les a appelées *annélides ;* elles forment un ordre à part. Les homards, écrevisses et autres animaux à carapace ont reçu le nom de *crustacés*.

(2) Il est indispensable d'expliquer le sens dans lequel doivent être

L'inspection la plus superficielle de l'animal appelé *étoile de mer* donnera une idée assez complète de ce genre d'organisation.

Nous donnerons ci-après, à la fin du volume, un tableau synoptique qui classera et expliquera le peu de détails que nous venons de donner, et il ne nous en faut pas davantage quant à présent.

COUP D'OEIL

SUR L'ORGANISATION DES VERTÉBRÉS ET LEURS FACULTÉS EN GÉNÉRAL.

Revenons maintenant à la grande division des vertébrés. Observons-la un peu particulièrement, et rendons nos études

---

entendus les mots *symmétrique, égal* et *semblable* : c'est dans leur acception mathématique.

Égal veut dire tout à fait pareil sous le rapport des formes, des grandeurs, des proportions, de la disposition des parties. Ainsi, deux exemplaires d'une même gravure, deux statuettes sorties du même moule sont des choses *égales*.

Deux figures semblables sont égales, excepté sous le rapport de la grandeur. Les proportions, la disposition des parties, sont les mêmes; mais *l'échelle* diffère. Une carte au dix-millième et sa réduction au cent-millième sont deux figures semblables. Un plan en relief est *semblable* au terrain qu'il représente.

Symmétrique se dit de deux figures *égales*, si ce n'est quant à la disposition des parties. Je ne donnerai pas ici la définition purement mathématique; elle est plus utile pour la démonstration des théorèmes géométriques que facile à saisir. Il me suffira de dire que la main droite et la main gauche sont symmétriques; qu'une glace réfléchit l'image symmétrique de l'objet qu'on lui présente; et qu'ainsi deux objets symmétriques ne peuvent être substitués l'un à l'autre, mais que chacun d'eux peut l'être à un troisième, qui serait symmétrique à l'autre.

d'autant plus détaillées que nous nous approcherons davantage de notre objet spécial.

La classe des vertébrés nous offre une série d'animaux qui, tous réunis par cette analogie de conformation à laquelle ils doivent leur commune dénomination, diffèrent entre eux sous mille rapports de forme, de mœurs, d'existence.

Aucun n'a plus de quatre membres, mais ils en ont quelquefois deux ou point ; les uns s'en servent pour courir avec légèreté ou se traîner péniblement sur la terre ; les autres s'élancent dans les airs ou nagent dans les eaux ; d'autres ne vivent que sur les arbres, dont ils ne descendent jamais.

Jetons un coup d'œil rapide sur le mécanisme des organisations les plus disparates, et nous trouverons à la fois, et le moyen de les classer, et l'occasion de faire des observations utiles, comme on le verra par la suite.

Considérons d'abord l'animal sans membres, le serpent : il ne doit la possibilité de se mouvoir sur le sol et de changer de lieu qu'à la souplesse de la colonne unique à laquelle se réduit son individu. C'est en effet en faisant d'une partie de son corps fixée à terre par son poids une résistance, qu'il peut enlever par le jeu de ses muscles d'abord la tête, puis les parties qui l'avoisinent. Le poids relatif de ces parties devenant moindre, en raison de leur position plus ou moins verticale, ou même un peu penchée en arrière, l'animal devient capable, par un léger effort, de jeter en avant une masse plus lourde que celle qui a servi à l'enlever ; pour continuer la marche il n'a qu'à ramener à lui sa partie postérieure par une action contraire à celle que nous venons de décrire. Pour cela, fixant la tête à terre, il tire à lui sa queue, et l'action se continue par ces ondulations si connues qu'elles ont fait image dans toutes les langues ; car le jeu des muscles que nous avons décrit de haut en bas a aussi lieu de droite à gauche, et produit cette action connue sous le nom de serpenter.

L'homme, étonné d'un mouvement si étranger à sa propre nature, a été fasciné par ce qu'il ne pouvait s'expliquer d'abord. Les femmes ont haï le serpent ; les poëtes l'ont chanté. La révélation l'a choisi comme emblème mystérieux, de même que la superstition en a fait un dieu ; et tout cela n'est dû probablement qu'à la différence existant entre l'observateur et l'animal qu'il ne pouvait s'expliquer en le comparant à lui.

La preuve évidente que le serpent ne doit sa locomotion qu'à sa souplesse s'acquiert en regardant marcher à terre le phoque, que tout le monde connaît. Chez cet animal, les extrémités antérieures, très-courtes, sont engagées et retenues le long de la poitrine par la peau jusqu'au poignet, qui reste seul libre, et qui est trop faible pour porter le poids du corps. Les membres postérieurs, allongés en arrière et confondus avec la queue, sont presque immobiles, et comme la masse de l'animal est grosse, courte et sans souplesse, le phoque n'a d'autre ressource que de se soulever brusquement et comme convulsivement par un violent effort des organes respiratoires, et, à chaque soubresaut, il se traîne en avant au moyen de ses nageoires.

En comparant attentivement ces deux phénomènes si différents, on comprendre que la facilité des mouvements chez les reptiles est due à la possibilité d'alléger à chaque instant la masse par le changement soudain et continuel des points d'appui.

Placez maintenant dans une eau profonde ce même phoque, si maladroit sur la terre, n'ayant d'autre ressource pour échapper à ses ennemis que de se laisser glisser et de tomber de rocher en rocher jusqu'à la mer. Son corps épais et arrondi devient une carène admirable ; ses moignons informes, des rames excellentes, sa queue, par des mouvements bornés, mais puissants, un gouvernail parfait. Notre animal, naguère si lourd et si déplaisant, devient agile et fort, et la grâce de ses mouvements dans les flots rappelle les imaginations mythologiques des sirènes auxquelles il a donné lieu (1).

---

(1) Le phoque est, du reste, un animal fort bien partagé sous le rapport de la perfection organique. Son instinct est très-développé ; il vit en troupes fort unies et dans un état de société remarquable ; il est d'ailleurs susceptible d'éducation, comme on peut s'en convaincre en l'observant dans les ménageries ambulantes, dont il fait l'ornement sous les noms de *lion de mer*, *vache marine*, etc.

L'idée plus ou moins chimérique d'appliquer cet animal au service de l'homme a eu des partisans. A l'époque du camp de Boulogne, quelqu'un proposa de dresser des phoques à porter l'homme et à manœuvrer au milieu des mers en les empêchant de plonger par un moyen qu'il indiquait.

Ces escadrons d'un nouveau genre devaient opérer la descente en Angleterre, conjointement avec les escadres de vaisseaux de ligne et les bateaux plats. Visionnaire ou non, notre dresseur de phoques fut refusé, hué, ridiculisé. Peut-être trouvera-t-on indigne d'un livre sérieux d'avoir relaté un pareil projet, et cependant, à côté de lui, en même temps que lui, et pour le même objet, à la même occasion, on rejetait l'idée de Fulton et ses bateaux à vapeur !

On ne sait quelles imaginations, ridicules d'abord, se verront un jour réalisées, utilisées, consacrées, grâce au temps, à l'expérience, au perfectionnement des sciences, au hasard.

De ces animaux exclusivement nageurs passons à un être non moins singulier : l'unau ou bradype, qui habite les parties chaudes de l'Amérique du sud.

Offrant quelques vagues ressemblances avec le singe par la brièveté de sa face et ses mamelles pectorales, il contraste singulièrement avec lui par sa maladresse et son apathie. Comment, du reste, en serait-il autrement ? Des bras plus longs que les cuisses, d'où naît l'obligation de marcher sur les coudes ; des doigts entièrement réunis par la peau et n'ayant de libre qu'un ongle en forme de crochet ; derrière, des phalanges soudées, un bassin large, des cuisses si écartées, que les genoux ne peuvent se rapprocher.

Avec une telle conformation, il paraissait impossible qu'un animal pût exister ; en effet, sans aucun moyen de fuir ou de se défendre, la nature semblait n'avoir pas encore assez fait pour lui en le douant d'une singulière tenacité à l'existence ; car nul être d'une organisation rapprochée de la sienne ne résiste comme lui aux blessures et aux tourments de toute espèce.

Le hasard apprit enfin la véritable destination d'un animal qui semblait né pour trahir un oubli du créateur. Un unau fut envoyé en Europe. On avait eu, comme on pense, peu de peine à le prendre, et on se défiait peu de sa pétulance sur le vaisseau où on l'avait embarqué, lorsqu'un jour, à force de se traîner péniblement sur le pont, il approcha des manœuvres du bâtiment : dès lors on ne put le reconnaître ; ses genoux, ouverts pour embrasser le corps du mât ; ses bras, naturellement pliés en avant pour se soutenir, ses ongles à crochets pour se fixer, tout lui donnait une aisance incroyable pour grimper, et, en effet, il était né pour cela. Il se précipita à l'eau, y nagea avec facilité, et remonta ensuite dans les mâts qui lui servirent de retraite pendant le reste du voyage.

Il n'y a pas dans la nature d'espèce mal créée; il y a des individus sacrifiés, mal conçus, mal nés; mais une race est toujours adaptée à la vie qui l'attend. L'homme seul se trompe, soit en observant mal la nature, soit en contrariant ses vues.

Les reptiles quadrupèdes se rapprochent du bradype par l'écartement des os du bassin; aussi ont-ils une marche difficile, lente et tortueuse comme certains mammifères, tels que les loutres, mais comme eux aussi ils sont nageurs; et dans l'eau cette conformation est un avantage, puisqu'alors la jambe, au lieu d'un soutien, devient une rame qui n'a plus qu'à remuer le corps portant sur l'abdomen. Chez d'autres espèces, les ruminants et le cheval, par exemple, les membres ne servent exclusivement qu'à la marche; l'ongle seul pose à terre, et l'ensemble de la conformation offre un mécanisme admirablement disposé pour la vitesse.

Si des ruminants on remonte l'échelle des êtres, on arrive successivement à des appareils de mouvement plus compliqués; ainsi le chien peut appuyer sa patte sur l'os qu'il ronge et le maintenir; ses doigts, plus nombreux et plus souples, ne sont plus emprisonnés dans un sabot; leur mouvement est encore borné, mais le sentiment du toucher commence à s'y développer. Le chat arrête sa proie vivante en y enfonçant ses ongles, que dans la marche leur rétractilité garantit de toute usure.

L'ours étouffe l'homme dans son étreinte formidable ; le singe saisit un bâton et s'en fait un appui et une arme.

A mesure que dans tous ces êtres l'organisation physique se perfectionne, on voit croître, comme nous l'avons déjà dit, les facultés intellectuelles ; en sorte que la nature, en donnant un nouvel instrument, accorde en même temps la manière de s'en servir.

Une autre action dont nous devons encore parler, c'est le vol, cette faculté d'abandonner le soutien du sol et de se mouvoir dans un milieu incapable de porter le poids du corps.

Le vol, proprement dit, est un mouvement brusque des membres antérieurs qui agissent de haut en bas, en pressant le plus vivement possible toute la couche d'air sur laquelle ils peuvent s'étendre. Pour qu'il y ait soutien, il faut que la double colonne d'air ainsi foulée soit assez résistante pour repousser le poids du corps ; cette résistance s'obtient par deux causes : 1° le poids spécifique de la colonne, et par conséquent son volume ; 2° la vitesse du mouvement qui est supérieure à celle avec laquelle l'air peut se déplacer. Ces conditions sont remplies par la disposition des ailes et par la conformation particulière de l'animal. En effet, l'aile est toujours un parachute aussi vaste que léger, et tous les êtres destinés au vol présentent une force extraordinaire sous un petit volume.

Les oiseaux ont des poumons qui débordent les côtes,

et une respiration excessivement active, gage assuré d'une grande énergie musculaire (1).

Le vol étant le mode de locomotion le plus rapide, une vue perçante était nécessaire pour apercevoir de loin les obstacles, et prendre une direction certaine et hardie ; aussi tout le monde connaît la perfection de cet organe chez les oiseaux.

Il existe une espèce de vol imparfait dans lequel l'animal, après s'être élancé dans les airs, suspend la vitesse de sa chute, en augmentant la résistance de l'atmosphère au moyen du déploiement d'une membrane : telle est l'allure du galéopithèque et du polatouche ou écureuil volant, mais ils ne peuvent répéter leur mouvement avant d'avoir touché le sol ou tout autre point fixe ; c'est un mouvement qui tient plus du saut que du vol.

La natation est le mouvement dans un milieu capable de soutenir le corps, mais sans point fixe. C'est pour ainsi dire le vol, moins les conditions de gravitation.

Les mammifères et les oiseaux nageurs exécutent leurs mouvements au moyen de leurs membres, qui, plus ou moins garnis de membranes, s'étendent et se roidissent pour frapper l'eau, puis se replient pour la couper quand la masse du corps est lancée. Les poissons se meuvent horizontalement par les brusques ondulations de leur

---

(1) Cuvier a dit que dans tous les animaux la force était en raison des facultés respiratoires, et tout sportsman sait que, dans les chevaux de course, toutes choses égales d'ailleurs, et même avec des conditions inférieures de conformation, le *racer* qui offre le plus de profondeur de poitrine a le plus de vitesse et de fonds.

queue. Ils s'élèvent ou s'abaissent en gonflant ou en comprimant à leur gré leur vessie natatoire.

Ainsi, nous voyons le mouvement volontaire, privilége exclusif de la vie animale, s'exécuter suivant quatre modes divers : reptation, natation, vol, marche. L'action de nager est la plus facile, la plus simple, celle où la machine réclame l'appareil le moins compliqué, puisqu'elle se meut constamment dans un milieu plus pesant qu'elle-même.

Le vol, au contraire, exige un grand développement de force pour le transport d'un poids minime, en d'autres termes, l'effet obtenu n'est pas en proportion des moyens employés.

Ce mode de progression est donc le moins avantageux, bien que le plus rapide.

La marche offre les résultats les plus précis, les plus parfaits, et c'est le partage des êtres les plus richement organisés, quoique toutefois ce genre de locomotion paraisse impossible pour les plus grandes machines animales. Ainsi, la nature aurait renoncé à faire marcher la baleine et l'aurait consignée dans les eaux, de même qu'elle aurait trouvé l'autruche trop pesante pour voler.

Cette idée de classer ainsi par ordre de perfection les modes de progression accordés aux êtres vivants se trouve justifiée par la manière dont la nature les a distribués en les accordant aux animaux d'après le degré de perfection de leurs autres organes.

Et si nous remontons à ce qu'il nous est donné de savoir sur l'origine de la création, nous voyons le monde se peupler successivement de poissons, d'oiseaux, de quadrupèdes.

C'est ce que Cuvier a prouvé par ses recherches sur les révolutions du globe. C'est ce que nous lisons dans les saintes Écritures, où nous voyons en outre le serpent condamné à ramper éternellement en punition de sa faute (1).

Par ces diverses époques de création, dont chacune est supérieure à celle qui la précède, Dieu a-t-il voulu montrer à l'homme l'exemple de la perfectibilité indéfinie dont il lui a en même temps donné l'idée, à l'exclusion de tous les autres êtres vivants ?

Nous renverrons, pour plus de développement sur ces matières, à la 7e leçon d'anatomie comparée de Cuvier ; les détails donnés ici nous suffisent quant à présent.

Après avoir donné une idée des facultés de locomotion des vertébrés, il nous reste à présenter le tableau des principales divisions de cet ordre d'animaux.

CLASSIFICATION DES VERTÉBRÉS.

On partage les vertébrés en quatre grandes classes :

Les Mammifères,
Les Oiseaux,
Les Reptiles,
Les Poissons.

---

(1) « .....Tu es maudit entre tous les animaux et toutes les bêtes de la terre ; tu ramperas sur le ventre, et tu mangeras la terre tous les jours de ta vie.

« Je mettrai une inimitié entre toi et la femme, entre sa race et la tienne ; elle te brisera la tête et tu tâcheras de la mordre par le talon. »

Nous ne parlerons point des trois dernières, dont l'étude n'aurait ici absolument aucune utilité réelle.

Les caractères distinctifs des mammifères sont assez tranchés et faciles à définir.

Le premier, le plus important et auquel la classe entière doit un nom, est l'existence des mamelles. En effet, cet organe, destiné à la nourriture du jeune animal dans les premiers temps de son existence, indique un mode particulier de reproduction. Seuls de tous les vertébrés, les mammifères ne sont point ovipares. L'étude approfondie des mystères de la génération est trop longue, trop difficile, enveloppée même de trop de ténèbres pour que nous entreprenions ici de nous y livrer d'une manière sérieuse.

Nous pouvons cependant faire à ce sujet des remarques de quelque intérêt. Ainsi, dans tous les vertébrés, nous voyons se confirmer l'axiome de Lucrèce :

Non sine conjugio sexûs utriusque creatur.

Partout les sexes sont distincts, et leur union est indispensable pour produire ; mais le mode de production est différent. Chez les poissons, la femelle abandonne au hasard son frai sur le fond d'une eau peu profonde, et le mâle vient le féconder ; il n'y a pas d'accouplement : les deux sexes restent pour jamais inconnus et indifférents l'un à l'autre.

Chez les oiseaux, le sens génésique se révèle avec une énergie et sous une forme capables de frapper nos yeux et même d'exciter nos sympathies. Leurs amours, chantées par les poètes, célébrées par les peintres, nous fournissent à chaque instant de douces comparaisons ou de gracieux emblèmes.

Cependant, si l'affection réciproque que le mâle et la femelle se témoignent rapproche en quelque sorte leurs habitudes de nos mœurs, la conformation physique les éloigne encore de notre organisation. L'œuf peut naître sans avoir été fécondé, mais il ne peut produire que par l'accouplement (1).

Les mammifères ne peuvent concevoir que par l'union des deux sexes, mais chez eux on retrouve une analogie singulière avec ce que l'on avait observé chez les oiseaux. L'expression de *l'œuf humain* n'est pas consacrée sans motif en médecine; le placenta peut être considéré comme une espèce d'enveloppe analogue à une coquille; partout, en un mot, on retrouve dans la nature cette loi de gradation et d'analogie.

Le jeune mammifère n'ayant pas à sa naissance les organes de la digestion et le système dentaire assez forts pour se livrer immédiatement au genre de vie qui l'attend à l'âge adulte, trouve dans le sein de sa mère une nourriture appropriée à ses besoins actuels.

Le degré de développement dans lequel se trouve l'animal au moment de sa naissance varie suivant les espèces : ainsi, le poulain, le veau, naissent fort développés. Au bout d'une demi-heure, ils se lèvent, marchent, courent et suivent leur mère. Comment, en effet, eussent-ils pu vivre s'il en eût été autrement ? Leurs mères peuvent les défen-

(1) La génération des reptiles, intermédiaires entre le poisson et l'oiseau, offre des particularités curieuses, mais dont l'étude serait en dehors de notre cadre.

dre contre leurs ennemis, mais elles ne sauraient ni les emporter ni les cacher comme la louve et la lionne ; aussi ces dernières mettent-elles bas des petits aveugles, sourds et de longtemps incapables de vivre par eux-mêmes.

Les marsupiaux naissent tellement inachevés, pour ainsi dire, qu'ils périraient si leur mère ne les cachait pendant un certain temps dans une poche destinée à cet usage. La vie fœtale continue donc pour eux après leur naissance, et le nom de *dydelphe*, animal à deux matrices, leur conviendrait parfaitement. Peu à peu ils grandissent et se forment dans cette retraite, d'où ils avancent la tête en dehors pour saisir les mamelles de leur mère ; ils en sortent d'abord pendant quelques moments, puis, bientôt, pour n'y plus rentrer.

L'homme paraît tenir le milieu entre ces divers animaux, sous le rapport du degré de développement qu'il offre au moment de sa naissance.

Les mamelles existent toujours dans les deux sexes, quoique chez la femelle seulement elles soient appelées à remplir leur but.

Elles sont, ou pectorales, comme chez l'homme et l'éléphant, ou abdominales, comme chez le chien, ou inguinales, comme chez les ruminants.

Le genre cheval offre ce caractère particulier qu'elles sont très-peu apparentes chez le mâle. En effet, encore assez visibles dans l'espèce âne (*equus asinus*), elles sont inappréciables dans l'espèce cheval (*equus caballus.*)

Un autre caractère des mammifères est l'existence de poils sur les téguments. Tout animal couvert de poils est mammifère, et sur ceux qui, étant réellement mammifères, en paraissent dépourvus, comme le rhinocéros, le fourmilier, la baleine, on en retrouve les traces.

Le système dentaire offre encore chez les mammifères une complication caractéristique, et, comme si ce dernier signe distinctif devait se rapporter à ceux que nous avons déjà signalés, le dernier mammifère, c'est-à-dire le plus rapproché des oiseaux, l'ornythorinque, est précisément celui qui offre à l'observateur étonné le bizarre assemblage d'un bec de canard avec une peau de loutre, et un système de génération si singulier, qu'on ne sait pas encore s'il est ovipare ou s'il met au monde une progéniture vivante.

Cuvier s'est servi, pour classer les mammifères, de l'examen comparatif du développement du cerveau, du système dentaire et de la perfection des membres, quelquefois encore du mode de génération.

Nous le suivrons rapidement en ne nous arrêtant qu'aux détails indispensables à notre étude spéciale.

On distingue neuf ordres de mammifères :

1° Les Bimanes ;
2° Les Quadrumanes ;
3° Les Carnassiers ;
4° Les Marsupiaux ;
5° Les Rongeurs ;
6° Les Édentés ;
7° Les Pachydermes ;
8° Les Ruminants ;
9° Les Cétacés.

Des Bimanes.

Os homini sublime dedit, cœlumque tueri
Jussit, et erectos ad sidera tollere vultus.
OVIDE, *Métamorphoses*, lib. I.

Ce premier ordre ne contient qu'un seul genre, qu'une seule espèce, l'homme. Nous devons nous borner à faire remarquer les principaux détails de sa conformation. Commençant donc par le caractère indiqué par le nom de *bimane*, nous reconnaissons l'existence de deux mains, c'est-à-dire de deux extrémités munies de doigts, dont un opposable aux autres et qu'on appelle pouce : c'est le membre le plus compliqué et le plus parfait qui soit dans la nature A.

Le radius et le cubitus B sont séparés, ce qui permet un mouvement de rotation assez étendu à l'avant-bras.

Une clavicule bien développée C assure aux membres antérieurs une grande liberté et une grande certitude de mouvement dans tous les sens.

Le pied D est favorable à *la station debout*, que rend nécessaire d'ailleurs la conformation de la tête. En effet, la faiblesse du cou, surtout du lien cervical, combinée avec le poids et le développement du crâne et des vaisseaux, qui y sont contenus, rendrait la station horizontale fatigante et dangereuse.

L'appareil dentaire, aussi compliqué que possible, présente des incisives, des canines, des machelières, et indique un animal omnivore.

Ce peu de détails suffit pour faire comprendre que la supériorité de l'homme se révèle aussi bien par sa conformation extérieure que par son intelligence.

L'homme est aussi avantageusement partagé sous le rap-

SQUELETTES

D'HOMME et D'ORANG-OUTANG.

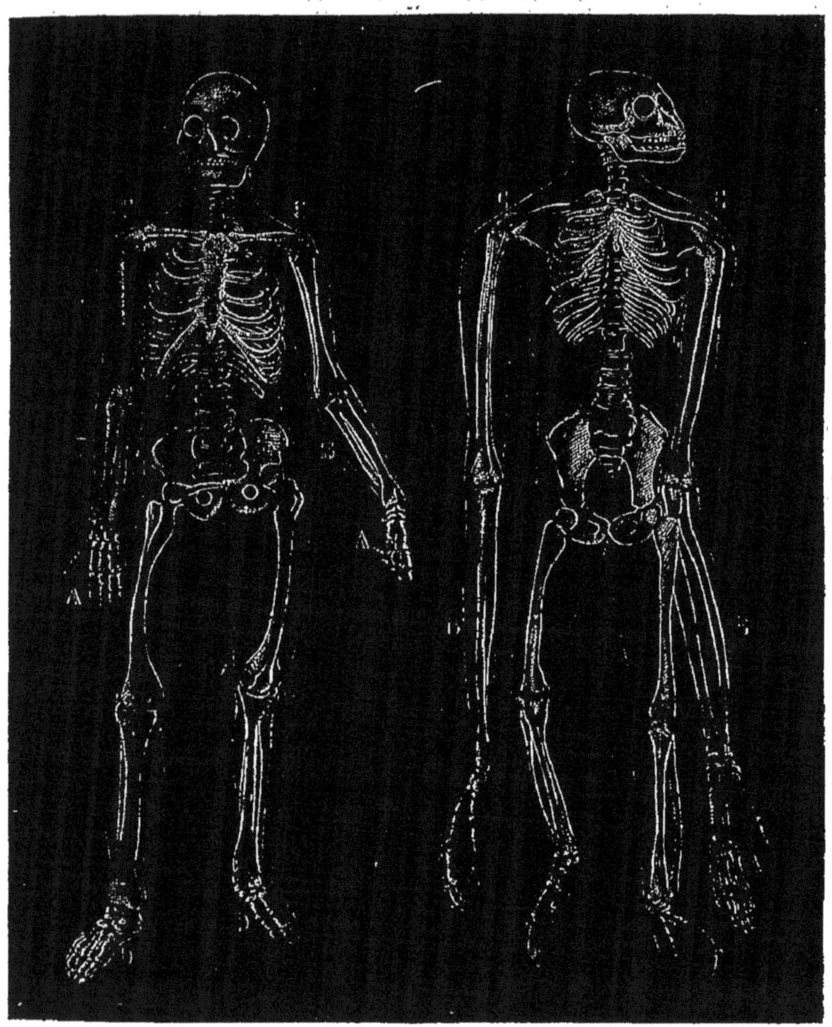

Fig. 1.

port de la matière que du côté de l'esprit ; ou plutôt, la connexion intime qui existe entre les organes de toutes les facultés et leurs résultats nécessaires se montre ici, comme partout ailleurs; seulement l'exemple est ici le plus éclatant de tous.

La saine philosophie comprend aujourd'hui parfaitement l'union du physique et du moral et leurs relations réciproques, sans pour cela tomber dans le matérialisme.

L'espèce humaine offre des variétés nombreuses qui peuvent se rapporter à quatre types principaux : la race caucasique, la race mongolique, la race nègre et la race des peaux rouges (1).

Tout le monde sait que la race caucasique, dont nous faisons partie, se distingue par un angle facial très-ouvert, des cheveux lisses et de diverses nuances, un teint clair, un visage ovale, etc.

La race mongolique, qui peuple une grande partie de l'Asie sous le nom de Tartares, de Chinois, de Malais, etc., est remarquable par un front plus étroit, des yeux couverts et posés d'une façon particulière; des cheveux lisses, plats et noirs, un teint olivâtre. Sans avoir porté les sciences et les arts à un aussi haut point de perfection que la race caucasique, cette race a cependant fait de grandes découvertes, fondé de puissants empires, créé une civilisation très-avancée, plus même peut-être que la nôtre, mais fort différente. En général, les Mongols se distinguent de nous par un grand penchant aux idées superstitieuses et par leur manière de procéder dans les arts : ainsi c'est chez

---

(1) Il n'est pas certain toutefois que cette dernière ne rentre pas dans une des trois autres.

eux qu'on a vu naître les cultes les plus bizarres; ils sont arrivés à l'écriture, mais au moyen des caractères idéographiques, méthode lente, hérissée de ténèbres et de difficultés.

Le Nègre paraît tenir la dernière place dans l'échelle humaine; son intelligence est peu développée, ses formes se dégradent et se rapprochent de celles du singe; du reste, cette race se divise en plusieurs rameaux, dont le premier, qui contient les Abyssiniens, nation intelligente et civilisée, ne semble différer du beau type humain que par la couleur, effet d'un climat brûlant, tandis que les dernières variétés, reléguées au midi de l'Afrique, dans la terre des Papous et dans la Nouvelle-Hollande, nous montrent l'homme arrivé au degré extrême de la stupidité et de l'abrutissement.

La famille des peaux rouges, au teint couleur de cuivre, aux cheveux noirs et plats, à la taille svelte et élancée, habitait l'Amérique à l'époque de l'arrivée des Européens. Elle poussait au plus haut degré le courage individuel et le mépris des souffrances; elle possédait au Mexique un empire et une civilisation. Quelques-uns la regardent comme un rameau transplanté de la race caucasique ou de la race mongole. Quoi qu'il en soit, elle n'a été ni asservie, ni assimilée aux nouveau-venus; détruite en grande partie, elle cherche son indépendance dans les contrées non encore explorées ou d'un accès impraticable.

Sans entrer dans plus de détails, nous ferons observer que la connaissance des diverses races d'hommes est moins étrangère à notre sujet qu'on ne pourrait le croire.

En effet, le cheval sauvage est, comme l'homme, soumis aux influences du sol ; et lorsqu'il est réduit en domesticité, il a en outre à subir les conséquences du genre de vie auquel on l'astreint. De là une curieuse analogie entre l'homme et le cheval de chaque contrée, mais ce n'est pas toujours une analogie de ressemblance.

Ainsi, l'Arabe et le Tartare, vivant sans civilisation sous un climat favorable au cheval, se rapprochent beaucoup de ce compagnon de guerre et de fatigue ; il y a similitude entre le maître et l'animal ; le cheval tartare est, dans son espèce, le type correspondant à son cavalier dans la grande famille humaine : analogie de ressemblance. En Finlande, au contraire, l'homme grand, robuste et puissant, ne trouve pour le servir qu'un cheval vigoureux, mais grêle et de petite taille ; la raison en est simple : chez tous les êtres auxquels il est donné d'habiter des climats variés, le froid à un certain degré a pour effet de grandir les races ; plus intense, il les rend petites et rabougries ; plus loin encore vers le pôle, l'animal ne peut plus exister. Dans l'exemple qui nous occupe, l'homme, dont la patrie naturelle est plus étendue que celle du cheval, trouve en Finlande un climat favorable au développement de sa taille, tandis que le cheval, arrivé aux dernières limites qui lui sont accordées, y devient le Lapon ou le Samoïède de son espèce. Aussi ne le voyons-nous plus dans les contrées hyperboréennes, tandis qu'il atteint sa plus haute taille en Russie, en Allemagne, en Angleterre. Il y a, dans le cas que nous venons de citer, analogie de relation.

Aux causes de modification qu'apportent dans les espèces

les variétés de sol, de température et de régime, ajoutez encore celles que peut imposer la volonté de l'homme aux animaux soumis à sa puissance; quels changements ne verrons-nous pas s'opérer chez le cheval dans un pays où l'homme à la fois civilisé, savant et doué de curiosité et de persévérance, s'applique sans cesse à varier les divers types de la nature, à les métamorphoser dans le sens de ses besoins ou de ses plaisirs? Aussi nulle contrée n'offre-t-elle autant de variétés chevalines que l'Angleterre. Voilà encore une analogie de relation..

Je crois avoir démontré ainsi que l'étude des races humaines se lie intimement à l'étude des races de chevaux.

Des Quadrumanes.

> Toujours un peu de vérité
> Se mêle aux plus grossiers mensonges.
>
> VOLTAIRE

Immédiatement après l'homme vient la seconde classe de mammifères, qui comprend toutes les espèces de singe. Ce sont les animaux les plus rapprochés de l'homme par leur intelligence et leur conformation. Le crâne est fort développé et le squelette offre à peu près le même ensemble que le nôtre. Seulement les bras s'allongent B, ainsi que les pieds, de manière à rendre la station debout plus difficile, et la marche à quatre pieds plus naturelle (1). En proportion exacte de cette dégradation, le crâne lui-même s'aplatit,

(1) Voyez figure 1, page 31.

perd la noblesse de son galbe et arrive, dans les dernières espèces du genre, à ressembler à celui du chien. La main antérieure, car chez cette classe d'animaux le pied est aussi pourvu d'un pouce opposable A, la main antérieure semble suivre la même loi de décadence. Le nombre des doigts diminue; le pouce disparaît même quelquefois, sans que pour cela la main perde sa forme et ses propriétés caractéristiques, car elle reste adroite et prenante.

Avant de spécifier les espèces, dont la description abrégée doit nous faire mieux apprécier l'existence de cette véritable échelle de dégradation, ne vient-il pas naturellement à l'esprit de comparer l'homme lui-même avec celui de tous les singes qui semble s'en rapprocher davantage ? La ressemblance apparente est excessive, l'espèce d'antipathie que nous inspire souvent l'aspect de cet animal en est une preuve irrécusable : car nous reverrons cette même aversion séparer les espèces les plus voisines, le lièvre du lapin, le cheval de l'âne, etc.

Quelle est donc véritablement la distance qui sépare l'homme du singe ?

Toutes les données d'histoire naturelle qui pourraient nous instruire à cet égard ont été dénaturées par les deux opinions contraires : les uns, trouvant la dignité de l'homme intéressée à se séparer entièrement du reste de la création, taxent de mensonge et d'exagération tous les récits tendant à attribuer la moindre intelligence à l'orang-outang; les autres, par amour du merveilleux, renchérissent sur les folles imaginations des anciens au sujet des Troglodytes.

Espérons que bientôt la science fera cesser tous les

doutes à cet égard ; mais jusqu'ici malheureusement nous manquons de notions exactes sur les premières espèces de cette classe, telles que l'oran, le gaurille, le *troglodyte* : car ce nom mythologique a été donné par les naturalistes modernes à une grande espèce de singes qui habite, dit-on, les parties les plus chaudes de l'Afrique. L'oran (*fig.* 2) au-

Fig. 2.

rait pour patrie les forêts encore inexplorées de Bornéo et de Sumatra. Ces animaux font preuve d'intelligence et de courage dans les guerres qu'ils soutiennent, soit contre les éléphants, soit même contre les peuplades voisines. On va jusqu'à dire que la connaissance du feu, cet attribut exclusif de l'intelligence humaine, ne leur est pas étrangère : quelque exagérés que puissent être tous les récits des voyageurs, le fond de vérité qui doit nécessairement y avoir donné lieu est de nature à nous inspirer de profondes réflexions à la vue d'êtres à la fois si près et si loin de nous.

Est-ce un singe que cet homme, est-ce un homme que ce singe ? s'écria un savant naturaliste, après avoir longtemps étudié le jeune orang-outang mort il y a quelques années à la ménagerie du Jardin du Roi.

La relation extrêmement remarquable (1) de la mort d'un grand singe sauvage rencontré par des matelots anglais dans les Moluques, la lutte des armées romaines ou carthaginoises avec d'immenses troupes de singes dans l'intérieur de l'Afrique, les histoires nombreuses de femmes enlevées par des singes ou retrouvées au milieu d'eux, toutes ces traditions, dénaturées, si l'on veut, mais peut-être pas entièrement apocryphes, ne seraient-elles pas susceptibles d'intéresser le physiologiste autant que d'amuser la curiosité des oisifs ?

Dans la nombreuse catégorie des quadrumanes, nous ne citerons, après les orans, que les gibbons, encore sans queue, les guenons, chez lesquelles cet organe commence

(1) *Voyage pittoresque autour du monde*, publié sous la direction de M. Dumont-d'Urville et quelques autres écrivains.

à se développer; les cynocéphales (*fig.* 3), dont le mu-

Fig. 3.

seau allongé et tronqué vers le bout offre quelque ressemblance avec celui du chien (κυων chien, κεφαλη tête); les

Fig. 4.

singes de l'Amérique (*fig.* 4), dont la queue est prenante comme pour subvenir au défaut des pouces de devant; les ouistitis, chez lesquels ce doigt existe, mais n'est presque plus opposable; les galagos, dont les dents annoncent le régime insectivore; enfin le tarsier (*fig.* 5), ainsi

Fig. 5.

nommé à cause d'un allongement excessif du tarse qui l'empêche presque d'être plantigrade.

Les anciens paraissent avoir eu le sentiment de ce système de gradation adopté par la nature. Ce sont eux qui ont donné le nom pittoresque de cynocéphale à un singe d'Egypte qu'ils connaissaient. Les antiquaires nous expliqueront peut-être un jour le véritable sens de ces figures emblématiques si communes sur les monuments de Memphis. Quel mythe serait-ce donc que ces hommes qui semblent s'être étudiés, dans leur coiffure et dans l'expression de leurs traits, à affecter une ressemblance avec le cynocéphale?

Des Carnassiers.

L'ordre des carnassiers tire son nom du mode de nourriture exclusivement ou presque exclusivement animal qui lui est assigné.

On remarque chez les dernières espèces de l'ordre précédent une tendance vers ce régime alimentaire ; et cela ne doit pas nous étonner, c'est encore une des transitions de la nature.

Dans les espèces que nous allons décrire, les mâchelières toujours tranchantes, quoique à des degrés différents, ne sont plus, comme celles des omnivores, disposées pour la trituration des racines ; elles auront à trancher des chairs, ou tout au moins à diviser des parties animales, telles que les dépouilles des poissons et des insectes.

Le cerveau des carnassiers est développé parce que l'existence d'un animal destiné à se nourrir d'une proie vivante est une vie d'embûches, de ruses, de calcul : une certaine intelligence lui est donc indispensable.

Les intestins sont peu volumineux à cause de la nature substantielle des aliments qui, sous un volume peu considérable, contiennent beaucoup de parties nutritives. L'assimilation des matières animales n'est cependant pas aussi profitable que celles de certaines substances végétales, ou du moins ne l'est pas de la même manière ; car l'obésité est rare chez les carnassiers, et elle serait du reste incompatible avec la vie de chasseurs à laquelle ils sont astreints.

L'odorat, nécessaire pour deviner l'approche de la proie ou pour suivre sa trace, est aussi donné à ces animaux, mais en raison combinée de leurs divers moyens d'attaque, comme nous le verrons ci-après.

L'ordre des carnassiers se divise en plusieurs familles : la première est celle des cheiroptères ou chauve-souris.

Leur nom signifie main ailée (χειρ, main, et ιπταμαι, voler). La main joue en effet le principal rôle dans la composition de l'aile de la chauve-souris : c'est entre les doigts prodigieusement allongés que s'engendre la membrane destinée à servir de parachute, et qui s'étend ensuite de manière à envelopper tout le corps.

Les principaux caractères qu'il nous importe de remarquer chez ces animaux singuliers sont : 1° la soudure du radius avec le cubitus, que nous n'avions pas observée chez les quadrumanes. Cette disposition A (*fig* 6) était in-

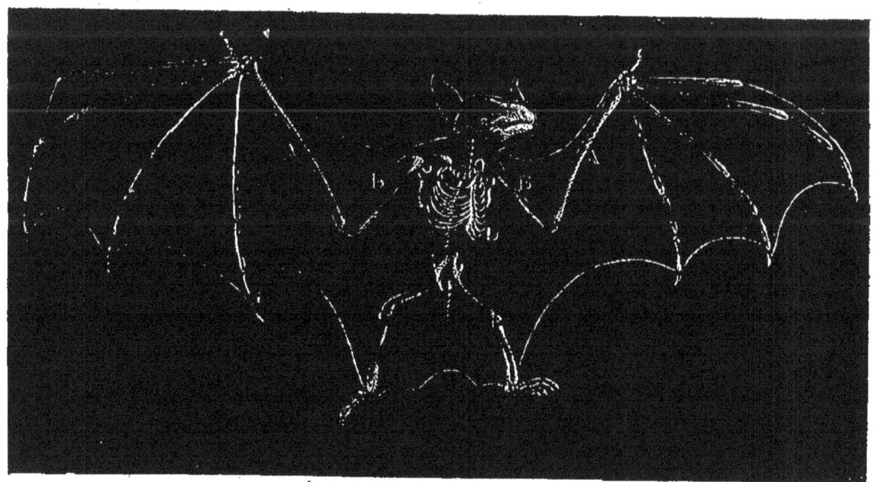

Fig. 6.

dispensable pour le vol, car le jeu séparé de ces os eût

produit dans l'aile un mouvement de rotation et l'eût empêchée de frapper l'air avec la fermeté nécessaire.

2° La force des clavicules, des omoplates et surtout des os du sternum D, qui présentent des apophyses aussi fortes que celles de l'épine dorsale. Tout cet appareil était exigé par l'exercice violent auquel les membres antérieurs étaient appelés.

Fig. 7.

Remarquons ici ce principe fondamental qu'il ne saurait y avoir de force musculaire, si l'attache des os aux tendons n'était large et vigoureuse.

L'organisation de ces animaux est du reste fort curieuse, ainsi que leur vie. On a cru longtemps qu'ils jouissaient d'un sens particulier dont nous ne pouvions par conséquent avoir l'idée. En effet, la vue ne paraît pas les guider exclusivement dans le vol. L'obscurité complète des cavernes où ils se retirent et qu'ils parcourent hardiment en tous sens l'avait fait supposer. On s'en est convaincu en crevant les yeux à plusieurs individus qui ont ensuite volé comme auparavant. On sait aujourd'hui que les chauves-souris, lorsqu'elles ne voient point, se dirigent par l'excessive finesse de leur ouïe, comme aussi par le toucher, nécessairement fort délicat chez elles, puisque la peau fine et déliée dont leurs ailes se composent doit être d'une exquise sensibilité.

Les cheiroptères (*fig.* 7) sont insectivores pour la plupart, quelques-uns vivent de fruits; la plus grande espèce, le galéopithèque, paraît poursuivre les petits oiseaux.

LES INSECTIVORES.

Viennent ensuite les insectivores, dont le nom indique le régime alimentaire. Presque tous ont une vie nocturne et souterraine. Ils passent l'hiver dans cet engourdissement singulier désigné sous le nom d'*hivernation* (1).

Leur système dentaire est conforme, comme toujours, au mode d'alimentation pour lequel la nature les a formés;

---

(1) Cet état de léthargie, dans lequel plusieurs oiseaux de passage, tels que l'hirondelle et une grande quantité de mammifères, entre autres l'ours, à ce que l'on croit, sont susceptibles de tomber, occupe beaucoup les méditations des savants. Certaines expériences ont semblé prouver que l'on pouvait, à son gré, au moyen de certaines précautions, soustraire ou soumettre à cette influence des animaux qui, dans l'état de nature, y sont habituellement sujets ou qui évitent cet effet du froid par des pérégrinations. Ne pourrait-on pas voir autre chose qu'une fable ridicule dans ces relations d'hommes conservés vivants et engourdis dans la neige pendant un temps plus ou moins considérable? Que serait-ce donc, si les auteurs de cette espèce de mystification se trouvaient jouer le rôle du menteur véridique?

la table des mâchelières est hérissée d'aspérités pointues et perçantes qui ne sauraient ni broyer le grain, ni trancher les chairs, mais qui sont très-propres à la mastication des insectes.

Ils sont toujours plantigrades et munis de clavicules.

Nous citerons comme les plus remarquables :

Le hérisson (*fig.* 8), qui nous offre le premier exemple de poils dénaturés et transformés en piquants par leur dureté et leur épaisseur. Sa peau est pourvue d'un appareil musculaire capable de les relever. Ses

Fig. 8

mœurs sont suffisamment connues de tout le monde. Toutefois, on ignore peut être qu'il jouit du singulier privilége de manger impunément des centaines de cantharides.

Nous ne pouvons passer sous silence les musaraignes (*fig.* 9), petits animaux assez semblables au rat par leur ex-

Fig. 9.

térieur pour en avoir tiré leur nom (μυς rat, αραχνη araignée). Ils ont eu une grande célébrité, mais malheureusement peu méritée, dans les fastes de l'ancienne médecine vétérinaire. On les accusait, dit Cuvier, de causer aux chevaux une maladie par leur morsure ; et dans le grand ouvrage de Lafosse, on voit figurer un portrait de musaraigne en compagnie des œstres, des larves et autres ennemis de l'espèce chevaline. Toutefois, cet auteur savait déjà que la tumeur attribuée à la morsure de la musaraigne n'est autre chose que la maladie appelée *anthrax* ou charbon :

« ....En 1757, j'eus l'honneur de présenter à l'Acadé-
« mie royale des sciences et de lui lire un mémoire dans
« lequel je démontrais que la musaraigne ne peut ni mor-
« dre, ni piquer ; que sa bouche ne s'ouvrait que d'une
« demi-ligne au plus ; que pour pincer la peau dans sa
« partie la plus fine, il fallait trois lignes au moins de prise,
« ce que ne pouvait pas faire cet animal ; qu'il ne pouvait
« pas piquer, puisqu'il n'avait pas de dard, etc. » (*Cours d'hippiatrique,* in-folio, page 245, 1772.)

Ainsi parlait, à l'époque de la naissance de l'hippiatrique, un savant professeur qui, tout en raisonnant fort juste quant à son art, se montrait assez mauvais naturaliste, car la musaraigne peut mordre et dévorer des insectes, bien qu'elle ne puisse effectivement écarter ses mâchoires de la double épaisseur d'une peau de cheval.

Disons enfin un mot de la taupe (*fig.* 10), animal fort commun dans nos contrées et dont l'agriculture a quelquefois à s'occuper Sa forme est éminemment appropriée à la vie souterraine. Le sternum est muni d'une arête comme chez la chauve-souris, afin de prêter un appui proportionné aux muscles énormes du bras, de l'avant-bras et du pied (1). Tel est l'instrument à l'aide duquel la taupe déchire la terre

Fig. 10.

et la repousse derrière elle; pour la soulever, elle emploie sa tête pointue, dont le museau est garni d'un osselet. Il existe même un os particulier dans le ligament cervical.

LES CARNIVORES.

Jusqu'à présent, nous avons vu les carnassiers se nourrir à peu près exclusivement de matières animales, mais leur faiblesse les réduisait souvent à se contenter d'insectes. Les espèces que nous allons décrire ont plus de taille, de force, de moyens d'attaque, et leur appétit sanguinaire est aussi plus développé, plus énergique, plus terrible.

Les dents à tubercules coniques sont remplacées par des molaires plus ou moins tranchantes, suivant la voracité de l'animal.

(1) On dit quelquefois la main de la taupe ; mais c'est en vertu d'une grossière ressemblance avec la main humaine, le pouce n'est pas opposable.

Les membres subissent certaines transformations qu'il est important d'observer. Nous avons vu que par degrés insensibles, depuis l'homme jusqu'au dernier quadrumane, les membres devenaient de moins en moins favorables à la marche plantigrade ; qu'en même temps le nombre des doigts diminuait et que la main perdait de son adresse et de sa perfection.

La même gradation va se retrouver dans l'ordre des carnassiers ; mais elle se fait surtout sentir chez les carnivores. Ainsi nous verrons les premières espèces munies de cinq doigts et plantigrades ; puis les pieds ne seront plus aptes qu'à la marche, les membres tendent à se redresser de plus en plus, et les doigts, dont le nombre diminue, finissent par être la seule partie de la jambe en conctact avec le sol : de là le nom de *digitigrades* donné à plusieurs familles.

L'ours, dont on a exagéré la férocité, n'est pas exclusivement carnivore. On connaît généralement le goût qu'il manifeste, à l'état sauvage, pour les fruits et les raisins. En captivité, il vit facilement de pain et de racines. Aussi ses mâchoires (*fig.* 11) ne présentent-elles qu'une seule carnassière *a*, suivie de trois dents tuberculeuses *b*, *b*, *b*. Les doigts sont au nombre de cinq, armés d'ongles inoffensifs. L'ours est grimpeur, solitaire, habite les pays froids et est sujet à s'engourdir pendant l'hiver, quoique ce ne soit pas chez lui une habitude constante.

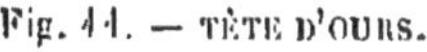
Fig. 11. — TÊTE D'OURS.

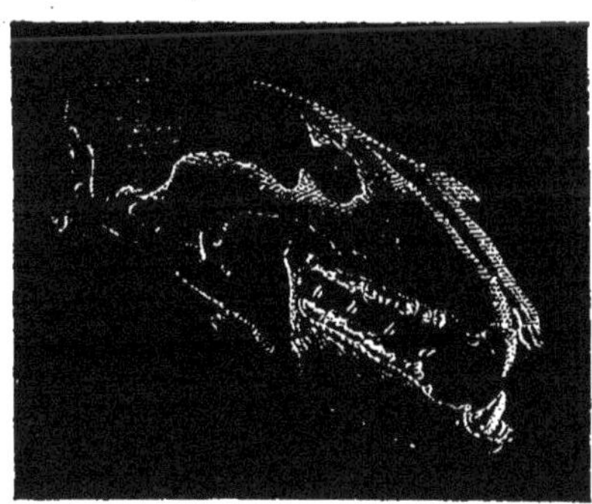

Le coati, le blaireau, le glouton et quelques autres forment les divers échelons qui de l'ours nous amènent aux digitigrades.

LES DIGITIGRADES.

Cette tribu, remarquable par des appétits de plus en plus destructeurs, est fort nombreuse et se partage en un grand nombre de genres ou d'espèces plus ou moins rapprochés les uns des autres.

On distingue principalement les martes, les mouffettes, les loutres (*fig.* 12). Ces dernières ont un genre de vie par-

Fig. 12.

ticulier; elles recherchent les lieux aquatiques, nagent et plongent avec facilité et se nourrissent principalement de poissons. Les deux premières espèces exhalent généralement une odeur plus ou moins désagréable. Toutes trois nous fournissent des fourrures précieuses. La loutre du Kamschatka spécialement est si recherchée, qu'une seule peau se vend, dit-on, plus de trois mille francs. Presque toutes sont portées au Japon pour entrer dans la composition des costumes de cérémonie des mandarins.

Nous observons en passant que, de tous ces sous-genres, la loutre est le plus grand. C'est le premier exemple d'une supériorité de taille chez celles des espèces d'une même classe qui mènent un genre de vie aquatique. Nous en retrouverons plusieurs autres.

Passons maintenant au chien. Voici le premier animal domestique qui se présente à nos observations. Ce n'est donc pas la supériorité de l'intelligence chez les animaux qui détermine l'homme à les choisir pour ses compagnons ou ses esclaves. Cette opinion trop généralement répandue est démentie par les faits les plus positifs. Les animaux dont la domesticité est la plus universelle et la plus ancienne, sont ceux chez lesquels le goût de vie commune et d'association est le plus développé. Ce penchant comporte des instincts d'affection, d'obéissance, de concorde, de sympathie, dont l'homme n'a qu'à profiter en se substituant à leurs objets naturels. Nous n'avons réellement apprivoisé, c'est-à-dire réuni à nous par des rapports intellectuels, que les espèces nées pour la société et vivant par troupes plus ou moins nombreuses à l'état de nature. Le chien sauvage s'associe de nombreux compagnons pour chercher sa subsistance dans la chasse, et cet exercice lui est tellement naturel que les variétés que l'homme y consacre de préférence sont souvent celles sur lesquelles il a le moins d'empire; il cherche à suivre leur instinct plutôt qu'à leur imposer sa volonté.

Le type primitif du chien est le loup ou le chacal. Il est vraisemblable que toutes nos variétés domestiques descendent de l'une ou l'autre de ces deux souches, fort rapprochées elles-mêmes.

Le renard s'en éloigne davantage par sa queue longue et touffue, par ses pupilles annonçant des habitudes nocturnes, enfin par ses inclinations solitaires. On ne cite pas d'ailleurs d'exemples de croisement du chien, du loup ou du chacal avec l'espèce du renard, tandis que ces trois familles se mélangent avec facilité et même de leur propre mouvement.

Le chien a cinq doigts par devant et trois par derrière. Sa mâchoire contient deux dents tuberculeuses à l'aide desquelles il mâche quelquefois certaines herbes. Dans cette action, il est obligé d'ouvrir la gueule d'une manière excessive, parce que ces dents, étant situées à l'extrémité intérieure des mâchoires, ne peuvent avoir de jeu que par un mouvement forcé et très-caractérisé que l'on remarque à peu près toutes les fois qu'un chien prend ses ébats sur un gazon riche et abondant.

A l'état de nature, la taille et la couleur varient peu. Ce n'est qu'en rapprochant des individus de diverses contrées qu'on peut trouver des différences notables. Il faut toutefois excepter les fréquentes anomalies que les espèces sauvages présentent, grâce à leurs alliances avec nos races domestiques (1).

Une fois soumis à l'homme, le chien subit toutes les influences diverses de la vie domestique et de plus tous les changements qu'il est possible d'imprimer aux individus et aux races par la multiplicité des croisements. De là, ces in-

(1) Dans nos campagnes, il arrive fréquemment que des louves, en se rapprochant des habitations, s'unissent à nos chiens domestiques.

nombrables variétés de taille et de couleur. Les principaux caractères de la civilisation, si l'on peut s'exprimer ainsi, sont les oreilles tombantes, le poil ras ou soyeux, les robes bigarrées ; le chien domestique s'éloigne d'autant moins de son type primitif que son maître est lui-même plus rapproché de l'état sauvage ; et cette corrélation est si constante, que l'on pourrait presque juger de la civilisation d'un pays inconnu par les chiens qu'on y rencontrerait.

Parmi nos variétés, le chien de berger (*fig.* 13, n° 1) est

Fig. 13.

sans contredit celui qui s'est conservé le plus primitif. Les autres, tels que le Terre-Neuve (n° 2), si intelligent, si bon nageur ; le levrier (n° 3), si analogue au cheval de course ; le bull-dog (n° 4), auquel il ne semble rester d'autre instinct que celui de la combativité ; l'épagneul, qui ne sait plus chasser pour son propre compte ; le basset, qu'on a estropié à dessein de génération en génération. Elles sont autant de preuves vivantes de l'empire donné à l'homme sur la nature. C'est dans l'appréciation parfaite de ce pouvoir que consiste uniquement la science dont nous nous occupons. Malheureusement, la connaissance du cheval est moins répandue que celle du chien, et la raison en est simple : le chien ne vivant que douze ou quinze ans, se reproduit plus vite, et le même homme peut suivre une bien plus longue série de générations. Quoi qu'il en soit, il est facile de voir que l'étude des variétés canines, étude longue et difficile, et qui, je l'avoue, m'est étrangère, doit offrir une grande analogie avec celle du cheval, et par conséquent nous être profitable. Elle offre à l'homme de cheval un délassement utile sous le rapport de la science, de même que, sous le point de vue du sport, elle lui est indispensable pour le rendre bon chasseur à courre.

Le chien redevenu sauvage dans certaines îles désertes, ne ressemble ni au loup, ni au chacal. Cette impossibilité de revenir à son type originel nous frappera également chez le cheval espagnol abandonné dans les *pampas* de l'Amérique.

Viennent ensuite d'autres espèces de carnivores, telles que les civettes, remarquables par la forte et suave odeur de musc qu'elles exhalent ; la mangouste ou ichneumon, célèbre par la singulière manière qu'on lui attribuait de faire la guerre au crocodile. Elle ne pénètre pas dans les entrailles de son ennemi sommeillant la gueule ouverte, comme on l'a dit ; elle se contente de dévorer ses œufs à l'instar du chat, dont elle partage les goûts et les habitudes domestiques.

Les hyènes forment un genre fort connu et fort remarquable tant par leur extérieur que sous le rapport de l'histoire naturelle. Une robe d'un fauve sale bizarrement tacheté ou rayé, un arrière-main très-faible et déprimé, des reins bombés, un cou excessivement volumineux et souvent enkylosé, des oreilles droites, une physionomie farouche, une voix rauque et lugubre, contribuent à leur donner un aspect hideux et épouvantable. Ajoutez l'habitude de vivre de charognes et de déterrer les cadavres, et vous vous expliquerez facilement l'idée de dégoût et d'effroi que leur nom seul inspire.

La vérité, dépouillée de toute fable superstitieuse, nous fait voir dans l'hyène un animal assez rapproché du chien, vorace, mais plutôt farouche que sanguinaire, et même assez facile à apprivoiser. Ses mâchoires sont d'une force excessive, et sa morsure d'une invincible ténacité.

Il existe un sous-genre dont le système dentaire est très-singulier. Il se réduit presque entièrement aux incisives et à quelques rudiments de canines : c'est le protèle (*fig.* 14). Il habite l'intérieur de l'Afrique et paraît n'avoir d'autre moyen de subsistance que de déchirer la queue des moutons de ces contrées, chez lesquels, comme on sait, cette partie est un monstrueux amas de chair graisseuse.

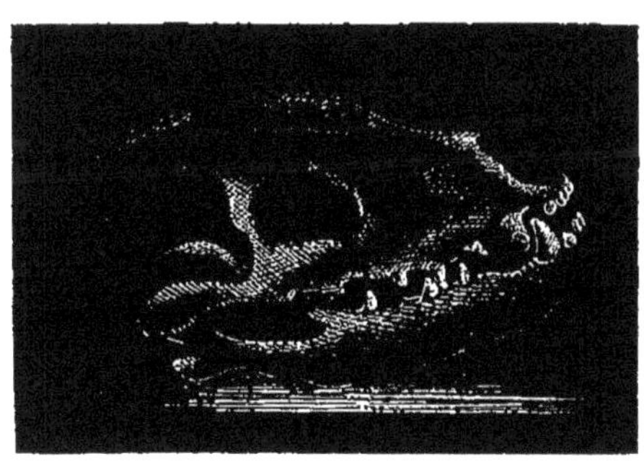

Fig. 14.

Est ce la conformation de sa mâchoire qui réduit le protèle à ce singulier régime, ou l'organe de la mastication s'est-il atrophié par suite d'une oisiveté de plusieurs générations? Voilà certes un curieux problème de physiologie à résoudre.

LES CHATS.

Nous voici arrivés à l'espèce la plus destructive parmi les mammifères. Toutes les tribus de cette famille sont douées au plus haut degré d'instincts de meurtre, de carnarge, de voracité, d'énergie et de force, proportionnellement à leur volume. Leurs armes sont terribles, toutes les dents sont tranchantes; la tuberculeuse n'existe plus qu'à l'état rudimentaire et manque même en bas; la langue est rude et couverte d'aspérités. Les ongles, très-forts, très-pointus, se retirent sous la peau, la pointe en l'air, pendant la marche au moyen d'un mécanisme fort remarquable.

On distingue d'abord le lion, trop connu pour qu'on en parle ici; le tigre royal, toujours rayé de noir à grandes bandes, et peut-être plus terrible et plus brave que le lion. Ces deux espèces, si fortes que d'un coup de patte elles ouvrent le crâne d'un cheval, sont susceptibles de s'allier et de produire des métis. Les différences apparentes sont en effet de peu d'importance. Les grandes raies qui bigarrent le tigre se retrouvent dans la livrée du jeune lionceau, et la vaste crinière du lion, qui n'existe point d'ailleurs chez sa femelle, disparaît dans le mâle par la castration.

Suivent plusieurs autres familles, fauves ou diversement tachetées, telles que la panthère, le cougar, l'once, le caracal, différant toutes plus ou moins par la taille, mais assez peu d'ailleurs quant aux formes et aux habitudes. Il existe quelques panthères noires, mais chez lesquelles on retrouve nuancée la trace des taches caractéristiques. Vient enfin le chat, la variété domestique du genre.

Buffon l'a appelé avec raison un domestique infidèle ; il n'est pas en effet réellement soumis à l'homme, et l'instinct de férocité qui lui est naturel en ferait notre ennemi, si sa faiblesse ne l'empêchait d'être redoutable.

Du reste, quoique imparfaitement apprivoisé, il subit l'influence ordinaire de la domesticité, comme le prouvent ses innombrables variétés, fort différentes pour la couleur et la nature du poil, mais moins sous le rapport de la taille.

On prétend que jamais un chat mâle ne réunit trois couleurs tranchées (1) sur son pelage, bien que cette bigarrure se rencontre fréquemment chez la femelle.

Il manquait un échelon de transition entre les familles félines et les tribus carnassières qui précèdent. On le retrouve dans le guépard des Indes, espèce de tigre à pelage fauve et semé de petites taches noires, d'un caractère fort doux, qui s'apprivoise aisément et s'emploie à la chasse. Il n'a point les ongles rétractiles ; il peut donc, conjointement avec la hyène, servir d'intermédiaire entre le chien et le tigre.

La comparaison de ces deux dernières espèces de digitigrades peut nous mener à des remarques intéressantes. Observons que chez la race féline, les membres ont, proportionnellement au volume total, une force et une grosseur excessives, surtout dans la partie antérieure. Le corps est

---

(1) Ces trois couleurs sont le noir, le blanc et l'orange.

svelte, allongé, souple dans tous les sens, et d'une ampleur musculaire peu considérable. Un tel ensemble de conformation paraît admirablement combiné pour le saut. En effet, l'arrière-main, source de tout mouvement et ressort principal, jouit d'une grande puissance et n'a à mouvoir qu'une masse légère.

Ses reins, par l'étendue et la facilité de leur flexion, favorisent également et l'extension des mouvements, et leur vitesse. L'animal peut se fier, en retombant sur le sol, à la force de ses bras, toujours capables de recevoir la masse, même lancée avec impétuosité. Tout le porte à développer hardiment l'énergie de ses moyens dans des bonds désordonnés.

Pour la course, qui est une suite de sauts d'une étendue médiocre, mais répétés, les conditions ne sont plus aussi favorables. La force des membres est en partie superflue, puisque l'effort n'est pas extrême, et leur poids surcharge la masse en pure perte. D'un autre côté, les reins se fatiguent bientôt par l'étendue même de leur jeu ; c'est la partie la plus mince qui est ici la plus agissante, et pour un exercice continu, l'énergie ne peut subvenir à la quantité musculaire.

Chez le chien, au contraire, les reins plus larges, plus droits et plus courts, ont à la fois un mouvement plus borné et un appareil d'action plus puissant, tandis que ses jambes, plus légères, plus longues, embrassent plus de terrain à chaque pas et donnent un effet bien plus grand pour un effort égal.

Les animaux ont parfaitement la conscience de leur aptitude à tel ou tel mouvement, à tel ou tel exercice : le lion en embuscade attend tranquillement sa proie et s'élance dessus à l'improviste par un bond formidable ; s'il manque son coup, il n'essaie point d'atteindre à la course l'animal qui lui échappe, il se replace et épie un autre passage.

Le loup tend bien aussi ses embûches au cheval sauvage, mais il se lance derrière lui et ne cesse point sa poursuite acharnée.

C'est ainsi qu'en étudiant les effets divers des conformations opposées dans des animaux fort éloignés les uns des autres, nous arriverons par degré à saisir les différences les plus délicates, les nuances les plus imperceptibles dans l'extérieur de deux individus de la même espèce.

Les allures, les dispositions, le caractère d'un cheval se révèleront à nous par une suite d'inductions naturelles et logiques, et en même temps les moyens de le conduire, de le perfectionner et d'en tirer parti.

AMPHIBIES.

Les amphibies termineront la série des carnassiers. Nous avons déjà donné quelques détails sur le phoque ; il suffira d'ajouter que cet animal habite toujours le bord de la mer, mange dans l'eau et doit à quelques modifications des organes respiratoires la faculté de plonger fort longtemps. Il est très-sociable, et l'on a même cru découvrir en lui le germe de l'instinct de propriété. En effet, à l'époque de la mise bas, chaque couple, en s'établissant sur le sable de la côte, y reprend le même trou qu'il avait possédé à la saison précédente ; les usurpateurs sont chassés par les autres et réduits à une vie solitaire.

Le phoque se trouve à toutes les latitudes et offre un grand nombre de variétés.

Le morse (*fig.* 15) a la forme d'un phoque immense avec

Fig. 15.

deux énormes canines plantées dans la mâchoire supérieure et dirigées vers la terre. Il habite les bords de la mer glaciale, où on lui livre une guerre d'extermination pour son huile et ses défenses. On recherchait aussi sa peau pour faire des soupentes de voiture à cause de son épaisseur ; mais aujourd'hui que, dans la carrosserie comme dans les autres arts, on obtient la solidité par l'union intime de plusieurs pièces bien coordonnées, on emploie au même usage des cuirs assez minces et cousus ensemble.

De tous les animaux, le morse est celui dont les os offrent le plus de densité.

Nous avons vu la loutre l'emporter en taille sur toutes les familles de digitigrades qui lui ressemblent davantage.

De tous les carnivores, le plus grand est aussi un de ceux dont le régime est aquatique : c'est le morse.

C'est encore dans les eaux que nous trouverons les mammifères géants, les cétacés.

Des Marsupiaux.

Nous arrivons maintenant à une série d'animaux fort curieux, appelés les Marsupiaux. Ils tirent leur nom d'une espèce de poche (1) formée par les replis de la peau de l'abdomen dans le voisinage des mamelles et destinée en quelque sorte à servir de seconde matrice. En effet, chez ces espèces, les petits « *naissent dans un état de développement à* « *peine comparable à celui auquel des fœtus ordinaires parvien-* « *nent quelques jours après la conception. Incapables de mouve-* « *ment et montrant à peine le germe de membres et d'autres or-* « *ganes extérieurs, ces petits s'attachent aux mamelles de leur* « *mère et y restent fixés jusqu'à ce qu'ils se soient développés au* « *degré auquel les animaux naissent ordinairement.* » A cette époque, ils y rentrent à l'approche de quelque danger. « *Deux os particuliers, attachés au pubis et interposés dans les* « *muscles de l'abdomen, donnent appui à la poche et se trouvent* « *cependant aussi dans les mâles et dans les espèces où le repli qui* « *forme la poche est à peine sensible.* » CUVIER.

La zoologie des divers genres qui composent cet ordre ne serait pour nous que d'un intérêt indirect et médiocre, si

---

(1) En grec μάρσυπος, bourse.

nous nous bornions à chercher des exemples de mécanique animale dont l'étude pût se rapporter à celle du cheval. Il n'y a, en effet, aucune comparaison utile à établir entre les marsupiaux et les solipèdes. Mais la grande variété d'organisations que nous offrent les différentes espèces, l'analogie bizarre qui semble rapprocher celles-ci des insectivores, celles-là des rongeurs, nous fourniront des remarques utiles sur l'art des classifications en général.

Quelques détails faciliteront nos raisonnements.

Les sarigues, avec un appareil de cinquante dents, nombre que nous n'avions pas encore rencontré, leur queue prenante, leur pouce sans ongle, mais opposable, au pied seulement, nous rappellent d'un côté les singes, de l'autre les insectivores : et, en effet, nichant sur les arbres, donnant la chasse, tantôt aux insectes, tantôt aux oiseaux, sans dédaigner les fruits ; leurs habitudes, comme leur conformation, les rapprochent de types déjà observés.

Le dasyure (1), avec sa queue longue et velue, ses quarante-deux dents, ses pieds impropres à l'action de grimper, vivant de cadavres, incommode aux habitations, n'est-il pas un véritable carnivore comme la hyène et le renard ?

Viennent ensuite les phalangers, avec leurs incisives énormes comme celles des rongeurs, que nous verrons ci-après, et offrant la même voracité et en partie les mêmes goûts.

Enfin le kanguroo, dépourvu de canines, particularité bizarre que l'on retrouvera dans un pachyderme fossile,

---

(1) Δασύς épais, οὐρα queue.

herbivore inoffensif, susceptible d'éducation, semble destiné à reproduire l'image des pachydermes et des ruminants.

Ce simple coup d'œil rapidement jeté sur l'ordre entier des marsupiaux n'est-il pas de nature à inspirer de singulières réflexions ? Ne pourrait-on pas considérer toute cette classe d'animaux comme une création spéciale destinée à peupler à elle seule un monde à part, puisqu'elle offre l'ensemble de presque toutes les organisations que nous voyons chez les mammifères, et dans le même ordre sous le rapport de la perfection des organes ? Remarquons en outre que toutes ces espèces se trouvent précisément réunies dans la même patrie, la Nouvelle-Hollande, ou les contrées voisines. Quelques-unes seulement habitent l'Amérique méridionale.

Admettons pour un instant cette idée si bizarre, si absurde qu'elle paraisse, et sans nous arrêter à toutes les objections sérieuses qu'elle peut présenter, demandons-nous si elle ne pourrait s'appliquer également à chacun des ordres de mammifères que nous avons vus jusqu'ici ? Je suis persuadé qu'il serait possible de soutenir un pareil système ; qu'à l'aide de quelques sophismes, de quelques paradoxes brillants, un homme d'une imagination riche et féconde aurait pu, dans un siècle moins avancé que le nôtre, partir de cette donnée et nous présenter les diverses classes d'animaux comme étant chacune l'ouvrage d'un génie particulier créant concurremment avec ses pareils un monde à lui, d'après un ordre de l'Être suprême indiquant les conditions générales d'organisation et les lois fondamentales d'équilibre nécessaires à l'existence de tout un ensemble de population. Il y aurait possibilité de remplir toutes les lacunes, soit par des espèces existantes que nous ignorons encore, soit par des espèces anéanties, connues ou inconnues, et nous en retrouvons en assez grand nombre pour qu'il soit permis d'en supposer plus encore.

Sans nous arrêter davantage à cette hypothèse que, dans un autre temps, on eût pu soutenir et faire adopter peut-être aussi facilement que l'ont été la métempsycose, les atomes et les tourbillons, nous dirons que tout système, quel qu'il soit, n'a guère plus de réalité ni de raison. Sitôt que l'étude nous a révélé un certain nombre de faits, notre esprit est bientôt trop fatigué pour en embrasser davantage ; nous essayons d'en former un ensemble, et de là naît un système ; mais cet ensemble est celui de nos connaissances, et non celui de la nature ; par conséquent, ce que nous ne voyons pas est là pour le renverser ; la moindre découverte change le point de vue et détruit tout le tableau, il ne reste plus que la misérable ressource à laquelle cependant les plus grands génies n'ont pas eu honte de descendre : nier les faits qui détruisent le système ; préférer à une vérité un chimérique échafaudage d'erreurs que l'orgueil veut protéger à toute force et qui bientôt croule de toutes parts.

On sait, du reste, ce que Cuvier pensait des systèmes en général. Ecoutons ce qu'il dit à propos même de son mode de classification :

« D'abord je n'ai eu ni la prétention, ni le désir de clas-
« ser les êtres de manière à en former une seule ligne, ou à
« marquer leur supériorité réciproque. Je regarde même
« toute tentative de ce genre comme inexécutable ; ainsi je

« n'entends pas que les mammifères ou les oiseaux, placés « les derniers, soient les plus imparfaits de leur classe; « j'entends encore moins que le dernier des mammifères « soit plus parfait que le premier des oiseaux, le dernier des « mollusques plus parfait que le premier des annélides ou « des zoophytes; même en restreignant ce mot vague de « plus parfait, au sens de plus complétement organisé. Je « n'ai considéré mes divisions et subdivisions que comme « l'expression graduée de la ressemblance des êtres qui en- « trent dans chacune; et quoiqu'il y en ait où l'on observe « une sorte de dégradation et de passage d'une espèce à « l'autre, qui ne peut être niée, il s'en faut de beaucoup « que cette disposition soit générale. L'échelle prétendue « des êtres n'est qu'une application erronée à la totalité de « la création, de ces observations partielles qui n'ont de « justesse qu'autant qu'on les restreint dans les limites où « elles ont été faites, et cette application, selon moi, a nui, « à un degré que l'on aurait peine à imaginer, aux pro- « grès de l'histoire naturelle dans ces derniers temps. »

CUVIER.

« On dirait que les marsupiaux forment une classe dis- « tincte, parallèle à celle des quadrupèdes ordinaires et di- « visibles en ordres semblables; en sorte que si on plaçait « ces deux classes sur deux colonnes, les sarigues, les « dasyures et les péramèles seraient vis-à-vis des carnassiers « insectivores à longues canines, tels que les tenrecs et les « taupes, les phalangers et les potoroos, vis-à-vis des héris- « sons et des musaraignes; les kanguroos proprement dits « ne se laisseraient guère comparer à rien, mais les phas-

« colomes devraient aller vis-à-vis des rongeurs. Enfin, si « l'on n'avait égard qu'aux os propres de la bourse, et si « l'on regardait comme marsupiaux tous les animaux qui « les possèdent, les ornithorinques et les échidnés y for- « meraient un groupe parallèle à celui des édentés. »

(CUVIER, *Règne animal.*)

On peut dire, d'après cela, que toute classification n'est autre chose qu'un mode d'étude, une hypothèse dont on se sert à défaut de la véritable loi de création que nous ignorons et que nous ignorerons toujours. Toutefois, il y a nécessité pour nous d'employer une classification, puisqu'après tout il faut un guide et une suite quelconque pour tout travail, et il n'y a d'inconvénient à adopter un système que si l'on y attache plus d'importance qu'on ne doit réellement.

Cela posé, la classification établie par Cuvier doit être regardée comme une immense échelle dont chaque espèce est un degré. Chaque ordre se compose d'un certain nombre d'échelons consécutifs et forme une espèce de série isolée, de monde à part, puisque dans chacun de ces ordres nous trouvons des espèces, des tribus, des familles plus ou moins aptes aux divers genres d'existence que la nature accorde aux êtres animés.

Ce que Georges Cuvier a dit des marsupiaux peut s'appliquer aux autres ordres : ainsi, nous voyons chez les carnassiers des êtres qui volent, d'autres qui nagent, quelques-uns même qui semblent perdre jusqu'à l'instinct caractéristique de leur genre pour devenir presque herbivores.

Mais chacun de ces ordres ou séries ne forme pas une

suite immédiate à celle qui précède, en ce sens qu'elle commence plus haut que l'autre ne finit.

Ce n'est donc plus une échelle unique et continue, mais une suite d'échelles parallèles dans chacune desquelles le premier échelon est plus haut que le dernier de l'échelle précédente, et dont le dernier est plus bas que le premier de l'échelle suivante.

Ainsi, en adoptant pour un moment l'idée, inexacte d'ailleurs, de la supériorité d'organisation, nous voyons dans la série des carnassiers, l'ours supérieur comme intelligence au tarsier, qui termine l'ordre des quadrumanes; de même, les sarigues sont plus complétement organisés que les morses, et nous verrons tout à l'heure les premiers rongeurs plus parfaits que les derniers dydelphes ou animaux à deux matrices (δυο, deux, — δελφυς, matrice).

Pour mieux fixer les idées, nous présentons un tableau donnant algébriquement l'expression de cette loi connue sous le nom de séries parallèles. Chaque colonne représente un ordre quelconque de mammifères, chaque lettre un échelon ou une espèce; et l'on voit que pour passer du dernier échelon d'une série au premier de la série suivante, il faut remonter de quelques degrés, plus ou moins; les nombres n'ont point ici de valeur arrêtée.

IDÉE DES SÉRIES PARALLÈLES.

α								
β								
γ								
δ								
ε								
ζ								
η								
θ								
ι								
κ								
λ								
μ								
ν	α'							
ξ	β'							
ο	γ'							
π	δ'							
ρ	ε'							
σ	ζ'							
τ	η'							
υ	θ'							
φ	ι'							
ψ	κ'							
χ	λ'	α''						
ψ	μ'	β''						
ω	ν'	γ''						
	ξ'	δ''						
	ο'	ε''						
	π'	ζ''						
	ρ'	η''						
	σ'	θ''	$α^{iv}$					
	τ'	ι''	$β^{iv}$					
	υ'	κ''	$γ^{iv}$					
	φ'	λ''	$δ^{iv}$					
	χ'	μ''	$ε^{iv}$					
	ψ'	ν''	$ζ^{iv}$					
	ω'	ξ''	$η^{iv}$					
		ο''	$θ^{iv}$					
		π''	$ι^{iv}$					
		ρ''	$κ^{iv}$	$α^{v}$				
		σ''	$λ^{iv}$	$β^{v}$				
		τ''	$μ^{iv}$	$γ^{v}$				
		υ''	$ν^{iv}$	$δ^{v}$				
		φ''	$ξ^{iv}$	$ε^{v}$				
		χ''	$ο^{iv}$	$ζ^{v}$				
		ψ''	$π^{iv}$	$η^{v}$				
		ω''	$ρ^{iv}$	$θ^{v}$				
			$σ^{iv}$	$ι^{v}$				
			$τ^{iv}$	$κ^{v}$				
			$υ^{iv}$	$λ^{v}$				

Des Rongeurs.

Immédiatement après l'ordre des marsupiaux vient celui des rongeurs, dont le caractère distinctif est l'existence, à chaque mâchoire, de deux énormes incisives éminemment propres à l'action de *ronger;* en effet, n'ayant d'émail épais que dans leur partie antérieure, le service même qu'elles sont appelées à remplir les taille naturellement en biseau. Ces dents grandissent continuellement, et à tel point que si l'une d'elles, en haut par exemple, vient à manquer, la correspondante en bas, ne s'usant plus, s'accroît jusqu'à devenir monstrueuse; on parle même de cas où cette dent, croissant toujours, et suivant sa courbe naturelle, vient percer le crâne et tue l'animal.

Du reste, les rongeurs sont, en général, assez dépourvus d'intelligence, faibles et mal armés, quoique les premiers aient de fortes clavicules, ce qui leur donne la faculté de porter les aliments à leur bouche.

Fig. 16.

Les écureuils (*fig.* 16) sont assez connus pour qu'il ne soit pas nécessaire de détailler ici leur zoologie. Ils varient de la taille du chat ou du lièvre à celle d'un rat ordinaire. Un seul genre, *l'aye-aye*, possède un pouce au pied. Il existe des espèces (les polatouches) dont la peau s'étend en forme de parachute et qui peuvent exécuter une espèce de vol imparfait comme le galéopithèque.

Viennent ensuite les marmottes, les loirs, les échimys, les hydromys, enfin les rats proprement dits. Nous avons peu de chose à dire sur toutes ces espèces ; seulement nous ferons observer que le véritable rat (*mus rattus*, ou roi des rats), qui n'avait pénétré en Europe que dans le moyen âge, a presque entièrement disparu ; ce que l'on appelle aujourd'hui communément rat n'est que le surmulot, plus fort, plus étoffé, plus commun dans ses formes. Ainsi, la nature n'a pas besoin du secours de l'homme pour changer les espèces ; elle se rit de nos prétentions et exerce ses métamorphoses sur les races mêmes que nous nous efforçons d'anéantir.

Nous ne nous arrêterons ni aux souris, sur lesquelles, dit-on, un savant médecin a fait les expériences les plus curieuses, en les examinant pendant une longue suite de générations, ni aux hamsters, remarquables par la quantité prodigieuse d'aliments qu'ils peuvent tenir en réserve dans leurs abajoues.

Nous laisserons pareillement de côté les gerboises, dont la conformation rappelle celle des kanguroos par la puissance des parties postérieures, et le zemmi, ou spalax, presque semblable à la taupe et plus aveugle encore, qui vit sous terre comme elle, mais ne se nourrit que de racines.

Nous arrivons enfin à un animal plus digne de notre attention, le castor, si célèbre par son industrie longtemps révoquée en doute. Il paraît certain aujourd'hui que les castors du Canada se bâtissent des huttes à plusieurs étages, établissent des digues, utilisent les cours d'eau pour leurs constructions et perfectionnent leurs travaux d'année en année. Mais il est certain aussi que ces animaux, une fois troublés dans leurs opérations, se dispersent et se creusent des terriers où leur vie isolée ne révèle pas une intelligence fort supérieure à celle du lapin.

Il existe, dans le département du Gard, des castors à terrier; un d'eux, en captivité dans une loge au Jardin-des-Plantes, a été porté, par l'incommodité de son habitation, à révéler un talent inconnu à sa race : il a construit une espèce de paravent avec de la neige et des débris de carottes artistement coupées.

Ainsi donc, un animal peu favorisé de la nature sous le rapport de l'intelligence jouirait d'une faculté morale réservée exclusivement à l'homme, et ce qui dépasse la portée du singe et de l'éléphant serait accordé à un rongeur ?

Il n'en est pas ainsi, et l'étude attentive de ce phénomène peut nous donner à penser sur ce qu'est véritablement la puissance intellectuelle.

On a observé plusieurs castors apprivoisés et que l'on a soigneusement mis à même de développer tous leurs talents. L'absence complète de perfectibilité se faisait sentir à tout instant et à un bien plus haut degré que chez les autres animaux, lorsqu'une cause quelconque les obligeait à user de leurs facultés intellectuelles. Ainsi, l'on voyait le castor laisser tomber vingt fois de suite dans la poussière le bâton qu'il avait laborieusement lavé et recommencer sa tâche sans jamais songer à éviter le même inconvénient. Le chien qui chasse, le cheval qui revient seul à son écurie, embarrassé de son harnais, souvent même d'une voiture, dénotent à chaque instant de la réflexion ; on voit qu'ils comparent, qu'ils combinent des sensations et des idées ; et si enfin, il n'y a pas chez eux, comme chez l'homme, perfectibilité d'individu à individu, il y a perfectibilité chez l'individu par rapport à lui-même ; il profite de son expérience, quoiqu'il ne puisse pas profiter de celle de son semblable.

Or, on sait que la perfectibilité indéfinie est le grand privilége de l'espèce humaine.

Le castor n'aurait donc qu'un instinct tout à fait obtus de société et d'industrie relative, analogue à celui de l'abeille et de la fourmi, instinct de second ordre et aussi éloigné de l'instinct du chien que celui-ci est loin du génie de l'homme.

Que de systèmes n'a-t-on pas créés en psychologie ! En connaît-on mieux la nature des facultés immatérielles ? Phrénologie, métaphysique, magnétisme, apprenez-nous donc enfin de quelles diverses manières se formule la pensée pour dicter l'action à nos organes ?

Que de mots n'avons-nous pas pour exprimer toutes les fonctions de notre âme ? Génie, talent, passions, esprit, réflexion, instinct, tact, sympathie. Il en est de toutes ces expressions comme de tous les systèmes ; ce sont autant d'erreurs et d'illusions, parce que la grande loi d'ensemble nous est inconnue, nous n'avons pas le mot de l'énigme, nous ne voyons qu'un coin du tableau. Combien n'a-t-on pas abusé, par exemple, du raisonnement et de l'instinct en attribuant l'un exclusivement à l'homme et l'autre exclusivement à la brute ? Et cependant je crois qu'on peut retrouver chez l'un et chez l'autre les traces de ces deux fonctions de l'âme. Ainsi, les peuplades belliqueuses exécutant à la lettre et à propos les mouvements prescrits par les écrits stratégiques de Follard ou de Guibert : n'est-ce pas là de l'instinct ? c'est-à-dire une exécution sans raisonnement ni réflexion, puisqu'il n'y a eu ni conventions préalables ni résolutions prises en conseil, mais bien impulsion instantanée et action sympathique. Il n'est pas, d'ailleurs, possible à ces hommes de rendre compte de ce qu'ils ont voulu faire, il n'y a pas eu préméditation.

Le mathématicien, par ses combinaisons ingénieuses, crée des machines à l'aide desquelles l'adresse physique devient inutile, et le sauvage, par son adresse, supplée à ces mêmes machines que son esprit ne peut inventer. Or, on sait que l'adresse vient de l'esprit et non de l'agilité des membres : autrement on ne reprocherait pas à un peintre né sans membres d'avoir trop *de main* dans ses tableaux. Il y a donc positivement instinct chez l'homme, instinct indépendant du raisonnement, et à tel point que ces deux facultés se rencontrent, soit séparément, soit ensemble chez le même individu, et souvent même se nuisent réciproquement dans ce dernier cas.

Le raisonnement, poussé fort loin, donne la supériorité dans les sciences.

La supériorité dans les arts serait-elle le partage de ceux auxquels l'instinct a été libéralement accordé par la nature. Le succès prodigieux des nègres dans la danse, la musique, etc., ne semble-t-il pas l'annoncer ?

Toujours est-il que l'alliance du raisonnement et de l'instinct, lorsque ces deux facultés se prêtent un secours mutuel, produit des résultats inouïs. Le génie ne serait-il pas le résultat de cette alliance poussée jusqu'à la soudaineté excessive de la compréhension et de l'exécution ?

Mais si l'instinct existe chez l'homme, le raisonnement existe chez l'animal. Attaquez un troupeau de buffles sauvages, une fois l'élan donné, tout fuit, chacun suit aveuglément les autres ; c'est l'effet d'une terreur panique, c'est une sympathie, c'est de l'instinct. Maintenant, surprenez un de ces animaux isolé et cherchez à l'inquiéter, il commencera par s'éloigner, puis, las d'être poursuivi, il se retourne et attaque hardiment le chasseur. Il y a donc là idée, comparaison, appréciation de ses forces, changement d'action, par conséquent raisonnement.

Une étude attentive de la nature fournira mille exemples de ce genre, et le raisonnement se manifestera toujours en raison des facultés intellectuelles de l'animal.

Qui nous affirmera donc à présent qu'il n'est pas un troisième mode d'exercice de la pensée, et qui est à l'instinct ce que l'instinct est au raisonnement? Et pourquoi cette faculté ne serait-elle pas précisément celle qui est accordée au castor ?

Les porcs-épics, si connus de tout le monde, nous offrent, comme le hérisson et à un degré plus remarquable encore, la particularité du développement excessif des poils en forme de piquants formidables.

Le genre lièvre est remarquable en ce que les incisives

supérieures sont doublées, c'est-à-dire que chacune d'elles en a par derrière une plus petite. Ce genre contient deux espèces principales, le lièvre et le lapin, dont les différences sont bien plus appréciées des chasseurs et des gastronomes que des naturalistes. En effet, Cuvier ne signale de différence que dans la taille, la dimension des oreilles et de la queue, dans la robe, la couleur et le goût de la chair.

Le lièvre habite les plaines, ne se terre pas et est d'une grande vitesse. Le lapin habite des terriers, ruse au lieu de fuir, et vit fort bien en domesticité ; on peut, du reste, y accoutumer le lièvre. Une haine irréconciliable paraît séparer à jamais ces deux espèces, malgré leur ressemblance ; on regarde comme impossible de les réunir dans les garennes, encore moins d'obtenir entre elles des croisements productifs. Je me rappelle cependant avoir possédé, dans mon enfance, un animal qui était, dit-on, le produit d'un lièvre mâle et d'une femelle de lapin domestique. Il fut négligé et perdu à mon grand regret ; il avait, je crois, l'aspect d'un très-fort lapin, avec la couleur d'un lièvre.

Le cobaye, ou cochon d'Inde (*fig.* 17) nous offre, ainsi que le lapin, un exemple frappant des changements qu'apporte la vie domestique dans certaines espèces au bout de quelques générations. Originaire du Brésil, où il est gris et

Fig. 17.

ne produit qu'une ou deux fois par an, cet animal est ici d'une fécondité excessive et toujours tricolore, blanc, noir et orangé.

Des Édentés.

Cet ordre a pour caractère principal l'absence de dents sur le devant de la mâchoire. On a reproché à Cuvier une classification reposant sur un caractère négatif. Nous entrerons dans fort peu de détails sur ces animaux et sur l'ordre en entier. Les tardigrades, paresseux ou bradypes, dont nous avons déjà parlé d'une manière assez étendue, étaient mis à la tête des édentés; M. Geoffroy-Saint-Hilaire les a placés, je crois, en appendice à la suite des quadrumanes, comme formant un seul genre, dont le caractère est une main en crochet. Il existe, en effet, une sorte d'analogie entre le singe et le paresseux, quoique ce dernier offre la bizarre particularité de posséder neuf vertèbres cervicales au lieu de sept données à tous les mammifères.

Les tatous, les fourmiliers, les pangolins forment plusieurs genres, dont les espèces se suivent d'assez près; ce sont des animaux plus ou moins couverts d'écailles et qui, n'ayant ni armes ni vitesse, sont réduits à se nourrir d'insectes inoffensifs, principalement de fourmis.

L'ornithorynque, ou bec d'oiseau, originaire de la Nouvelle-Hollande, cette patrie classique des animaux bizarres, est encore trop peu connu pour le décrire. Qu'il nous suffise de dire ici qu'il a le bec d'un canard avec des dents au fond de la bouche, des pieds de palmipède, une clavicule analogue à la fourchette des oiseaux et un appareil de génération à peu près incompréhensible ; c'est enfin un véritable échelon de transition entre le mammifère et l'oiseau.

Les fossiles nous fournissent aussi des squelettes d'animaux détruits que l'on range parmi les édentés ; c'est le mégalonyx (grand ongle, μεγας et ονυξ) et le mégatherion (grand animal, μεγας et θηριον), l'un devait peser neuf cents livres, l'autre avait sept ou huit pieds de haut : on a retrouvé leurs débris en Amérique. Cuvier nous parle encore d'un ongle de pangolin trouvé dans le Palatinat et qui indiquerait un animal long de vingt-quatre pieds. Depuis peu on a cru retrouver sa tête ; c'est celle du deinotherion, ou animal terrible (δεινος et θηριον). Elle est armée de deux dents disposées comme celles du morse, et on en a fait un éléphant en lui accordant une trompe. Si ces animaux gigantesques étaient des fourmiliers, quel devait être leur mode d'existence ? Si c'étaient des pachydermes, ils différaient beaucoup de ceux que nous allons étudier. Étaient-ce enfin des carnassiers, comme on l'a prétendu ? Il manque pour le décider une certaine quantité de débris à l'aide desquels on reconstruirait ces espèces perdues, comme Cuvier l'a fait pour tant d'autres dans un livre immortel ; ou plutôt il manque..... Cuvier pour continuer l'histoire de la nature passée.

Des Pachydermes.

> Triomphante des eaux, du trépas et du temps,
> La terre a cru revoir ses anciens habitants.
> DELILLE.

Nous avons dit que chacun des ordres de mammifères nous présentait une série d'êtres assez variée et assez complète pour remplir à peu près toutes les conditions possibles d'existence ; en sorte qu'un seul et même ordre remplirait en quelque façon toutes les exigences d'une création à part, d'un monde qui se suffirait à lui-même.

Nous avons vu comment certaines lacunes s'expliquaient par la perte des espèces destinées à les remplir, et comment aussi on pourrait les attribuer, soit au mode de classification lui-même, soit à l'état actuel de la science, que de nouvelles découvertes tendent de jour en jour à éclairer davantage.

L'ordre des pachydermes serait loin de satisfaire à la condition ci-dessus énoncée, si l'on se bornait à l'examiner tel qu'il existe aujourd'hui, et surtout tel que le voient les personnes étrangères à la nouvelle classification de Cuvier. Beaucoup de gens, en effet, ne rangent parmi les pachydermes que quelques quadrupèdes d'une grande taille et exclusivement herbivores. Il n'en est pas ainsi : de même que l'ordre des carnassiers nous offre l'ours se nourrissant de légumes et de raisins, de même ici nous trouvons le porc que son excessive voracité semble appeler à remplir la place des animaux destructeurs.

Mais si l'on ouvre l'admirable ouvrage de Cuvier sur les

fossiles, on verra s'exhumer une multitude d'espèces perdues; un monde anéanti se reconstruira, sorti de ses ruines à la voix puissante du génie, et tous les vides se rempliront.

Qu'il nous suffise de dire ici que plus de quatre-vingt-quatorze espèces perdues ont été signalées.

L'ordre des pachydermes (1), *belluæ* ou *jumenta*, n'est pas fort heureusement désigné par son nom, qui ne convient réellement qu'à une partie des genres qui le composent. Leurs caractères communs sont en petit nombre : la jambe en colonne, ne touchant le sol que par la dernière phalange qu'enveloppe souvent un ongle en sabot, l'absence constante de clavicule et un régime presque exclusivement herbivore.

En classant tous les pachydermes d'après le mode adopté jusqu'ici, la perfection des organes, nous verrons que le développement des facultés intellectuelles, le nombre des doigts et la complication de l'appareil dentaire suivent, à peu de chose près, la même gradation et concourent à nous indiquer le même ordre de classement.

Nous observerons d'abord chez eux l'existence d'un organe particulier que nous n'avions encore remarqué dans aucune espèce de mammifère : c'est la trompe. La disposition des membres ne permettant ni la préhension, ni le toucher, l'animal allait se trouver hors d'état de choisir ses aliments et d'entrer en relation suffisante avec les objets

---

(1) Peau épaisse, de παχυς et δερμα.

extérieurs, la nature a obvié à cet inconvénient par l'allongement excessif et singulier de la lèvre supérieure qui est devenue une main, munie ou non d'un doigt, mais toujours capable de tact et de préhension, et qui possède en outre l'avantage d'être fort rapprochée de l'organe de l'odorat.

Cette loi de la nature, que nous avons si souvent remarquée et qui consiste à faire accompagner toujours le développement de l'intelligence par une perfection proportionnée des organes, va encore se rencontrer ici.

L'organe que nous venons de décrire n'est pas le même chez tous les pachydermes ; il est d'autant plus compliqué et plus adroit pour chacun d'eux, que son instinct semble le lui rendre plus nécessaire ; ceux qui en sont dépourvus sont en même temps les plus bruts et les plus stupides.

L'existence d'une trompe plus ou moins parfaite est toujours accompagnée d'une autre particularité : c'est un nombre de doigts impair.

Les pachydermes à trompe et à doigts impairs, les pachydermes sans trompe et à doigts pairs forment deux petites séries parallèles dont les caractères distinctifs se réunissent et se confondent chez plusieurs genres appelés à servir d'échelons intermédiaires entre les pachydermes proprement dits et les ruminants.

LES ÉLÉPHANTS.

L'éléphant est universellement connu aujourd'hui, et dès la plus haute antiquité l'homme en a fait un dieu, un compagnon de guerre, une bête de somme. En effet, sa stature, sa force, son intelligence, ont dû le recommander de tout temps à notre admiration et à notre industrie. Son aspect singulier et peu flatteur a cependant une sorte de dignité imposante, et sans croire aux traditions indiennes qui lui attribuent les facultés morales de l'ordre le plus élevé, telles que la pudeur et la dévotion (1), on ne peut s'empêcher de voir en lui un prodige de force et d'intelligence.

Les principaux caractères distinctifs de l'éléphant sont : une trompe forte, longue et munie d'un doigt à son extrémité, une oreille grande et assez semblable à celle de l'homme, une peau noirâtre, épaisse et rugueuse, presque entièrement dépourvue de poils, une queue courte, menue et garnie à l'extrémité de quelques crins excessivement durs.

A l'intérieur, on trouve toujours cinq doigts distincts à chaque pied, quoique dans certaines espèces le nombre des ongles varie. La tête est d'un grand volume, mais l'écartement des deux surfaces intérieure et extérieure de la boîte du crâne dans sa partie supérieure diminue la place réservée au cerveau. Toutefois, cet organe est vaste et ses nombreuses circonvolutions indiquent un des animaux les plus intelligents de la création. Enfin, comme pour assurer la supériorité de l'éléphant, plusieurs détails de sa charpente osseuse ressemblent tellement au squelette humain, qu'on a souvent pris ses ossements fossiles pour les restes d'un géant.

---

(1) On dit que l'éléphant, d'un air religieux,
Rend au soleil d'humbles hommages.
Leçon pour les mortels. . . . .
(*Extrait d'un livre de piété.*)

Trois espèces distinctes ont autrefois peuplé le monde. Une d'elles est perdue, les deux autres se partagent les régions les plus chaudes et les plus fertiles de l'ancien monde ; car l'éléphant a besoin d'eau et de bois ; il habite les grandes forêts de l'Asie et de l'Afrique ; il vit réuni en troupes nombreuses, que leur force et leur appétit rendent redoutables aux cultivateurs : aussi voyons-nous l'éléphant, malgré son utilité, reculer devant les progrès de la civilisation et se confiner dans les contrées où l'homme n'a pas encore fixé son séjour.

L'espèce indienne a de petites défenses, chez le mâle seulement, cinq ongles à chaque pied, et elle atteint quelquefois, dit-on, la taille de douze à quinze pieds de haut ; elle ne multiplie qu'à l'état sauvage, mais il paraît qu'elle ne refuse pas de s'accoupler en captivité, comme on l'a prétendu.

Tous les éléphants domestiques ont donc été arrachés à leurs forêts natales. On emploie, dit-on, dans ce but deux femelles dressées, d'abord à captiver, puis à saisir l'éléphant sauvage, de concert avec les chasseurs. Il existe aussi une autre méthode, qui consiste à construire, avec de fortes palissades, plusieurs enceintes qui se communiquent et dont l'entrée est assez étroite. On y pousse les hordes d'éléphants en les effrayant à grands cris ou avec des feux d'artifice, puis on les y enferme. Des hommes agiles, entrant alors dans l'enceinte par des espaces ménagés à cet effet entre les palissades, s'efforcent d'y attacher avec des cordes solides, par les jambes de derrière, les éléphants dont ils peuvent s'approcher. L'animal est bientôt dompté par la faim et les traitements convenables. Les Indiens paraissent, du reste, avoir, pour la conduite des éléphants, un talent particulier auquel l'Européen ne saurait atteindre. Tous les cornacs sont des naturels du pays, même ceux des éléphants de chasse employés par les Anglais pour tirer le tigre.

De tous les services auxquels on consacre l'éléphant, c'est celui de la chasse pour lequel le choix est le plus difficile. On veut de la docilité et surtout un grand courage pour ne pas se retourner et s'enfuir à la vue du tigre en précipitant par terre le maître et le gardien. Un bon éléphant de chasse peut monter jusqu'à dix ou douze mille francs; on en trouve de cinq cents francs pour la somme et le voyage.

L'allure de l'éléphant est, dit-on, assez rapide et sûre, mais dure et désagréable. On se sert pour le diriger d'une espèce de bâton armé d'un crochet et d'une pointe avec laquelle on peut le tuer immédiatement d'un seul coup sur l'occiput, où le crâne offre peu d'épaisseur. On est quelquefois, à ce qu'on assure, obligé d'en venir à cette extrémité à cause des accès de fureur auxquels il est sujet.

L'éléphant d'Afrique est plus petit, a de grandes oreilles, d'énormes défenses communes aux deux sexes, mais plus petites chez la femelle; les pieds postérieurs n'offrent souvent que trois doigts apparents. Il existe, du reste, entre cette espèce et celle des Indes d'autres différences de conformation, que la grande habitude peut faire apprécier avec facilité et d'une manière certaine.

Ces animaux ont été employés par les Carthaginois à la chasse et à la guerre, comme les éléphants des Indes. Il paraît que depuis on n'a pas cherché à leur ravir la liberté.

On les chasse pour l'ivoire et la peau, dont on fait une

sorte de cravaches. Leur chair est estimée des naturels, qui regardent particulièrement les pieds cuits dans le sable comme un mets fort délicat. Levaillant parle d'une variété individuelle assez rare qui a la mâchoire fort courte et point de défenses. Le même voyageur cite avec admiration l'agilité et la vitesse de ces monstrueux animaux (1).

LE MAMMOUTH.

La troisième espèce d'éléphants est restée ensevelie et ignorée pendant un grand nombre de siècles. On a ensuite retrouvé des ossements épars, et enfin, il y a peu d'années, une fonte de glaces, à l'embouchure de l'Obi, a mis à découvert le cadavre tout entier de cet animal antédiluvien. L'individu ainsi retrouvé était mâle, une vaste crinière ornait son col, et le reste du corps était couvert d'un épais mélange de poils et de laine noirâtres ; ses défenses étaient énormes, et sa taille approchait de celle de l'éléphant des Indes. Ce précieux monument de la nature antique prouvait à la fois et un grand changement de climat et une épouvantable catastrophe dans le globe. En effet, sa fourrure dénotait l'habitude d'un climat froid et tel que l'éléphant

(1) ......Aux excréments teints de sang qu'il répandit, je jugeai qu'il était dangereusement blessé. Plus mort que vif, abandonné de tous les miens (un seul accourait dans ce moment pour me défendre), il ne me reste que le parti de me coucher et de me blottir contre un gros tronc d'arbre renversé ; j'y étais à peine, que l'animal arrive, franchit l'obstacle, et tout effrayé lui-même du bruit de mes gens qu'il entendait devant lui, il s'arrêta pour écouter..........

L'éléphant effrayé rebrousse aussitôt et saute une seconde fois le tronc d'arbre. (LEVAILLANT, 1er *Voyage*, tome 1, pages 209 et suiv.)

de nos jours ne pourrait le supporter, mais cependant moins glacial que la Sibérie. Ainsi donc, de quelque façon qu'on explique astronomiquement ce phénomène, les contrées polaires ont eu leur époque de douce température et de riche végétation ; car un cadavre n'aurait pu être apporté intact par les eaux du fleuve à une si grande distance des pays tempérés.

De plus, ce refroidissement a été immédiat et subit : autrement notre mammouth eût été anéanti par la putréfaction ; il a donc vécu là où on l'a trouvé, et une révolution inconcevable de l'atmosphère l'a tué, cristallisé et conservé jusqu'à nos jours.

Du reste, cet exemple n'est pas unique en Sibérie. Les Samoïèdes connaissent le mammouth par ses dépouilles ; ils disent que c'est un grand animal qui vit sous terre, comme la taupe, et qui meurt aussitôt qu'il voit le jour. Le savant Pallas a fait servir, dans un grand banquet en Russie, de la chair du mammouth pour avoir la singulière satisfaction d'offrir à ses convives une viande conservée fraîche depuis des milliers d'années.

LE MASTODONTE.

Le nouveau monde a eu aussi son éléphant antédiluvien ; il était plus allongé, avec des membres plus massifs et moins de ventre ; ses défenses étaient d'une grandeur démesurée et recourbées vers le haut. Il habitait aussi les environs du pôle arctique. Les sauvages de ces contrées croient que Dieu mit fin à son existence de peur qu'il ne détruisît l'homme.

Cuvier a fait de cet animal un genre à part de proboscidiens (animaux à trompe, de προβοσκιδιον, trompe) et l'a trouvé fort différent de l'éléphant (1), surtout par la forme de ses dents, dont la table présente des aspérités en forme de mamelles, et il l'a appelé mastodonte (de μαστος, mamelle, et de οδους, dent).

L'ivoire nous est fourni par les éléphants vivants et fossiles. La turquoise dite de Sibérie est un des os de mammouth pétrifié et pénétré d'un oxide particulier. Une certaine préparation lui donne cette belle couleur bleue que l'on recherche, mais qui est sujette à s'altérer, inconvénient que n'a point la turquoise minérale.

PACHYDERMES A TROIS DOIGTS.

LES PALAIOTHERION.

Après l'éléphant se place naturellement une série d'animaux antédiluviens dont il a fallu retrouver la forme sur le squelette soigneusement étudié. La brièveté du cou et la forme de la tête indiquent l'existence d'une trompe, mais plus grêle et plus légère que celle de l'éléphant ; en effet, on ne trouve ni les apophyses pour les muscles, ni le passage pour les vaisseaux, tels que le comporterait un si puissant organe ; elle devait être aussi fort courte, car l'ensemble de l'animal lui permettait facilement de toucher la terre avec ses mâchoires, ce qui est impossible à l'éléphant.

---

(1) C'est à cause de cela que nous ne le mettons pas, comme le mammouth, au rang des éléphants ; du reste, cette question de classification est ici pour nous d'un intérêt secondaire.

Il est donc probable que le *palaïotherion* (1) (*fig.* 18) ou animal antique (de παλαιος ancien, et de θηριον tête), ressemblait assez au tapir, et par conséquent au cochon ; il devait en avoir les mœurs et les habitudes. Son cerveau indique des facultés très-bornées.

Fig. 18.

Il en existait des espèces nombreuses. Cuvier en a distingué six, toutes variables pour la taille et les proportions.

Le pied du palaïotherion est fort remarquable en ce que l'ongle du milieu dépasse de beaucoup les deux autres ; il devait toucher à peu près seul la terre, et les deux autres faisaient l'office des deux doigts extrêmes du sanglier. Le palaïotherion était donc (*fig.* 19) solipède avec deux doigts parfaits, comme le cheval (*fig.* 20) est solipède avec deux doigts rudimentaires qu'on appelle péronés.

PIED DE PALAÏOTHERION.

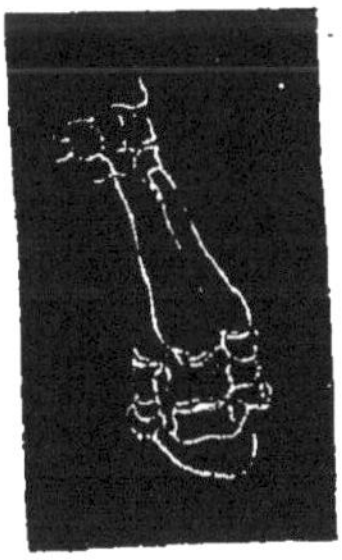

Fig. 19.

PIED DE CHEVAL

Fig. 20.

Les carrières de Montmartre offrent des dépouilles de palaïotheriens en grand nombre.

(1) On écrit *palæotherium* ; j'ai préféré *palaïotherion* comme conforme à l'orthographe et à la terminaison grecques.

LE TAPIR.

Ce pachyderme présente, dans son ensemble, de singuliers rapports avec le cochon et le cheval ; il semble un composé de l'un et de l'autre : du premier il a la peau noire et à peine couverte de poils, l'œil, la queue et les reins ; du second l'oreille, le garrot, la croupe et les jarrets.

Ses doigts, au nombre de trois devant et quatre derrière, sont une anomalie qui rentre dans la règle, car le pied est fait sur le modèle de celui du rhinocéros.

« Dans ces exceptions mêmes, il reste une trace de la rè-
« gle : les pieds de devant à quatre doigts du tapir et du
« daman sont faits sur le modèle de ceux du rhinocéros,
« aussi bien que leurs pieds de derrière à trois, et l'inverse
« a lieu dans les pécaris, où le pied de derrière à trois
« doigts est cependant fait sur le modèle de celui du co-
« chon. » (Cuvier, *Fossiles*, tome 3, page 143.)

Le tapir d'Amérique est noir et ne dépasse pas la taille du porc ; il a été souvent amené dans les ménageries d'Europe.

Le tapir de l'Indo-Chine est plus grand et ordinairement pie. On avait longtemps nié son existence ; ce qui rendait difficiles à expliquer les dessins chinois où il est très-fidèlement représenté.

Cet animal, doux, inoffensif, très-peu délicat sur le choix des aliments, facile à engraisser, serait une importation précieuse pour nos basses-cours. Sa chair est, dit on, excellente.

Les ossements fossiles du tapir sont très-nombreux, se

trouvent dans diverses contrées et annoncent une grande quantité d'espèces perdues.

LE RHINOCÉROS.

Comme le tapir, le rhinocéros offre quelques rapports éloignés avec le cheval, par exemple dans ses oreilles et son encolure; mais il est fort épais et fort bas sur jambes. Sa hauteur est quelquefois de sept pieds. C'est donc, après l'éléphant, l'animal terrestre le plus grand de la création.

Son œil est petit et si enfoncé dans son orbite, que sa vue ne peut embrasser que très-peu d'espace à la fois. Sa peau est rugueuse, épaisse, presque sans poils, et forme, dans certaines espèces, des replis profonds.

La queue est à peu près celle de l'éléphant. Chaque pied a trois ongles distincts.

Entre les deux naseaux s'élève une corne unique, composée d'une agglutination de poils et posée sur les os du nez, mais attachée seulement à la peau et se mouvant avec elle; cette corne atteint quelquefois la longueur d'un mètre et le poids de vingt-deux livres. Chez certaines espèces, au lieu d'une seule corne, il s'en trouve deux, placées l'une derrière l'autre, la plus longue en avant, et se touchant par la base.

C'est de cette corne que le rhinocéros tire son nom (ριν nez, κερας corne).

L'aspect de cet animal n'est rien moins que gracieux. Son naturel est stupide et farouche, il se précipite sans provocation sur tout ce qui lui fait ombrage, et sa force le rend très-redoutable : il laboure la terre avec sa corne à la profondeur d'un pied, lance de tous côtés des ruades terribles et se jette en avant par des bonds effrayants. On raconte qu'un rhinocéros, ayant pénétré dans un camp anglais aux Indes orientales, se précipita sur une baraque en terre, entra et ressortit en perçant les deux murs avec sa tête et tua seize chevaux qui s'y trouvaient renfermés. Il livre à l'éléphant des combats où il a presque toujours l'avantage, lorsque le nombre est égal. J'ai lu, dans un livre anglais sur les Indes orientales, le récit d'un combat entre six éléphants et un rhinocéros. Ce dernier était l'agresseur, et il ne succomba qu'après avoir tué un de ses adversaires et dangereusement blessé les autres. Quelle scène que cette lutte entre les géants de la création !

Le rhinocéros n'a donc d'autre ennemi à redouter que l'homme. Quelques chiens pour le faire lever, un chasseur à l'affût suffisent pour le mettre à mort, tant il vrai que la véritable force, c'est l'intelligence !

La peau du rhinocéros, coupée en lanières, sert à fabriquer des fouets jolis, mais cassants. Sa chair est, dit-on, assez bonne, et on attribue à son sang les qualités médicales et magiques les plus bizarres.

La corne est la partie la plus précieuse de la dépouille. Une coupe bien ciselée en cette matière est très-recherchée en Orient. On prétend que tout poison qui y serait versé entrerait immédiatement en évaporation. Ainsi, l'homme attribue des propriétés surnaturelles à tout animal qui l'étonne ou l'épouvante.

Il existe à Java, à Sumatra, au Bengale et dans le midi de l'Afrique plusieurs espèces de rhinocéros à une ou deux cornes et de tailles diverses. Les fossiles sont aussi fort communs, même en Europe.

Lorsqu'on a curieusement observé un grand nombre d'animaux, lorsque, frappé des ressemblances ou des variétés qu'offrent leurs organisations respectives, on a essayé de formuler les résultats de cette comparaison scientifique, ne se sent-on pas porté invinciblement à une méditation profonde ?

Pourquoi tant d'êtres jetés sur la surface du globe? Pourquoi tant de types divers, assemblage incompréhensible de contrastes et d'analogies? Pourquoi cette chaîne générale d'union entre tous, dont nous ne pouvons découvrir tous les anneaux? Pourquoi cette loi qui lie tout, loi que nous soupçonnons, mais dont la connaissance complète fuit devant nous comme un mirage, en déjouant successivement tous nos systèmes? Pourquoi ces choses et non d'autres ?

Tous les êtres organisés et qui ont vie, animale ou végétative, auraient-ils été créés au hasard et sans intention ? ou bien l'auteur de toutes choses a-t-il voulu assigner à chacun d'eux une destination spéciale, comme il lui a donné une forme et une organisation particulières ?

Mais alors pourquoi cette échelle immense dont il aurait ainsi accentué chaque échelon pour les disséminer ensuite dans l'univers ?

Il est permis sans doute de croire que, puisque le spectacle du monde est donné à l'homme, c'est pour qu'il le voie et qu'il s'instruise. Cette vue est faite pour tous les yeux et pour tous les esprits. Soit qu'on rêve nonchalamment, soit qu'on médite avec piété, soit que l'on creuse les mystères de la science, il se révèlera toujours d'utiles enseignements. L'ordre apparaît partout, mis en évidence par la possibilité même de nos classifications ; la fécondité se révèle par la variété innombrable des types. L'idée morale des droits et des devoirs se lira de même dans l'histoire naturelle, si on veut étudier les animaux et leurs modes d'organisation. Vous verrez chacun d'eux, mais quelques-uns plus que d'autres, offrir l'image saillante d'une vie de combat ou de retraite, de carnage ou de défense.

Si, par exemple, vous vous transportez par la pensée dans les parages les moins connus de l'Asie ou de l'Afrique, dépassez les dernières habitations des colonies européennes, enfoncez-vous là où l'homme ne pénètre que rarement et pour ainsi dire malgré lui : là existe, farouche et solitaire, un animal puissant et inoffensif ; son aspect n'est pas destiné à plaire à l'homme, et l'homme l'a trouvé hideux. Pourtant cela n'est pas : ses formes massives ont une expression de solidité indomptable ; les replis de sa peau calleuse rappellent les pièces assemblées de l'armure de nos anciens chevaliers. Une corne bizarrement placée, arme maladroite, mais puissante, donne à sa physionomie un caractère étrange et formidable. Debout dans une clairière de forêt, le nez au vent, pour que nulle émanation n'échappe à son subtil odorat, il agite en tous sens une oreille longue et en cornet, indice d'une ouïe fine et d'un caractère inquiet. Il se retourne souvent pour regarder en arrière d'un œil vif et perçant, mais si petit, si enfoncé qu'il ne peut voir qu'un espace très-resserré.

Tel est le rhinocéros, spécimen de force musculaire donné par la nature et analogue à l'Hercule de la mythologie. « Courageux, parce qu'il est fort, sans calcul, sans réflexion « et comme par instinct, cherchant les obstacles pour les « vaincre, et certain d'écraser tout ce qui lui résiste. »

RICHERAND.

Cet être, si fort et si borné, vivrait en paix avec l'univers, si l'instinct de conservation ne le rendait irritable et défiant. Paisiblement occupé à broyer entre ses dents puissantes l'écorce et le bois de jeunes arbres qu'il fend avec sa corne et déchire en lanières immenses, ou à brouter avec une apparence de plaisir des arbustes épineux dont les branchages ensanglantent ses lèvres monstrueuses, il entre tout à coup dans une fureur brutale, prend sa course et renverse tout; des troupeaux de buffle fuient éperdus devant lui. Le tigre, qui déchire la trompe de l'éléphant, est comme un épagneul timide en présence de ce sanglier colossal.

L'homme seul abat le rhinocéros, et celui-ci, qui pressent un ennemi impitoyable, le poursuit sans relâche de toute sa fureur. Quel type d'indépendance farouche, de liberté sauvage, de courage brutal! N'y a-t-il pas une noblesse véritable dans cette organisation simple, bornée, forte et si belliqueusement défensive? On a poétisé les instincts destructeurs du lion; les Égyptiens ont fait un dieu du crocodile; nul n'a songé à célébrer le rhinocéros; lorsque les Romains le virent combattre dans les jeux du cirque, n'ont-ils pas dû penser aux Spartacus, aux Annibal, aux Mithridate, à ces vaincus indomptables qui tombaient sans plier sous leur puissance ?

LE DAMAN.

Il n'est point de quadrupède qui prouve mieux que le daman la nécessité de recourir à l'anatomie pour déterminer les véritables rapports des animaux. CUVIER (*Fossiles*.)

Ce petit animal, de la grosseur d'un lapin, était connu depuis longtemps et placé près des rongeurs. Cuvier y a reconnu *un rhinocéros en miniature*, suivant son expression. En effet, les systèmes dentaires de ces deux animaux se rapprochent beaucoup, quoique les quatre incisives qui distinguent le daman de tout rongeur manquent souvent chez le rhinocéros.

Ce pachyderme habite l'Afrique méridionale ; il se retire dans des terriers ou grimpe sur des rochers. Il est la proie des panthères et autres carnassiers, contre lesquels il n'a ni armes ni intelligence à employer ; mais il produit beaucoup. Levaillant, dans ses voyages, a souvent nourri ses nombreux compagnons avec la chair du daman, et il lui trouvait le goût du lapin.

Si l'on veut lire avec attention ce que Cuvier a écrit du daman dans son ouvrage sur les fossiles, on appréciera mieux les raisons anatomiques qui ont fait placer le daman près du rhinocéros ; mais ce passage est trop long pour être placé ici, et il nous eût trop éloigné de notre sujet. Toujours est-il que la comparaison du daman avec le rhinocéros va encore être pour nous l'occasion de certaines remarques. En effet, pendant que la structure interne et externe de ces deux animaux semble les rapprocher, nous voyons l'un nous étonner par sa force, sa lourdeur, sa violence, et l'autre cacher sa vie dans des terriers, sur des rochers ou même sur des troncs et des branches d'arbres avec une adresse qui égale sa timidité. A quoi tiennent ces différences ? uniquement à la dimension. Le sabot grossier et maladroit chez le grand quadrupède devient chez le petit, sans presque changer la forme, une espèce de griffe qui se retient et s'implante sur des surfaces lisses et glissantes. En un mot, l'organisation animale est telle que l'avantage pour la vie est dévolu aux petits êtres. Nous citerons plus tard Richerand, dans sa démonstration comme quoi les grands quadrupèdes ne couvrent pas en sautant un espace proportionné à leur taille, et plus tard aussi nous verrons le pony se montrer supérieur au grand cheval, sous le rapport de la force, du fonds et même de la vitesse.

L'ÉLASMOTHERION.

Deux ou trois ossements ont suffi à Cuvier pour reconstruire un animal antédiluvien, intermédiaire pour les formes entre le rhinocéros et le cheval. Malheureusement, des découvertes ultérieures ne sont pas venues confirmer ses conjectures, comme il en a souvent eu la satisfaction.

L'élasmotherion paraît donc avoir été un animal fort rare ; il a été nommé ainsi parce que la table de ses dents molaires présente des espèces de lames (ελασμος lame, θηριον animal).

Voici ce que dit Cuvier :

Ses dents « ne permettent pas de douter qu'il n'ait été « d'un genre particulier, plus complétement graminivore « que celui du rhinocéros, et plus semblable à celui du che- « val et de l'éléphant. Il est très-probable, d'ailleurs, qu'il « avait d'assez grands rapports avec le rhinocéros et le che- « val, et que peut-être il formait entre les deux genres un « chaînon intermédiaire..... Quel étonnant animal ne de- « vait-ce donc pas être que cet élasmothérion ! On ne sait « pas de quel canton de la Sibérie venait ce précieux « reste de l'ancien monde. » (CUVIER, *Fossiles*, tome 2, pages 96).

L'élasmotherion n'offrait-il pas l'image plus ou moins imparfaite d'un cheval portant sur la tête une corne de rhinocéros ? Ce serait alors la licorne. Cette supposition n'est-elle pas plus vraisemblable que celle d'un caprice sans but et que tous auraient adopté ? Pourquoi la licorne serait-elle plutôt une imagination qu'un souvenir ? On sait, d'ailleurs, que les créations apocryphes et mythologiques finissent toujours par être reconnues pour des vérités plus ou moins altérées. Les harpies et le dragon ne sont que le galéopithèque et le ptérodactyle.

Un missionnaire de Syngapour dit avoir vu des licornes dans le nord de la Chine.

LE GENRE CHEVAL.

Le rhinocéros, sans avoir de trompe comme le palaïotherion, conserve cependant son analogie avec les proboscidiens par l'excessive mobilité de sa lèvre supérieure, seul organe de tact et de sensibilité exquise de ce corps entièrement cuirassé.

Dans le genre cheval, on retrouve le même caractère, quoiqu'un peu affaibli; la lèvre supérieure est mobile et adroite.

Le nombre des doigts a diminué; il s'est réduit à un, à moins qu'on ne compte le péroné : de là le nom de solipède ou de monodactyles (μονος seul, δακτυλον doigt).

Nous allons passer immédiatement aux autres pachydermes, afin de traiter plus tard et plus complétement ce genre qui fait l'objet de notre étude spéciale.

PACHYDERMES A DOIGTS PAIRS.

L'HIPPOPOTAME.

Caractères principaux : Quatre sabots égaux à chaque pied ; lèvre supérieure peu mobile et presque en grouin.

Ce monstrueux animal ne présente aucune ressemblance avec le cheval, excepté la forme de l'oreille et peut-être son cri; on l'appelle cependant le cheval de rivière (ιππος cheval, ποταμος rivière).

Il est gros de corps, fort bas sur jambes, et sa tête, armée de dents énormes, lui donne un aspect féroce et hideux. Ses mœurs sont cependant douces et tranquilles; plus aquatique qu'aucun pachyderme, il passe sa vie près des grands fleuves de la zone torride, plongeant dans leurs eaux ou paissant sur leurs rives. Il était connu des anciens Egyptiens, et il figure sur tous les monuments qui bordent le Nil, mais il a abandonné ces pays devenus trop peuplés ou trop secs, et s'est relégué dans le centre de l'Afrique. Levaillant s'est occupé de la chasse des hippopotames ; il vante beaucoup leur chair, et il a même bu le lait d'une femelle qu'il avait tuée.

Les dents sont d'un ivoire magnifique et inaltérable ; la peau fait des fouets meilleurs, mais moins beaux que celle du rhinocéros.

On retrouve des débris fossiles qui révèlent l'existence d'espèces nombreuses et variées, entre autres d'une fort petite, atteignant à peine la taille du mouton.

LES COCHONS.

Le porc, le phacochoire (1), le choiropotame (2) et le pécari viennent compléter la série des pachydermes à quatre doigts, avec l'adapis, animal fossile dont la taille n'excédait pas celle du lapin.

Des quatre ongles deux seulement sont employés à la marche, les deux autres, trop courts, n'atteignent le sol que sur les terrains mous, pour empêcher l'animal d'y pénétrer trop profondément. Le nez est en grouin parfait.

Le sanglier, dont les chasseurs connaissent fort bien les formes et les habitudes, a été la souche de nos cochons domestiques. L'éducation de cet utile quadrupède a un rapport indirect avec celle du cheval, en ce que les qualités

---

(1) Cochon à loupe, de φακος, loupe, et χοιρος, porc.

(2) Choiropotame, cochon de rivière : j'ai cru devoir préférer cette orthographe à celle de phacochère et chéropotame, par les raisons dites plus haut.

que nous recherchons chez l'un et chez l'autre sont précisément les plus opposées.

Une charpente osseuse, délicate et frêle, des membres courts et menus, peu de muscles et beaucoup de tissu cellulaire, une grande propension à l'engraissement, tel est le cochon de Siam.

Des os forts et denses, des apophyses saillantes, une grande longueur dans les avant-bras et dans la jambe au-dessus du jarret, des muscles d'acier et un tempérament sec : tel est le cheval de pur sang.

« Ah ! disait un Anglais à un agronome de France peu instruit en zoologie, si vous faisiez courir vos cochons, si vous mangiez vos chevaux ! »

Le choiropotame est une espèce fossile assez voisine du porc.

Le phacochoire est un sanglier du midi de l'Afrique. Levaillant, qui l'a vu et chassé, en donne la plus hideuse figure qu'on puisse imaginer.

Le pécari, beaucoup plus petit que notre cochon ordinaire, présente, comme on sait, quant à ses pieds, la même anomalie, pour les pachydermes à doigts pairs, que le tapir pour les pachydermes à doigts impairs. Il a de plus entièrement les habitudes du sanglier ; comme lui il se soumet à la domesticité et sert à la nourriture de l'homme.

On se trompe généralement beaucoup sur les mœurs et le caractère de ces animaux. Le porc n'est ni sale ni stupide ; c'est le besoin d'eau qui le fait vautrer dans la fange, et c'est la captivité étroite dans laquelle nous le tenons qui paralyse ses facultés. Bien traité, il s'apprivoise, prend plaisir à être nettoyé, et se montre aussi susceptible d'attachement que le chien. En liberté il déploie contre ses ennemis autant d'énergie que de sagacité ; il sait appeler ses compagnons à son aide ou accourir à leurs cris ; il manifeste en un mot un instinct social supérieur à celui du cheval et du bœuf.

L'étude des facultés intellectuelles des animaux et des moyens de nous mettre en rapport avec eux est généralement trop négligée ; on en pourrait faire d'utiles applications.

L'ANOPLOTHERION.

Ce pachyderme à deux doigts manque dans la nature vivante. Il a été retrouvé à l'état fossile dans les gypses de Montmartre. Chez lui, le canon est double et la dent canine manque entièrement : de là son nom de bête sans arme, (α *privatif*, οπλον arme, θηριον bête).

Il existait plusieurs espèces d'anoplotherions : l'une de la hauteur d'un âne avec une queue énorme analogue à celle du kanguroo et aussi longue que le corps, fréquentait les rivières, comme la loutre (1) ou l'hippopotame ; une autre, vive et légère (2), bondissait sur leurs bords ; de plus petites fuyaient comme le lièvre ou se terraient comme le lapin.

Elle était donc riche et variée cette création, perdue au-

---

(1) L'anoplotherion commune.

(2) L'anoplotherion gracile.

jourd'hui et qui peuplait la partie du globe que nous habitons; mais c'étaient d'autres contrées, d'autres mers,

ANOPLOTHERION COMMUNE.

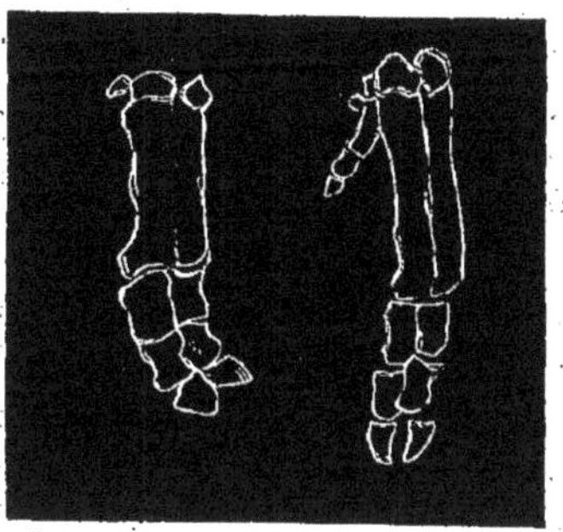

Fig. 21.

une autre végétation, un autre climat; des révolutions, des bouleversements effroyables dont la cause est inconnue, ont changé plusieurs fois l'aspect de la terre. De ces déluges successifs quelques-uns ont précédé l'existence de l'homme; d'autres l'ont eu pour témoin et pour victime, et il en a conservé d'obscures traditions.

ANOPLOTHERION GRACILE.

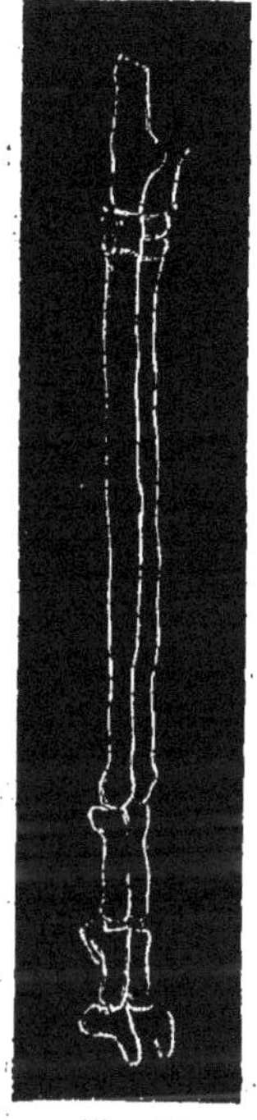

Fig. 22.

L'anoplothérion offre pour caractères distinctifs : 1° l'absence de canines ; 2° la division des canons en deux os distincts et pareils. Sa jambe devait donc présenter l'aspect d'une jambe de ruminant depuis l'ongle jusqu'au boulet, et depuis le boulet jusqu'au genou : une forme tout à fait insolite pour nous, mais dont le porc peut nous donner une idée imparfaite.

Les figures 21 et 22 représentent la jambe de l'*anoplotherion commune* et de l'*anoplotherion gracile.*

Des Ruminants.

Continuant à descendre l'échelle des êtres, nous arrivons à des animaux dont le système dentaire se simplifie. L'anoplotherion n'avait point de canines apparentes ; ici la canine manque avec les incisives de la mâchoire supérieure. La dent est remplacée comme organe de nutrition par un estomac quadruple et une digestion compliquée (1) ; comme arme, par une végétation osseuse qui orne le front. Le métacarpe se soude entièrement et devient un véritable canon ; mais les phalanges restent encore divisées en deux, quelquefois avec autant d'appendices rudimentaires. Tels sont, en effet, les caractères principaux des ruminants. Ces espèces, en général dociles et inoffensives, ont été en grande partie asservies par l'homme, et presque toutes lui peuvent être utiles, soit comme aliment, soit comme animaux de travail.

LE CHAMEAU.

Le chameau doit être mis à la tête des ruminants à cause de son analogie avec les espèces précédentes. Son canon est encore sillonné antérieurement, comme pour rappeler celui de l'anoplotherion ; son ongle double est réuni en dessous par une espèce de semelle ; son estomac est moins divisé que celui des autres genres ; le front est dépourvu de cornes, et la place de la canine est marquée par deux petites dents pointues implantées dans l'os incisif.

(1) La rumination.

L'aspect du chameau est parfaitement connu : nous ferons remarquer seulement que la bosse, simple ou double, qui sert à distinguer les principales variétés n'est composée que de chair et de graisse ; la colonne vertébrale est droite.

Cet animal est, suivant toute apparence, le plus anciennement réduit en domesticité ; il n'existe plus nulle part à l'état sauvage ; il est employé comme bête de somme pour traverser des espaces déserts sans eau ni végétation. On a tenté de l'introduire en Italie et dans les Landes : ces essais ne semblent pas avoir réussi, et il serait à croire que la civilisation détruira le chameau au lieu de le multiplier.

Le progrès tend à cultiver les terres les plus rebelles, à établir partout des routes praticables pour tous les moyens de transports, à rapprocher les habitations, à couper les longues distances par des lieux de repos et des hôtelleries. La sobriété du dromadaire ne sera donc plus utile ; ses pieds le rendront impropre à parcourir les chemins ferrés, et la charge qu'il portait au pas sera traînée plus rapidement par des chevaux. Il ne restera que comme curiosité ou comme animal de boucherie, et les traditions si poétiques du désert disparaîtront sous le niveau industriel. Déjà une diligence (1) anglaise est régulièrement établie du Grand-Caire à l'isthme de Suez pour gagner les paquebots à vapeur de la mer Rouge.

(1) Ceci s'écrivait en 1846 ; aujourd'hui, on parle de remplacer les *stages* par le rail.

LE LAMA.

Le lama et l'alpaca sont des chameaux sans bosse, petits et couverts d'une laine longue et soyeuse. Ils habitent les Cordillières, où on les emploie comme bêtes de somme ; mais ils n'ont ni force ni vitesse, ne pouvant porter plus de **70** kilogrammes, ni parcourir plus de cinq lieues par jour. On parle aujourd'hui de les acclimater en Europe ; ils y seraient utiles pour leur chair et leur toison.

LA GIRAFE.

> Interrogez les animaux et ils vous enseigneront, consultez les oiseaux du ciel et ils seront vos maîtres. JOB, *livre* 12, *verset* 7.

Malgré la singularité de ses proportions, la girafe est cependant celui des ruminants, et peut-être de tous les animaux, qui ressemble le plus au cheval ; il en a le garrot, les épaules et le poitrail. L'observation de ses allures peut être fort utile pour l'étude de celles du cheval. En effet, l'inclinaison de l'épine dorsale ne provient pas, comme on l'a dit, de la différence de longueur entre les jambes de devant et celles de derrière, mais, comme l'a fort bien observé Levaillant, de la profondeur de la poitrine. Cette prédominance de l'avant-main sur la croupe empêche nécessairement la vitesse, puisque la partie qui pousse la machine entière n'est pas en proportion avec le poids total ; de plus, la direction de bas en haut qui s'imprime à chaque pas ne favorise point la détente générale des ressorts dans le sens horizontal de la progression. La hauteur des jambes et la brièveté du corps géneraient le jeu diagonal des extrémités. Aussi la girafe n'avance-t-elle qu'en levant à la fois les deux jambes de devant et de derrière du même côté (*fig.* 23). Cette marche est vacillante et singulière; le galop est, au contraire, facile et élégant, grâce au puissant levier que forment la tête et l'encolure. Aussi nul animal ne tourne sur lui-même avec autant de promptitude et ne change si brusquement de direction.

Fig. 23.

Levaillant, qui a chassé des girafes et a eu l'honneur d'apporter la première dépouille (1) qu'on en ait vue en France, a été saisi d'admiration pour ce grand et bizarre quadrupède.

En effet, sa taille gigantesque (2), sa robe agréablement tachetée, ses cornes hautes comme les oreilles et comme elles recouvertes de poils, ce mélange de grâce et de gaucherie, de force et de légèreté, frappe et étonne dans cette excentrique production de la nature.

La girafe habite les parties centrales les moins connues de l'Afrique ; elle recherche les contrées fertiles en mimosas, dont elle fait sa nourriture. Timide et inoffensive,

---

(1) La peau pesait seule quatre cents livres.
(2) Seize pieds de haut.

elle sait cependant se défendre, même du lion, qu'elle rebute quelquefois par ses ruades précipitées.

J'ai lu quelque part, dans un livre destiné à l'instruction de la jeunesse : « La girafe habite le pays des Nègres, et ceux-ci n'en font pas grand cas, parce que, chez eux comme chez nous, on méprise les êtres inutiles. »

C'est avec de ces phrases sentencieuses, empreintes de je ne sais quelle attitude hautainement philosophique que l'on fausse l'esprit des enfants.

Sans doute, la girafe ne saurait servir de monture, son dos est dans une direction trop éloignée de l'horizontale ; la brièveté de son corps, le peu de régularité de ses allures, son défaut de masse en proportion de sa hauteur, ne permettent pas davantage de l'employer au trait.

Pour la boucherie, elle ne présente pas beaucoup plus de ressource : presque toute sa masse se compose des jambes et de l'encolure, parties peu estimées, comme on sait, des gastronomes et qui, en terme de métier, font peu de profit. Elle offre sous ce rapport le même désavantage sur le cheval que celui-ci sur le bœuf, et si l'on réfléchit, on trouvera qu'évidemment le cheval n'est exclu de nos boucheries que parce que son produit en viande n'est pas en rapport avec son volume total (1).

Mais la girafe peut avoir une autre utilité. Voyez dans

(1) Cette observation m'a été faite par un homme intelligent, mais sans aucune autre éducation qu'une longue pratique éclairée par un esprit juste. Cela est si simple, c'était si facile à trouver que chacun est mécontent contre soi de ne l'avoir pas deviné, et par envie on crie au paradoxe.

les climats chauds de l'Afrique, sur la lisière qui sépare une forêt d'une plaine aride, ce singulier animal broutant les feuilles du mimosa sur des branches à quatre ou cinq mètres au-dessus du niveau du sol.

Elle pourrait rigoureusement toucher la terre avec ses lèvres, mais l'action de brouter lui serait incommode ; il lui faudrait pour cela écarter les jambes antérieures, non pas d'arrière en avant, comme le cheval, car, vu la brièveté du corps, les jambes de devant iraient s'embarrasser dans celles de derrière, mais de droite à gauche, ce qui est facilité par l'excessive largeur du poitrail. Le col est souple et gracieux dans ses mouvements, mais gracieux avec une singularité tout à fait caractéristique. Les vertèbres, qui ne passent pas le nombre de sept, suivant la loi de conformation des mammifères, sont si longues que lorsque l'encolure se ploie, elle offre l'aspect d'une ligne brisée et non d'une courbe.

L'œil doux et intelligent, d'une jolie expression et d'une grandeur démesurée, sans cesse en surveillance, fait l'office d'une vigie placée au sommet d'une tour élevée.

Au moindre bruissement des feuilles, au moindre motif d'inquiétude et de surprise, la girafe se retourne avec la rapidité de l'éclair et s'élance vers le désert : c'est qu'elle s'est cru attaquée par un lion en embuscade. Si elle a deviné juste, si elle a exécuté son mouvement avec assez de promptitude, le lion tombe à côté d'elle et elle est sauvée : car si sa conformation lui interdit la vitesse, son ennemi n'est pas non plus en état de la poursuivre à la course, il essaiera bien de l'atteindre encore par un bond prodigieux, mais elle se retourne prestement en jetant avec grâce sa tête de côté et en arrière, et s'éloigne en lançant d'un seul pied postérieur une ruade qui siffle dans l'air et dont la portée est terrible : l'attaque et la défense deviennent égales.

Voilà donc le roi de la création, comme on l'appelle, en position de reculer devant un ennemi, et quel ennemi ! un animal doux et même timide, qui ne peut ni brouter l'herbe, ni habiter les bois, que sa destinée confine sur les lisières des forêts, que les naturalistes représentent comme une erreur de la nature et sur lequel on débite les plus bizarres dissertations, car je me rappellerai toujours qu'un grand érudit en mécanique animale voulut démontrer géométriquement que la girafe était incapable de sauter. Heureusement pour le succès de sa harangue que les règlements du Jardin-du-Roi défendaient de mettre l'animal en face d'une haie ou d'un fossé.

La girafe est donc utile, utile à faire comprendre à l'homme qui réfléchit les ressources infinies de la nature. Et puis elle est faite pour elle, et comme tous les êtres de ce monde elle y est pour son compte, et pourquoi pas, puisque les lys des champs sont mieux vêtus que ne l'a jamais été Salomon dans toute sa gloire ?

LES ANTILOPES.

Après la girafe on peut placer la famille si nombreuse des antilopes. Ces jolis animaux à cornes permanentes semblent exclusivement destinés à donner à l'homme le plaisir de la chasse. On distingue le chamois et l'isart, habitants de nos montagnes, la gazelle si célèbre par la grâce de ses mouvements et l'éclat velouté de ses yeux ; le musc, remarquable par le parfum qu'il fournit et par l'immense longueur de ses canines ; le gnou, composé bizarre d'une tête de bœuf avec des jambes de cerf, le corps d'un mouton et des crins de cheval ; le nilgau qui, par sa construction, rappelle la girafe ; le bubale, dont la physionomie révèle la stupidité par l'allongement des mâchoires, ce qui place l'œil tout en haut de la tête (1).

LE MOUTON.

Le mouton doit son origine au mouflon, comme le porc au sanglier. Les soins de l'homme l'ont dénaturé au point qu'il ne saurait plus subsister sans son secours. Tous les animaux mammifères ont en général une fourrure composée de deux éléments, la laine et le poil. On est parvenu à détruire le poil chez la brebis comme la laine chez le cheval. Toutefois, sous la ligne équinoxiale l'excessive chaleur donne aux moutons le même vêtement qu'au chien braque.

RUMINANTS A CORNES CADUQUES.

Une autre famille, également fort nombreuse, est celle des cerfs, chez lesquels les cornes tombent et repoussent tous les ans. Chaque année, le bois est remplacé par un autre plus

---

(1) Il paraîtrait que les cornes manquent chez quelques antilopes, comme on le voit chez quelques chèvres, et qu'aussi on en rencontre trois et quatre sur le même individu.

complet jusqu'à l'âge adulte, où il se renouvelle sans changement de forme. L'animal est alors appelé dix-cors et vieux cerf. Les femelles sont dépourvues de bois. La castration arrête ces diverses périodes et maintient l'état de la tête tel qu'il était au moment de l'opération. L'ablation d'un testicule n'agit même que du côté correspondant.

LE RENNE (*Fig.* 24).

Cette espèce habite les approches du pôle nord, où il se nourrit principalement de lichen. Il remplace pour l'habitant de ces contrées tous les animaux domestiques. Le Lapon l'attelle, boit son lait, mange sa chair, s'habille de sa peau. La femelle est pourvue de bois plus petits que ceux du mâle, et chez celui-ci la castration n'empêche le bois ni de tomber ni de repousser : double infraction à la règle que nous venons d'énoncer.

Fig. 24. — LE RENNE.

L'ÉLAN.

> Le rhinocéros voudrait-il vous servir et demeurer dans votre étable ; auriez-vous confiance dans sa force et lui confieriez-vous votre labour ?
>
> JOB.

Lorsque l'homme n'a jamais tenté une expérience qui semble avoir été à sa portée de toute éternité, lorsque la tradition de tous les siècles vient contredire une idée qui s'offre à notre esprit comme toute simple et toute naturelle, devons-nous respecter une autorité si imposante, ou nous est-il permis d'élever la voix et de crier hardiment : Essayons! qu'importe ce qui s'est passé avant nous!

Le Lapon, si justement célébré par le plus éloquent de nos naturalistes, par Buffon, a remplacé tous nos animaux domestiques par un cerf de moyenne taille, seul être avec lui capable de vivre dans ces contrées désolées par le froid. Si le cheval est la plus noble conquête que l'homme ait faite, le renne est sans contredit la conquête la plus ingénieuse, la plus complète, puisqu'elle répond à une multitude de besoins et contribue à l'existence de tout un peuple.

Mais comment expliquer, à côté de l'utilisation du renne, l'oubli où semble avoir été laissé l'élan?

Il habite les mêmes contrées, et s'il ne peut pas s'avancer tout à fait aussi près du pôle, du moins il existe dans toute sa vigueur à des latitudes où le cheval, le bœuf et le mouton ne peuvent subsister.

Plus grand que le cheval, aussi fort que lui, on s'accorde généralement à lui reconnaître autant de docilité. Les Russes admirent sa taille, sa physionomie robuste et sa sauvage indépendance. Ils aiment à le voir traverser dans sa course impétueuse les bois de pins qui bordent le Ladoga, emportant d'énormes débris de feuilles et de branchages enlacés comme une couronne dans ses vastes andouillers.

Les sauvages indiens du nord de l'Amérique le célèbrent dans des légendes fabuleuses (1).

Comment se fait-il qu'il ait échappé jusqu'ici à la domesticité ? Nous lisons dans un ouvrage imprimé en 1801, je crois :

« Il paraît, d'après les transactions de la société de New-« Yorck, qu'on est parvenu à rendre l'élan très-utile aux « travaux de l'agriculture. M. Livingston, président de « cette Société, a fait mettre deux de ces animaux à la char-« rue, et quoiqu'ils n'eussent encore porté le mors que « deux fois, ils paraissaient aussi dociles que des poulains « du même âge ; ils employaient toutes leurs forces pour « tirer et marchaient d'un pas très-assuré. Ils paraissaient « avoir la bouche fort tendre, et il fallait beaucoup de pré-« caution pour empêcher que le mors ne leur blessât les « barres ; aussi, après différents essais, on est parvenu à re-« connaître que les élans peuvent être utiles comme bêtes « de trait ; ce sera une acquisition fort avantageuse pour « les Américains. Comme ces animaux ont le trot fort ra-« pide, il est probable qu'attelés à de légères voitures, ils

---

(1) D'après le père Charlevoix, les Indiens ont une notion superstitieuse qu'il existe un élan d'une taille si gigantesque, que huit pieds de neige d'épaisseur ne l'empêchent pas de marcher ; que son cuir est à l'épreuve de toutes sortes d'armes, et qu'il lui sort de l'épaule un bras dont toutes les fonctions sont les mêmes que celles du bras de l'homme. Ils prétendent aussi que cet être imaginaire est accompagné d'un nombre considérable d'autres élans qui composent sa cour et qui lui rendent tous les services qu'un souverain peut exiger de ses vassaux. Ces hommes simples regardent l'élan comme une bête d'heureux présage, et croient que rêver souvent de cet animal, c'est un signe de longue vie.

« dépasseraient le cheval ; ils sont aussi moins délicats sur « leur nourriture que cet animal. Les femelles ont d'ailleurs plus de lait qu'aucune autre bête de somme. » (*Le Cabinet du jeune naturaliste*, tome 2, page 226.)

Ces essais ne paraissent pas avoir eu de suite ; le temps n'est-il pas venu, ou quel est donc le véritable obstacle que la nature oppose à cette nouvelle conquête de l'homme ?

L'élan, ou *orignal*, est le plus grand des cerfs ; il atteint cinq pieds et plus de hauteur. Son bois, épais et massif, se comporte chez les mâles comme celui du renne, mais il manque aux femelles. Il est large et plat et offre une certaine ressemblance avec celui du daim. Compatriote du renne, il s'avance moins que lui vers le nord et il s'est généralement soustrait à la domesticité, bien qu'il puisse rendre, dit-on, de grands services. Sa chasse est un grand divertissement pour les Russes (*fig.* 25).

Fig. 25. — L'ÉLAN.

Ces deux espèces hyperboréennes ne sauraient s'accoutumer à des climats plus doux. Les essais tentés pour les acclimater n'ont pas réussi, même en Angleterre ; tandis que les lions, les perroquets, les singes et autres animaux du midi se reproduisent facilement dans nos ménageries. Premier exemple de cette règle fondamentale de l'art d'élever les animaux, à savoir que les espèces vont du midi au nord et non point du nord au midi.

LES BŒUFS.

La dernière classe de ruminants comprendra le bœuf et les espèces qui lui ressemblent, telles que le buffle, le bison, le zébu, la vache grognante de Tartarie. Tous ces animaux sont réduits en domesticité ou susceptibles de l'être. Leur monographie ne doit donc plus se réduire à des généralités et doit être traitée à part comme celle du cheval. Nous n'entreprendrons pas une tâche qui nous est étrangère, mais plus tard, en parlant du dressage des chevaux, il sera nécessaire d'entrer dans quelques détails sur ces animaux considérés comme bêtes de service.

Le zébu paraît n'être qu'une variété de notre bœuf ; une loupe graisseuse sur le garrot ferait toute la différence. On dit cette espèce précieuse et facile à acclimater en Europe. Cela doit être : elle vient d'Afrique et du midi de l'Asie.

La vache de Tartarie est remarquable par son odeur de musc et par une queue garnie de crins dont les Musulmans font leurs étendards.

L'AUROCHS.

A la tête du genre bœuf on aurait dû placer l'aurochs, ou *urus*, espèce de taureau gigantesque dont on retrouve partout les débris fossiles et qui, il y a peu de siècles encore, habitait nos forêts. Sa taille approche de celle des plus grands quadrupèdes connus, et il paraît différer du bœuf par quelques caractères essentiels. La seule dépouille que nous en possédions au Jardin-des-Plantes est due à l'empereur Napoléon Ier qui, à son entrée à Vienne, fit déterrer et empailler un aurochs mort depuis quelques jours dans cette ville.

Le dernier asile de cet antique et majestueux animal est une forêt de Lithuanie, où il y est conservé comme objet de curiosité et pour la chasse par les soins d'un grand seigneur auquel on doit peut-être plus qu'il ne semblerait au premier abord.

C'est certes une idée grande et utile de s'opposer à l'anéantissement d'une espèce que l'univers devra regretter sitôt qu'elle sera perdue.

Un poète a déploré la perte d'arbres magnifiques tombant sous la hache d'un spéculateur avare :

> Ah! songez que du temps ils sont le lent ouvrage,
> Que tout votre or ne peut racheter leur ombrage, etc.

La raison la plus froide et la plus inflexible n'a-t-elle pas le droit de s'élever contre le vandalisme des spéculations ou la destructivité stupide des ignorants, lorsqu'il s'agit de l'extinction totale d'animaux que rien ne pourra rendre à l'univers? Que savons-nous, si un jour les progrès mêmes de l'industrie ne rendront pas utiles et précieux le rhinocéros, l'hippopotame, que l'on massacre aujourd'hui pour leur peau ou pour leurs dents, ou même par un inqualifiable instinct de destruction?

Étendre une domination conservatrice sur les vastes contrées où ont survécu ces êtres incapables d'approcher de notre civilisation, assurer le maintien de leurs races, en utilisant leur existence, mais d'une manière aussi prévoyante que profitable, ne serait-ce pas à la fois une entreprise grandiose, un hommage dû à l'œuvre de la création, et peut-être, plus tard, un service rendu à l'humanité tout entière ?

Une nation, une société même pourrait effectuer ce grand œuvre.

Des Cétacés.

Le dernier ordre des mammifères a été relégué dans les eaux, comme si leur taille gigantesque leur eût interdit le séjour de la terre. Les baleines, les cachalots, les dauphins en forment les genres principaux. Chez eux les membres postérieurs ont disparu : une queue en forme d'éventail horizontal les distingue des poissons ovipares. On connaît nécessairement fort peu leur nature et leurs habitudes, et cependant la guerre acharnée qu'on leur livre depuis des siècles en a presque dépeuplé l'Océan.

La pêche de la baleine paraît aujourd'hui moins une entreprise commerciale qu'un moyen d'obtenir les primes que donnent les gouvernements dans le but de former des matelots.

La guerre acharnée qu'on fait aux cétacés les aura probablement bientôt détruits. Encore une circonstance où les hommes sacrifient le présent à l'avenir. La perfectibilité indéfinie dont nous nous glorifions amènera-t-elle le jour où toutes les puissances règleront entre elles les intérêts communs de l'humanité? Pourquoi les nations n'en viendraient-elles pas à se soumettre au bien de l'univers, comme les particuliers au bien général ?

ZOOLOGIE DU CHEVAL.

GENRE CHEVAL.

Nous avons donné le principal caractère distinctif de ce genre de solipède. Le squelette présente d'autres particularités : jambes fines et longues disposées pour la course rapide; poitrine assez étroite, mais profonde; encolure fort longue, mais moins que chez le chameau ou la girafe; tête dépourvue de cornes; l'orbite de l'œil singulièrement bien fait et formant un cercle sans interruption, comme chez l'homme, tandis que chez presque tous les animaux il existe un vide en arrière. Les dents sont au nombre de quarante, vingt à chaque mâchoire, savoir : six incisives, deux canines ou crochets, douze molaires. Un très-petit espace sépare les incisives des crochets, un beaucoup plus considérable, appelé barre, sépare les crochets des mâchelières (*fig.* 26).

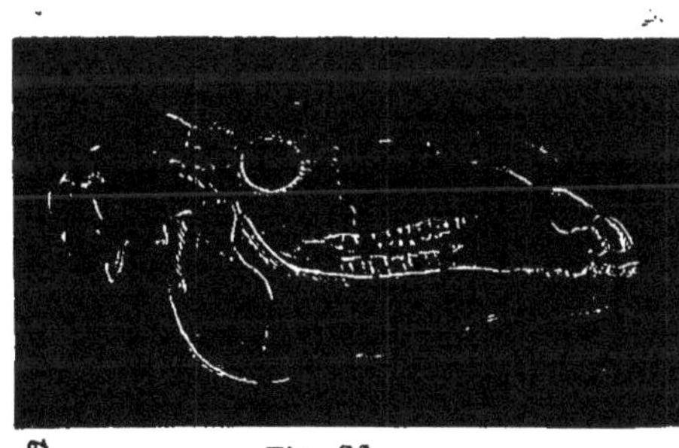

Fig. 26.

Les chevaux fossiles sont assez communs et ne diffèrent pas sensiblement des espèces connues; seulement ils nous paraissent petits, parce que nous sommes accoutumés à ceux que le climat et les soins de l'homme ont singulièrement développés.

Il ne paraît pas que nous puissons distinguer par la dépouille osseuse seule les diverses espèces de ce genre.

Ainsi, l'âne est généralement plus petit que le cheval, avec la tête plus grosse et le garrot moins sorti ; mais ce dernier caractère dépend uniquement de la manière dont l'épaule est attachée, ce que l'on ne voit plus dans le squelette. Les différences de taille et de proportions peuvent tenir autant à l'individu ou aux variétés qu'à l'espèce. En zoologie, on se sert du mot *espèce* pour désigner deux races distinctes, et du mot *variété* lorsqu'il s'agit des différences existant entre deux descendants de la même souche.

Ainsi, le chien et le renard, le cheval et l'âne forment des espèces. Le griffon et le danois, le cheval anglais et le genêt d'Espagne ne sont que des variétés.

Les hommes de cheval, au contraire, emploient indistinctement les mots *race* ou *espèce* lorsqu'il s'agit des variétés de l'espèce chevaline.

La patrie du cheval est précisément la contrée qui a servi de berceau à l'espèce humaine et où la Bible a placé le paradis terrestre ; c'est de là qu'il s'est répandu graduellement dans les divers pays qu'il habite aujourd'hui, soit qu'il y ait émigré de lui-même, soit qu'il y ait été transporté par l'homme.

Quelques personnes révoquent en doute cette identité d'origine pour tous les animaux de même espèce. Pourquoi, disent-elles, ne pas admettre tout simplement que chaque contrée a possédé dès le commencement son cheval particulier, tel qu'elle pouvait le nourrir ? L'histoire du cheval semble prouver le contraire. Partout nous voyons le cheval amené par l'homme ou émigrant de lui-même à la recherche des climats qui lui conviennent.

Il n'existait pas en Amérique, à l'époque de l'arrivée des Européens ; c'était parce qu'il n'avait pu arriver à la nage, ni être apporté dans le canot du sauvage. Ce n'était pas parce que le pays lui était contraire, puisqu'aujourd'hui le nouveau monde l'emporte peut-être sur l'ancien pour le nombre et la qualité de ses chevaux.

On compte cinq espèces du genre cheval : 1° l'âne ; 2° le zèbre ; 3° le daw ; 4° le couagga ; 5° le cheval.

L'ANE.

On doit donner à l'âne le premier rang en zoologie, à cause de sa virtualité d'organisation. En effet, la vigueur de son tempérament, sa longévité, la difficulté même avec laquelle il se plie aux changements de climat et à la domesticité, le cachet de sa race fortement imprimé à ses produits dans les croisements avec les autres espèces (1), ne sont-ils pas autant de preuves d'une nature plus individuelle, plus originale, plus forte au point de vue physiologique ? L'âne le plus dégénéré, le plus chétif déploie tout à coup, lorsqu'il le veut, une énergie étonnante pour son volume et son apparence. Il ne se livre jamais sans réserve comme le cheval ; il est moins brillant, moins agréable, moins utile

(1) On dit généralement qu'une jument saillie par l'étalon et le baudet produira toujours un mulet, quel que soit l'ordre de ces divers accouplements (*), et il est facile de se convaincre que le mulet ainsi que le bardeau tiennent plus de l'âne que du cheval.

(*) On cite comme fait rare et curieux l'exemple d'une jument qui mit bas à la fois un poulain et un muleton.

peut-être ; nous le classons ici selon la nature et non selon nos besoins.

A l'état sauvage, l'âne ne le cède ni en agilité, ni en vitesse au cheval ; il le combat même avec avantage et se défend mieux contre ses ennemis.

La Perse, l'Arabie et généralement les pays chauds et secs sont la véritable patrie de l'âne. On l'y recherche beaucoup pour la promenade et le voyage, surtout dans les montagnes, à cause de sa sûreté, de sa persévérance et de sa sobriété. Le froid lui est contraire et arrête son développement. Il peut à peine exister en Suède et en Danemark, et même, en Angleterre on lui voit des lisses et des balzanes, signe évident de dégénération.

Le plus grand profit que l'on tire de l'âne en France est la production du mulet. Tous les départements du Midi se livrent à cette industrie, mais c'est en Poitou qu'elle réussit le mieux. L'âne étalon, ou *baudet*, est d'une taille haute, et étoffé ; il atteint quelquefois près de quatre pieds dix pouces ; ses genoux et ses jarrets sont d'un volume énorme. Les meilleures mulassières sont les juments les plus lourdes, les plus lymphatiques et qui ont le moins de sang. Ce sont elles qui donnent ces mulets si renommés en Provence comme limoniers ; ils n'ont pas le poids, la franchise et la force de traction du gros cheval, mais ils lui sont supérieurs pour maintenir une lourde charge dans les descentes.

La mule, plus douce, plus légère, plus résistante, a beaucoup plus de prix, toutes choses égales d'ailleurs. Les Espagnols l'emploient presque exclusivement aux attelages, même de l'artillerie.

Le produit de l'ânesse et du cheval se nomme bardeau (1), il doit être fort rare ; je n'ai jamais pu en voir un seul, même dans les pays où l'on élève le plus de mulets. L'étalon cheval montre généralement une grande répugnance pour la femelle qui n'est pas de son espèce.

L'âne est gris plus ou moins foncé ou bai brun, avec les jambes, le ventre et le nez blanchâtres ; le passage d'une teinte à l'autre est toujours insensible et non pas tranché comme chez le cheval ; la peau est toujours noire, le poil seul change de teinte.

La robe ordinaire des mulets est bai brun ; il en est cependant de gris et même d'alezans, de bai clair et d'isabelles ; mais on y reconnaît toujours le poil de l'âne à une nature, à une teinte qu'il est plus facile de voir que de définir. J'ai vu, à Dublin, une mule pie qu'on m'a dit venir de l'Amérique méridionale.

Les caractères distinctifs de l'âne comparé au cheval sont, outre ceux que nous avons indiqués, des oreilles fort longues, une queue presque nue, une crinière peu fournie et qui n'est pas susceptible de croissance, des jambes fines, sèches et sur lesquelles le poil n'est pas plus long que sur le reste du corps, en d'autres termes, sans fanons.

Certains ânes ont, outre le poil ordinaire, une espèce de

---

(1) Je possède un animal que l'on prétend être un bardeau femelle élevé en Ecosse. Cette mule a appartenu au roi Louis-Philippe. Sa taille, ses jambes sont celles d'un âne. L'oreille est plus courte, la tête plus petite et plus légère, les allures beaucoup plus allongées et presque chevalines ; son cri commence par un hennissement et se change aussitôt en une sorte de braiement.

laine longue de plusieurs pouces, très-recherchée dans les *baudets*. Les robes claires portent ordinairement une espèce de raie noirâtre en forme de croix, sur l'épine dorsale et sur les épaules, qu'on a appelée improprement raie de mulet, ainsi que des bandes étroites sur les jambes, dans une direction transversale ; elles se nomment zébrures.

Quelques naturalistes ont cru voir une espèce distincte dans l'hémione (1) (*fig.* 27), ou *tsigittaï*, espèce de petit

Fig. 27. — HÉMIONE.

âne dont on a récemment reçu en France un mâle et deux femelles. La robe est d'un gris fauve ou rougeâtre, avec le ventre et les extrémités blancs. Les teintes y sont absolument disposées comme chez l'âne ; seulement la raie de mulet est brune, beaucoup plus large et ne s'étend pas jusqu'aux épaules.

Suivant toute apparence, l'hémione n'est que l'âne de pur sang, en d'autres termes la variété asine la plus origi-

(1) Demi-âne, de ημισυς, demi, et ονος, âne. C'est en grec le nom du mulet.

nelle et la plus parfaite (1). Il ne diffère pas plus de notre espèce commune qu'un cheval de course de nos plus vi-

Fig. 28. — ANE.

lains bidets. On le dit d'un caractère méchant et indomptable (*fig.* 28).

LE ZÈBRE.

Adrien fit montrer un jour au peuple, dans le cirque, une multitude d'éléphants, cinq léopards, huit lions et un hippotigre.......?

Au nord du cap de Bonne-Espérance, mais assez loin encore de la ligne, on a trouvé une espèce d'âne fort remarquable par sa robe. Le fond en est blanchâtre et régulièrement rayé de bandes noirâtres sur toutes les parties du corps : c'est le zèbre (*fig.* 29). Une si singulière disposition de couleurs a dû vivement frapper le vulgaire ; aussi est-il universellement connu et depuis fort longtemps, quoiqu'il soit rarement venu vivant en France.

---

(1) M. le marquis de Villette a obtenu un beau produit de l'hémione mâle et d'une ânesse de nos contrées, et qui, à son tour, a produit avec une hémione.

Son oreille est plus courte que celle de l'âne, sa queue plus fournie, sa jambe plus garnie de poils.

Agile, vigoureux et brave comme l'onagre (1), il mord et

Fig. 20. — ZÈBRE.

frappe dangereusement ; mais ce n'est pas une raison pour le croire indomptable, non plus que l'hémione. A quelles mains a-t-on confié jusqu'à présent son éducation ? Si on livrait à des gardiens de ménageries ordinaires un étalon de pur sang tel que *Lottery* ou *Lutzen*, les curieux croiraient-ils que ce même cheval a été monté, dressé et qu'il a gagné des courses ? Il paraît, au reste, que depuis l'établissement des Anglais au Cap, il n'est pas rare de voir un zèbre marcher tranquillement sur les promenades et jouer avec les enfants.

LE DAW.

On l'a appelé *equus Burchelii*, du nom de M. Burchell qui le premier a signalé son existence, ou encore *equus montanus* ; il habite le même pays que le zèbre, mais il

---

(1) Ane sauvage, de ονος âne, et αγρος campagne.

choisit peut-être d'autres sites. Les bandes du daw (*fig.* 30) sont plus larges que celles du zèbre et s'arrêtent aux jambes et au ventre. Le fond de la robe est exactement nuancé comme chez l'hémione.

Fig. 30.—DAW.

Ses formes se rapprochent de celles du cheval : oreilles un peu plus courtes, queue plus fournie, extrémités moins sèches et plus garnies. Du reste, la taille et le caractère sont ceux du zèbre.

Les daws importés en France vivent et produisent au Jardin-des-Plantes, quoique le local et peut-être les soins y soient moins convenables que dans un haras qui serait destiné spécialement à leur éducation.

LE COUAGGA.

Ne porte de raies que sur les jambes et l'encolure ; il se rapproche encore plus du cheval par les caractères que nous avons énumérés. Plus docile et moins sauvage, on l'emploie en Afrique à la garde des troupeaux qu'il défend contre les hyènes et autres animaux carnassiers. Son nom est, dit-on, l'imitation de son cri. En Angleterre, on a vu

Fig. 31. —COUAGGA.

un couagga dressé à la selle et employé dans la maison d'un riche particulier à faire les commissions.

LE CHEVAL (*Equus caballus*).

> . . . . .*Caput acris equi, sic nam fore bello*
> *Egregiam et facilem victu per sæcula gentem.*
> VIRGILE.

On le reconnaît à sa taille, à ses formes plus pleines et plus riches, à la brièveté de ses oreilles, aux crins qui garnissent abondamment la queue et l'encolure, et qui sont susceptibles de croître indéfiniment, à ses jambes moins sèches, à des fanons qui semblent tenir le milieu entre le crin et le poil.

Plus que tout autre monodactyle, il supporte les différences de climat et de régime, se soumet à l'homme, s'identifie avec lui, se plie à ses goûts et à ses besoins. En un mot, parce qu'il est l'esclave le plus dévoué, nous l'avons appelé le plus noble.

Toutes ces espèces se croisent entre elles. Il a existé longtemps au Jardin-du-Roi un mulet zèbre et cheval ; il était gris avec les jambes et une partie du cou rayées de noir ; son caractère était assez méchant.

En Angleterre, le couagga, dont nous avons déjà parlé, donna, avec une jument pur sang, un mulet rayé ; mais, chose singulière, un an après, cette même jument, éloignée du couagga et saillie par un étalon, mit bas un poulain portant presque les mêmes marques ; on les retrouva sur plusieurs poulains qui suivirent, quoique de moins en moins visibles.

L'influence du mâle dans la génération ne se bornerait donc pas au produit qu'il engendre et s'étendrait sur ceux qui naissent ensuite de la même mère, lors même qu'il ne participe point à leur conception?

Si le cheval espagnol a souvent la croupe et le pied du mulet, ce défaut doit-il être attribué à l'usage de donner les cavales au baudet?

Les métis des différentes espèces de cheval passent pour être inféconds, soit entre eux, soit avec les races pures. Ainsi, le mulet ne produit pas avec la mule, ni la mule avec le cheval, etc. On cite cependant quelques exemples de mules suitées, une entre autres en Espagne (1) qui produisit plusieurs fois. En Allemagne, on fait saillir par le mulet

(1) En 1763, chez le sieur Carra, à Valence, une de ses mules, très-bien faite et d'un poil bai, ayant été saillie par un beau cheval gris de Cordoue, fit une très-belle pouline, d'un poil alezan, avec les crins noirs. Cette pouline devint très-belle et se trouva en état de servir de monture à deux ans et demi. On l'admirait à Valence, car elle avait toutes les qualités d'une belle bête de l'espèce pure du cheval, etc.

En 1765, la même mule, saillie par le même cheval, fit une autre pouline d'un poil gris sale et crins noirs, qui ne vécut que quatorze mois.

En 1767, cette même mule produisit un poulain gris sale qui mourut à dix-neuf mois.

En 1769, cette mule, par le même cheval, fit une pouline qui vécut vingt et un mois.

En 1771, un poulain gris sale qui vivait en 1777.

Leur père étant mort, un autre cheval de Cordoue bai brun, pelote en tête, et quatre balzanes, saillit encore cette mule, qui donna :

En 1776, une pouline alezan brûlé, marquée comme le père et dont on a grand soin, etc.

les juments hystériques, afin de les calmer sans risquer de les féconder et par conséquent de les retirer du service.

Quoi qu'il en soit, ne serait-il pas à propos de tenter quelques essais en ce genre sur une grande échelle? de donner, par exemple, à un mulet cinq à six mulassières éprouvées pour leur fécondité, car il est reconnu que dans le croisement l'âne est plus prolifique comme mâle et le cheval comme femelle.

Un auteur anglais (1) a émis le désir de voir paraître sur le turf le produit du racer et du couagga. L'utilité si universellement reconnue du mulet devrait engager à d'autres expériences.

En 1774, don André Gomez de la Véga, intendant de Valence, présenta au roi la relation de ce fait.

(BUFFON, tome VIII, p. 347.—Paris, Rapet, 1818.)

Ce récit, auquel nous reviendrons, porte un cachet de vérité et nous servira plus tard à la démonstration de certaines vérités méconnues.

(1) *The quagga is not so beautifull in regard to colour, but is shaped more like a horse. The Earl of Morton has some quaggas on his estate in Scotland wich are remarkably handsome and well proportionned. It is not yet ascertained with certainty whether either of these animals will engender with the horse, but there can be not doubt, if such a thing be feasible, that the produce would be excellent for a great variety of purposes. In that case why should not the zebra, crossed with a thorougbred mare, get a good racer? Such an experiment is at least worth the trial.*

(RICH. LAWRENCE. *The Complette farrier*, page 35.)

Le couagga est moins beau de couleur, mais ressemble plus au cheval dans sa forme. Le comte de Morton en possède en Ecosse plusieurs qui sont remarquablement jolis et bien proportionnés. Il n'est pas certain que ces animaux puissent engendrer avec le cheval; mais si la chose est faisable, il n'y a pas de doute que les produits ne soient excellents pour différents usages. Par exemple, du zèbre, croisé avec une jument de pur sang, ne pourrait-il pas naître un bon cheval de course? Une pareille expérience mérite du moins d'être tentée.

Le croisement des deux espèces extrêmes, l'âne et le cheval, a seul été pratiqué d'une manière suivie. Les races intermédiaires donneraient probablement des produits moins heurtés, plus identiques, et par conséquent moins inféconds; et pourquoi la nature, qui fait un pas contre la loi qu'elle semble s'être imposée, s'arrêterait-elle précisément après l'avoir franchi? Obtenons d'elle d'aller plus loin, nous pourrons, suivant nos besoins, créer des races mélangées à l'infini et possédant au degré voulu les qualités de l'une et de l'autre espèce.

C'est ainsi que les Anglais, opérant sur les diverses variétés canines, sont arrivés à donner à leurs *fox-hounds* une grande vitesse, sans leur ôter l'odorat, par un judicieux croisement du chien courant avec le lévrier.

FIN DES PROLÉGOMÈNES.

DES ALLURES.

AVANT-PROPOS.

On s'étonnera peut-être de voir ici commencer la description du cheval par ses allures et non par la définition de ses formes. En effet, Solleysel, Bourgelat, Laguérinière et tous les grands maîtres ont donné d'abord la nomenclature des diverses parties du cheval ; et ce n'est qu'après l'étude complète de la machine en place qu'ils en décrivent le jeu et les mouvements.

J'ai adopté une marche contraire, et voici mes motifs :

J'ai remarqué que l'étude de l'extérieur, telle qu'on la faisait généralement, tendait à fausser les idées sur le mouvement, et par conséquent sur l'équitation. A force de considérer le cheval en place et immobile, on lui applique les lois des corps en équilibre et non celles des corps en mouvement. On fait de la statique et non de la dynamique, et quoique je prouve plus loin que l'application de ces sciences à l'équitation n'est qu'une illusion ridicule, il n'y en a pas moins d'inconvénient à s'absorber dans la contemplation du cheval en place.

Le cheval est un animal de mouvement, c'est en mouvement qu'on doit l'étudier d'abord ; exerçons notre esprit à le voir marcher, courir, sauter, et non immobile comme le bronze d'une statue monumentale.

Qui aura la meilleure idée d'un chemin de fer? celui qui voit passer les convois, qui y monte, qui s'occupe de leur direction, ou l'homme qui passerait sa vie à considérer des wagons oisifs sous le hangar d'un atelier?

Écoutez Richerand : « La nature n'a pas autant négligé les « avantages mécaniques qu'on pourrait le croire en se conten- « tant d'un examen superficiel des organes moteurs. Et si « l'on fait attention que dans les diverses conditions de la vie « nous avons moins besoin de force que d'agilité ; que les for- « ces pouvaient être augmentées par la multiplication des « fibres, tandis qu'il n'existait d'autre moyen de gagner en « vitesse que l'emploi mécanique de telle ou telle espèce de » levier ; et qu'enfin, pour que nos membres eussent les for- « mes les plus avantageuses, il fallait que les muscles fussent « couchés sur les os, on conviendra que dans la disposition de « ces organes, la nature, en sacrifiant fréquemment la force « à la vitesse, a concilié autant qu'il était possible ces deux « éléments presque inconciliables. » (*Tome* 2, *page* 266.)

Nous voyons ici que c'est le mouvement, et par conséquent la vitesse et non l'inamovibilité, dont il est question.

Autre exemple : la forme la plus favorable à la station, c'est la pyramide. Pourquoi un bipède a-t-il la forme d'un cylindre porté sur deux cônes renversés, et le quadrupède d'un cylindre porté par quatre cônes renversés? Parce que la masse la plus mobilisable est celle qui s'appuie sur le moins grand nombre de points.

Un cheval arqué peut être sûr de jambes, un cheval avec

des genoux de veau et des paturons bien avancés du boulet à la couronne réunit toutes les conditions désirables pour faire des chutes fréquentes et dangereuses.

On me niera ce dernier exemple : c'est précisément à cause de ce qu'il a de paradoxal que je l'ai choisi ; il me servira plus tard à prouver comment une nouvelle manière d'envisager les choses peut amener à des conclusions nouvelles, mais non moins véritables pour cela.

Pour observer des mouvements, il faut bien remonter à leur commencement. Il a donc été nécessaire de supposer d'abord le cheval à l'état de station, et j'ai choisi pour exemple le cheval de Bourgelat (*fig*. 32).

Fig. 32.

« C'est, dit cet écrivain, la position d'un cheval qu'une « main savante aurait su placer de manière à pouvoir entamer « toutes les allures, exécuter tous les mouvements. »

Quelques personnes ont osé modifier le dessin donné par ce grand maître, avec la prétention de lui donner plus de naturel et de noblesse ; malheureusement la critique est ici preuve d'ignorance. On dit ce cheval trop court, et on n'a pas songé que les extrémités postérieures sont rapprochées sous le centre de gravité, les reins légèrement bombés, la tête placée pour obéir à la bride sans hésitation et sans résistance : c'est le *rassembler* de M. Baucher.

Toutes les fois que nous parlons du cheval en station, c'est dans cette position ou à peu près qu'on doit se le figurer, à moins d'explication contraire.

DES ALLURES.

Quadrupedante putrem sonitu quatit ungula campum.
VIRGILE.

.......passa rapidement sur la route, courbé sur l'encolure d'un grand et magnifique cheval de chasse anglais, d'une vitesse de trot extraordinaire.
EUG. SUE (*Mystères de Paris*).

On lit dans Richerand (1) : « Les forces impriment aux « masses des vitesses égales lorsqu'elles sont proportion- « nelles ; or, les espaces parcourus dépendant entièrement « des vitesses, puisque le corps sautant perd, par une gra-

(1) *Nouveaux Éléments de Physiologie.* 1825, tome 2, page 365.

« dation que rien ne peut ralentir, celle qu'il avait acquise, « ces espaces doivent être, *à peu de chose près*, les mêmes « pour les petits animaux et pour les grands. »

Cet axiome est vrai au point de vue général de la physiologie ; il sert à expliquer comment le saut de la puce, si prodigieux par rapport à son volume, n'indique pas une constitution mille et mille fois supérieure à celle du levrier, qui cependant jouit d'une légèreté incomparablement moindre, si l'on compare l'espace parcouru à la grandeur de la machine.

Mais ce que Richerand considère comme un à peu près est justement la nuance qui fait le sujet de toutes les études de l'homme de cheval.

Les espaces sont égaux lorsque les vitesses sont égales, mais pour que les vitesses soient égales, il faut que les rapports entre la masse et la quantité d'impulsion donnée soient les mêmes, et c'est précisément ce rapport entre la masse et l'impulsion qu'il nous importe de connaître. C'est la masse qui produit cette impulsion, mais deux masses égales en poids ou en volume peuvent donner une impulsion différente.

C'est dans ce sens que Richard Lawrence écrit : « Le « cheval de pur sang est incontestablement l'animal le plus « fort pour son poids qui soit connu dans la création. »

Ce qu'il dit du cheval de pur sang peut se dire du cheval en général comparé à tous les animaux, avec des circonstances identiques. De là résulterait que de toutes les variétés de chevaux, le pur sang est celle chez qui la même masse donne le plus d'impulsion ; et parmi les chevaux de pur sang, le meilleur jouit, par rapport à ses frères, du même avantage que le cheval en général vis-à-vis des autres animaux.

Indépendamment de la capacité d'impulsion ou du degré de force motrice, il faut encore tenir compte du mode d'emploi de cette faculté.

Or, cette faculté s'emploie de diverses manières, et chaque manière est un jeu particulier de la machine animale.

De plus, dans chaque mode particulier, il y a encore le plus ou moins de perfection avec lequel fonctionne le mécanisme général : c'est ce que nous appellerons la qualité des allures.

On a appelé allures les divers modes de progression employés par le cheval.

L'étude des allures fait partie, à proprement parler, de ce qu'on appelle la mécanique animale. Les anciens auteurs, Dupaty de Clam, Thiroux et plusieurs autres ont voulu appeler les sciences exactes et les mathématiques au secours de leurs définitions ; on a été plus loin de nos jours, on a parlé de dynamique (1).

Je ne pense pas que l'application rigoureuse du calcul puisse se faire utilement ici, et je me bornerai à l'obser-

---

(1) Étant donnés, le poids d'un cheval et l'espace qu'il a parcouru en un pas, je serais curieux de voir poser les calculs explicatifs de toutes les impulsions données par les ressorts, leviers, moufles, etc., qu'on appelle muscles, articulations, force nerveuse, etc. ; et qu'après avoir détaillé leur direction et leur effet particulier, on prouvât algébriquement que la résultante doit être le mouvement exécuté !

vation pure et simple de ce qui se présente aux sens, c'est-à-dire à la vue, en regardant l'animal en marche, et au toucher en montant le cheval et tâchant de sentir ses mouvements.

Examinons un quadrupède terrestre quelconque, pourvu qu'il soit destiné par la nature à marcher sur le sol : éléphant, cheval, girafe, peu importe.

Nous voyons que l'arrière-main est un véritable ressort et la source de tout mouvement.

L'avant-main n'est qu'un appui, un soutien.

Le corps est un appareil destiné à réunir les deux autres parties et transmettre le mouvement de l'une à l'autre.

Enfin, la tête et l'encolure forment un levier capable de faciliter les mouvements en modifiant d'une manière utile l'équilibre général.

L'animal placé sur ses quatre jambes n'est pas pour cela astreint à répartir une portion égale de son poids sur chacune d'elles.

En supposant même chaque extrémité franchement appuyée sur le sol, il peut (1) peser également sur le bipède antérieur et le bipède postérieur, ou plus ou moins sur l'un des deux.

---

(1) Bipède antérieur. — Jambes droite et gauche de devant.
Bipède postérieur. — Jambes droite et gauche de derrière.
Bipède latéral droit. — Jambes droites de devant et de derrière.
Bipède latéral gauche. — Jambes gauches de devant et de derrière.
Bipède diagonal droit. — Jambes droite de dev. et gauche de derrière.
Bipède diagonal gauche. — Jambes gauche de dev. et droite de derr.

Voici donc le cheval droit (*fig.* 33), le cheval plongeant dans son collier (*fig.* 34), le cheval donnant sur l'avaloire (*fig.* 35) : bien entendu que, dans ces positions, le cheval se soutient par lui-même et n'est pas porté par son harnais. Toutes les positions intermédiaires entre les deux extrêmes sont possibles.

Fig. 33.

Ce que peut l'animal d'arrière en avant, il le peut latéralement, en portant sa masse de préférence sur tel ou tel bipède latéral, ou même diagonalement, en s'appuyant, par exemple davantage sur l'antérieure droite ou la postérieure gauche.

Fig. 34.

Fig. 35.

Cela posé comme théorie élémentaire du cheval en place, observons-le en mouvement et choisissons l'instant où il marche lentement, avec calme et sans aucune surexcitation.

Le Pas.

Pour exécuter son départ, il lève : 1° une jambe antérieure, la droite, par exemple ; 2° la gauche postérieure ; 3° la gauche antérieure ; 4° enfin, la droite postérieure, et l'allure se continue ainsi indéfiniment.

L'œil voit mieux le lever des jambes que leur poser, mais il est un axiome, c'est que dans la marche, un pied n'est pas plutôt à terre que l'autre se lève. Nous ne considérons ici que chaque bipède antérieur ou postérieur pris isolément.

Si maintenant vous montez le cheval et le faites marcher exactement de la même manière que lorsque vous le regardiez passer, le contraire aura lieu ; vous ne sentirez pas le lever des jambes, mais fort distinctement leur poser, pourvu que vous ayez quelque habitude de l'équitation comme elle doit être pratiquée.

Vous observerez donc ceci :

1° Poser de la droite antérieure ;

2° Poser de la gauche postérieure ;

3° Poser de la gauche antérieure ;

4° Poser de la droite postérieure,

et à des intervalles presque égaux.

Il est facile de conclure dès à présent que dans la marche d'un cheval chaque bipède antérieur et postérieur agit pour son compte particulier comme les deux jambes d'un homme qui marche. Or, il est indispensable que chaque bipède fasse à chaque pas exactement autant de chemin que l'autre ; sinon, l'allure n'existerait plus au bout de quelques mètres (1).

Ces deux bipèdes ne fonctionnent pas comme deux soldats, dont l'un emboîte le pas à l'autre, qui est son chef de file ; ils vont à contre-pied, et le bipède postérieur part du pied gauche un instant, très-court il est vrai, après que le bipède antérieur est parti du pied droit.

Si le cheval que vous avez choisi pour exemple est long de corps, bas sur jambes et lent dans ses mouvements, cette théorie suffira parfaitement.

Vous pourrez même décomposer chaque pas en plusieurs temps :

1° Le lever du pied droit antérieur (*fig*. 36) ;

2° Le lever du pied gauche postérieur (*fig*. 37) ;

Fig. 36.—Pas : 1er temps.

Fig. 37.—Pas : 2e temps.

(1) Beaucoup de marchands de bœufs et autres voyageurs ne mettent qu'un seul éperon, le gauche : et lorsqu'un jeune adepte de l'art du manége s'indigne d'une équitation aussi irrégulière, ils répondent : « Soyez tranquille, nous sommes bien sûrs que quand un côté du bidet est arrivé, l'autre n'est pas bien loin. »

3° Le lever du pied gauche antérieur (*fig.* 38) ;

4° Le lever du pied droit postérieur (*fig.* 39).

Fig. 38.—Pas : 3e temps.

Fig. 39.—Pas : 4e temps.

Vous voyez le cheval porté :

Au 1er temps, sur trois pieds ;

Au 2e temps, sur deux en diagonale ;

Au 3e temps, sur deux latéralement.

Ceci (le 3e temps) est moins évident à la pensée, et l'action est trop rapide pour qu'on puisse s'en convaincre par les yeux. Mais il existe un moyen de satisfaire à la fois la vue et l'esprit. Pour cela, pressez la marche du cheval et fixez attentivement les yeux sur un bipède latéral, le droit, par exemple, vous verrez le pied droit de derrière arriver à la rencontre du pied droit de devant ; celui-ci semble fuir à son approche, et le pied postérieur vient se poser à la place qu'a laissée le pied antérieur, ou même en avant de cette place. Or, il est évident que, le pied antérieur se levant à l'arrivée du pied postérieur, il y a nécessairement un moment où le bipède latéral est en l'air. Sur quoi repose le poids de l'animal ? Évidemment sur le bipède latéral gauche : on voit les deux pieds droits en l'air, il est certain que les deux pieds gauches sont à terre.

Il y a encore une autre démonstration du même fait : Nous avons vu que le pied gauche de derrière ne partait jamais qu'après le lever du pied droit de devant, et de même pour l'autre bipède diagonal (le gauche). Or, quoique les espaces sentis entre les posers des pieds *antérieurs et postérieurs* ne soient pas rigoureusement égaux, ils le sont plus que les espaces vus entre les levers de ces mêmes pieds.

Ainsi, le pied gauche postérieur, par exemple, parti sensiblement plus tard que le pied droit antérieur, tombe presque en même temps. Or, il ne peut tomber qu'après le lever du pied antérieur gauche, puisqu'il le remplace sur le sol ; mais ce dernier n'a pu se lever qu'après le poser de l'antérieur droit, et le postérieur gauche ne peut être en l'air sans que le droit soit à terre : le cheval est donc sur le bipède latéral droit (1).

Il est donc évident que, dans l'allure du pas, le cheval est porté, tantôt par un bipède diagonal, tantôt par un bipède latéral ; il est même possible qu'il existe un moment où il est porté sur trois, comme celui où il entame le terrain avec le pied de devant ; mais cela n'est pas appréciable, si ce n'est à l'instant du départ, et la chose est alors très-sensible.

---

(1) Je sais qu'il est tout à fait impossible de se rendre compte bien exactement de cet état de choses sans une grande habitude et même une longue expérience. Aussi me vois-je obligé de dire à tout lecteur qui ne se serait pas déjà occupé sérieusement de la théorie et de la pratique de ces matières ce qu'on dit aux personnes qui commencent l'algèbre : « Allez et la foi vous viendra. »

Voilà l'allure du pas complétement définie. On remarquera : 1° que l'instant où le cheval est porté diagonalement est plus long et plus apparent que celui où il est porté latéralement ; cela fait dire que le pas est une *allure diagonale ;* 2° que le cheval est toujours soutenu sans jamais quitter le sol : de là on dit que le pas est une *allure marchée.*

OBSERVATIONS SUR LE PAS.

Nous avons pris pour exemple un cheval long de corps et bas sur jambes, et cependant nous avons vu que l'espace embrassé à chaque pas par le bipède postérieur était tel que le bipède antérieur est obligé de lui laisser la place : autrement le pied postérieur rencontrerait le pied antérieur du même côté.

Cette rencontre a lieu quelquefois et à divers degrés ; d'abord la pince postérieure heurtant l'éponge du fer antérieur produit un bruit particulier : on a appelé cette action *forger*.

Plus de retard de l'extrémité antérieure amène une atteinte encornée, et davantage encore, une contusion sur le tendon, appelée *nerf-ferrure* (1).

Certains animaux de l'espèce cerf, ayant les jambes hautes par rapport à la longueur de leur corps, marchent

---

(1) Nerf féru ou frappé. Je parlerai plus tard de l'accident si fréquent chez les chevaux de course, et que l'on appelle *ner-férure*, quoiqu'il n'y soit question ni de nerf, puisque c'est un tendon, ni de contusion, puisque c'est une déchirure par distension.

de façon à ce que le pied postérieur aille se placer fort en avant de la trace laissée par le pied antérieur du même côté. Cette action est connue en vénerie : on dit, je crois, que l'animal se méjuge, et cela passe pour un signe de vitesse.

L'Amble.

Supposons maintenant un animal très-court et très-haut sur jambes. La longueur des extrémités ne servirait à rien si chaque enjambée n'était énorme ; mais alors la proportion entre la longueur de chaque pas et la distance qui sépare le bipède antérieur du bipède postérieur sera telle que la jambe postérieure arrivera trop tôt pour que l'antérieure du même côté ait le temps de lui céder la place ; la marche deviendra donc impossible : c'est le cas de la girafe (1). L'instinct de l'animal lui révèle un autre mode de locomotion : immédiatement après le lever de la droite antérieure, il lève, non la gauche postérieure, mais la droite, qui vient alors emboîter le pas à la droite antérieure. Ce n'est plus la même allure : on donne à cette allure le nom *d'amble ;* Thiroux dit : *ambe* (2).

Comme la girafe ne quitte point la terre, c'est une allure marchée comme le pas, mais c'est une allure latérale.

---

(1) Voyez figure 23, page 104.

(2) Eisenberg dit qu'amble vient d'*ambulare*, parce que c'est une allure de promenade.

Thiroux prend pour étymologie *ambo* (les deux jambes *du même côté*).

En citant la girafe, nous avons choisi un exemple tranché dans un ordre différent de celui des solipèdes.

Passons maintenant à des nuances plus délicates, en comparant dans l'espèce cheval l'individu à l'individu, et au cheval long et près de terre que nous avions tout à l'heure sous la main, substituons un cheval court de corps, à hautes jambes, avec une encolure hardie ; supposons en outre que le cavalier gêne la progression par un appui de main indiscret, ou que toute autre cause donne au cheval l'habitude d'une position trop élevée par devant, le même phénomène se reproduira plus ou moins : la marche ne sera ni le pas, ni l'amble, mais une allure défectueuse, tenant de l'un et de l'autre, irrégulière et inclinant à chaque instant à se rapprocher de l'une des deux (*fig.* 40).

Fig. 40. — L'AMBLE.

Thiroux a dit que la marche du cheval ressemblait à celle d'un homme qui s'appuierait sur deux cannes. Cela est vrai. En effet, puisque le lever de chaque jambe postérieure est toujours précédé du lever de la jambe antérieure, il s'ensuit qu'au moment du départ, l'animal est obligé de rejeter le poids de la masse en arrière, ce qu'il fait en relevant la tête et l'encolure, mouvement auquel il ne manque jamais, bien qu'il soit souvent à peu près imperceptible.

Cela est noté dans Dupaty de Clam.

Le Trot.

Si, le cheval étant au pas, vous le pressez graduellement de manière à rendre son allure insuffisante pour la vitesse que vous lui demandez, les deux jambes de chaque bipède diagonal partiront simultanément et non plus l'une après l'autre, et il y aura un moment où le cheval sera en l'air et sans soutien, parce que chaque bipède diagonal n'attendra pas, pour se lever, que l'autre soit arrivé sur le sol.

La jambe droite de devant étant levée avant le poser de la jambe gauche de derrière, cette circonstance nécessite l'enlever des quatre jambes ; car le lever de la droite de devant comporte le lever de la gauche de derrière, et le lever de la droite postérieure celui de la gauche antérieure : il y a donc un moment où le cheval est en l'air et sans aucun soutien. Il tombe à chaque foulée sur un bipède diagonal, qui s'enlève aussitôt pour laisser la place à l'autre bipède. Tel est le trot, qui par conséquent est une allure diagonale et sautée. On conçoit que la tension de chaque extrémité postérieure ayant pour effet, non-seulement de précipiter la masse en avant, mais encore de l'enlever de bas en haut, l'effort doit être beaucoup plus considérable.

La progression s'exécute alors au moyen de deux forces : l'énergie propre de l'animal et la vitesse acquise. Aussi peu de chevaux sont-ils capables d'entamer cette allure de l'arrêt même, et sans s'y être disposés par quelques temps de pas plus rapides.

L'animal au trot est exposé à *forger* comme au pas et

dans les mêmes circonstances. La vitesse étant plus grande qu'au pas, l'extension des membres est plus considérable, et par conséquent aussi l'espace parcouru à chaque temps. Le cheval court et haut monté éprouve de la difficulté à s'étendre au trot, parce que les extrémités de chaque bipède latéral sont susceptibles de se rencontrer ; aussi les trotteurs sont-ils longs et près de terre, contrairement à l'assertion de Thiroux ; et même avec cette conformation, ils ont peine à dégager les extrémités antérieures, parce que le pied de derrière arrive fort promptement et cherche à se placer bien loin en avant de la trace laissée par le pied antérieur. Aussi, dans l'extension extrême de l'allure, le *trotteur* (1), pressé de dégager l'avant main, fait-il fonctionner quelquefois le bipède antérieur plus vite que le postérieur. Il en résulte un défaut de simultanéité dans chaque foulée diagonale : ce désaccord augmente à chaque pas, et l'animal est obligé, pour rétablir l'ordre, d'enlever la croupe d'une pièce (*fig.* 41) par un saut du derrière seulement et qu'on a nommé *saut de pie* (2). Les écuyers ont encore appelé cette action *traquenard*.

Fig. 41.

(1) Nous entendons ici par *trotteur* le cheval qui va réellement un grand train au trot, soit qu'il soit capable de galoper, soit que cette dernière allure lui soit impossible, ou à peu près, comme cela arrive souvent chez les vites trotteurs.

(2) C'est le mouvement du soldat qui se remet au pas.

Le cheval long, dont les jambes sont trop courtes ou les reins trop faibles, fait des enjambées si petites, que le bipède postérieur n'atteint pas le bipède antérieur ; il n'avance pas autant qu'il devrait, et l'allure est sèche, lente et désagréable : de là l'expression vulgaire, mais pittoresque de *tréteau* (*fig.* 42).

Fig. 42.

L'art du manége amène le cheval à décomposer lui-même l'allure du pas et celle du trot ; lorsqu'il est accoutumé à mesurer, sous la main et les jambes du cavalier, l'impulsion et l'extension de tous ces mouvements, on obtient de lui un trot où la hauteur du temps remplace presque entièrement l'espace à parcourir ; il se cadence, s'enlève à chaque foulée et avance à peine : c'est le *passage*, ainsi nommé parce que cette marche pompeuse convient aux cérémonies et aux cortéges.

Le *piaffer* est une espèce de pas où la simultanéité est complète dans chaque bipède animal. L'allure est marchée et haute ; suivant que l'extension est petite, nulle et négative (1),

(1) C'est-à-dire que le pied gauche, après s'être levé, va se poser en arrière de la place occupée par le droit, et réciproquement. Les quan-

on piaffe en avant, en place, en arrière. Ces mouvements, dus seulement au perfectionnement particulier d'éducation, ont été appelés en langage d'académie, *airs*, ou *erres*; allures artificielles (1).

Le Galop.

Le galop est une répétition de sauts ; le saut est un mouvement par lequel l'animal s'enlève du sol pour aller retomber à quelque distance du point d'où il est parti. Or, comme l'effort musculaire est susceptible d'un effet d'autant plus grand que sa durée est plus courte, le mécanisme animal doit être disposé pour arriver à cet effet.

D'abord l'arrière-main étant la cause du mouvement doit porter toute la masse au moment du départ : aussi voyons-nous le cheval relever l'encolure et soulever l'avant-main ; mais les deux jambes antérieures n'agissent que l'une après l'autre : cette succession évite les secousses et prépare mieux le mouvement.

---

tités négatives en mathématiques sont celles qui indiquent un changement à faire, en sens contraire, dans l'énoncé de la question ; sous ce point de vue, le reculer est essentiellement, par son mécanisme, une marche négative.

(1) Je n'ai pas voulu donner autant de détails sur le trot que sur le pas ; j'ai même omis de représenter, par une figure, le cheval au trot ; voici le motif : on trouve partout des chevaux bien dessinés à cette allure, et Bourgelat l'a parfaitement décrite ; mes observations sur le pas sont, je le crois, tout à fait neuves, je ne les ai vues nulle part ; leur longueur était une raison pour supprimer ailleurs tout ce qui n'était pas rigoureusement nécessaire, de peur de rebuter le lecteur.

10.

Soit le cas où le cheval entame le terrain par la droite antérieure, il lève premièrement la droite, secondement la gauche antérieure, et se trouve ainsi porté par le bipède postérieur; comme dans l'avant-main la droite précède la gauche, la même raison d'harmonie fait que la droite postérieure est en avant de la gauche. Le bipède (*fig.* 43) postérieur exécute sa détente comme l'antérieur a exécuté son lever; c'est-à-dire que la droite quitte le sol la première (*fig* 44); puis la gauche, qui pendant un instant, a à soutenir la masse entière On voit que de la sorte cette seule jambe doit donner toute l'impulsion, et n'a à agir que dans un temps très-court. La nature a donc bien calculé pour ménager ses ressources et obtenir le plus grand résultat possible.

Fig. 43.

Fig. 44.

Ainsi lancé dans l'espace, le cheval va retomber sur les extrémités antérieures, qui le reçoivent en arrivant sur le sol dans l'ordre inverse où elles l'avaient quitté : la gauche, puis la droite (*fig.* 45).

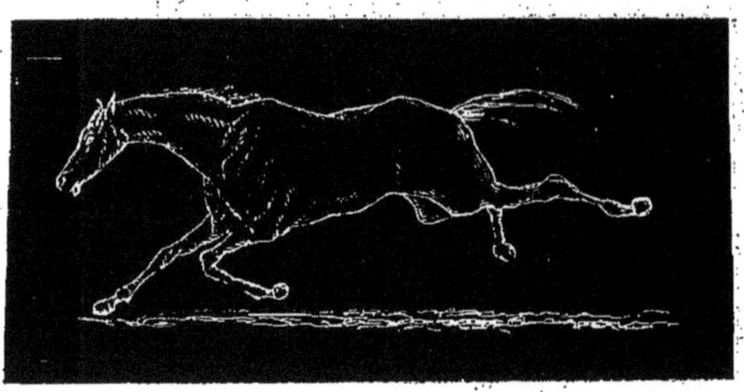

Fig 45.

A peine le bipède antérieur a-t-il touché la terre qu'à la faveur de l'impulsion donnée, l'animal rebondit et s'élance de nouveau dans l'espace (1).

Pendant ce temps-là, le bipède postérieur se ramène en avant sous le centre de gravité et reçoit la masse pour l'enlever de nouveau : ainsi se continue l'allure.

Contrairement au bipède antérieur, le bipède postérieur arrive sur le sol dans l'ordre où il l'a quitté : la gauche postérieure, puis la droite.

Les quatre jambes fonctionnent toujours successivement et dans un ordre différent : ainsi elles quittent le sol dans

---

(1) On a représenté à dessein un cheval de chasse doué d'une certaine vitesse, mais lourd du devant. Chez les chevaux de cette espèce, l'action dont il est question est plus lente et plus facile à saisir pour l'observateur.

l'ordre (*fig.* 46) et elles y arrivent dans l'ordre (*fig.* 47).

Fig. 46.

Si le cheval entamait l'allure par la gauche antérieure, le mécanisme aurait lieu de la même façon, mais dans un ordre symétrique.

Dans le premier cas, le cheval galope à droite; dans le deuxième, il galope à gauche.

Il doit galoper à droite pour tourner à droite, et *vice versâ*.

Fig. 47.

L'allure du galop est donc une allure sautée.

Si maintenant on monte le cheval galopant à une vitesse moyenne, on sent le poser des jambes dans cet ordre :

Trois temps : 1° la gauche postérieure ; 2° la droite postérieure, et la gauche antérieure simultanément ; 3° la droite antérieure.

C'est le galop ordinaire, dit *à trois temps*, avec son harmonie caractéristique, que l'on a imitée en musique par des batteries, comme dans la *Bataille de Prague*, et en poésie comme dans le vers qui sert d'épigraphe à ce chapitre.

Examinons le cheval galopant à divers degrés de vitesse

Au manége, bien dressé, raccourci par une main savante, il s'élèvera beaucoup du devant : par conséquent, l'arrière-main tombera bien plutôt, et il y aura quatre battues bien accusées (*fig.* 48).

C'est le galop à quatre temps, appelé *galopade* dans nos écoles, et *canter* par les Anglais (1).

Fig. 48.— Galopade.

De la galopade on arrive, en pressant l'allure, au galop ordinaire. Les quatre foulées conservent le même ordre, mais la deuxième et la troisième deviennent simultanées : galop ordinaire, galop de charge, etc.

Demandez maintenant la plus grande rapidité de l'allure, les deux jambes de devant iront chercher le plus loin possible en avant la place de leurs battues ; elles tombent presque à la fois quant au temps, mais non quant à

(1) On appelle par extension aujourd'hui, en anglais, *canter*, un petit galop à trois temps, et c'est figurément qu'on dit d'un *racer : Winned in a canter* : gagné au petit galop, c'est-à-dire facilement.

l'espace ; au contraire (*fig.* 49), la jambe gauche touche le sol fort en avant de la droite. Immédiatement après leurs foulées, les deux jambes antérieures se relèvent, et les postérieures, la masse étant en l'air, viennent se poser le plus en haut possible, loin l'une de l'autre, et toutes deux en avant de la trace laissée par les deux antérieures sur le sol (1).

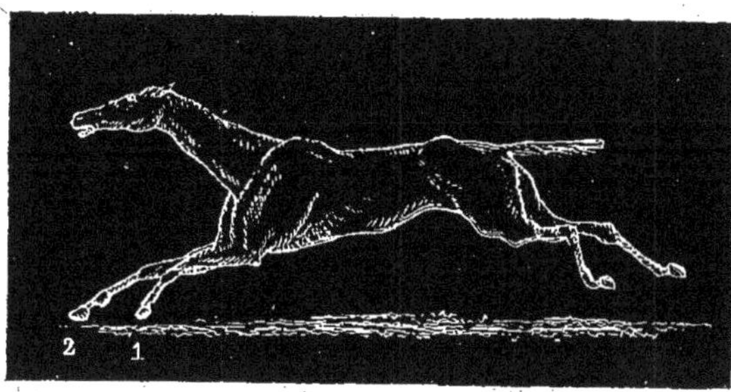

Fig. 49.

Il y a donc toujours réellement quatre foulées et dans le même ordre quant au lever ; seulement, les deux jambes de chaque bipède antérieur et postérieur arrivent à terre presque à la fois, mais quant au temps et non quant à l'espace.

Ici, une remarque de la dernière importance : dans la station, les jambes sont dans une direction verticale, et, par conséquent, si vous mesurez l'espace qui sépare les traces des deux fers d'un même bipède antérieur ou postérieur, vous le verrez en proportion de la largeur de l'animal.

Si, au contraire, vous examinez les traces laissées (sur un sol bien sablé et ratissé à cet effet) par un cheval mis à divers degrés de vitesse, vous verrez cet espace diminuer en proportion de la rapidité de l'allure ; et en dernier lieu les branches latérales internes des fers se trouvent à peu près sur une seule ligne droite, celle qui est l'intersection du sol

(1) Dans cette figure, le cheval galope du pied gauche.

avec le plan médiant du cheval, celui qui passerait verticalement par son axe. Ceci a lieu pour toutes les allures indistinctement.

Voici la trace laissée par un cheval de course lancé dans tout son train sur un hippodrome. On voit que les pieds sont à peu près à égale distance l'un de l'autre et sur la même ligne.

Pour plus de facilité on a supposé les pieds antérieurs ferrés à planche, et les pieds postérieurs à crampons.

Le fameux *Éclipse* couvrait, dit-on, un espace de vingt-deux pieds anglais dans toute l'extension de son allure (*fig.* 50.

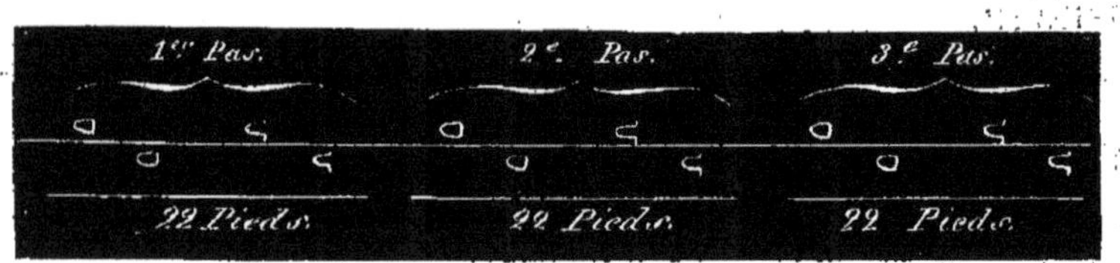

Fig. 50 (1).

⊂⊃ représente le pied de devant ;

⊂: représente le pied de derrière.

Le galop peut se raccourcir indéfiniment jusqu'au point de n'avancer plus du tout, et même de reculer à chaque pas, en obtenant que le cheval pose à chaque battue le pied en arrière de la terre laissée par la battue précédente du même pied.

---

(1) Dans cette figure, les fers droits ne sont pas assez rapprochés des fers gauches ; ils devraient tous toucher la ligne qui les sépare, et même être traversés par elle ; mais cela eût produit de la confusion dans le dessin.

Le galop de course n'est donc pas une allure à part ; il ne diffère du galop ordinaire que par l'extension et ses conséquences, lesquelles n'intervertissent pas l'ensemble du mécanisme. S'il en était autrement, il y aurait un passage marqué entre le galop ordinaire et le galop de course, comme entre le trot et le galop ; tandis que le cheval peut être porté, par des nuances insensibles, du plus petit galop à son extrême vitesse, et ramené au degré le plus raccourci.

On représentait autrefois le cheval au galop enlevé du devant, les deux pieds postérieurs posés sur la même ligne transversale de droite à gauche, et prêt à aller toucher le sol avec les deux extrémités antérieures réunies de la même manière.

Ce mode de progression, tout à fait contraire aux lois de la nature, serait le galop de course tel qu'il a été défini dans plusieurs ouvrages :

« .....S'il n'avait la faculté de les mouvoir par paires et « de réduire ainsi ses quatre jambes à deux seulement, « comme il le fait dans ce que les écuyers nomment le ga- « lop forcé. » (Richerand, *tome* 2, *page* 363.)

« .....Cette allure paraît occuper un rang à part, puis- « qu'elle diffère du galop autant au moins que les autres « allures.....

« Les extrémités s'y meuvent simultanément par bipède « antérieur et postérieur, de manière à ne produire qu'une « battue pour chacun.....

« La vitesse plus grande de la course comparée à celle « du galop tient sans doute à l'action simultanée des jam- « bes de derrière sur la masse, au lieu que dans le galop

« cette action n'est que successive. » (*Cours d'équitation militaire*, 1830, tome 1er, page 112.)

Les hommes de manége se bornent obstinément au travail resserré de leurs académies et affectent un souverain mépris pour les allures vives, la course, le saut et généralement tout ce qui exige chez le cheval l'emploi de toutes ses forces et le développement entier de ses moyens. C'est une faute contre eux-mêmes, puisqu'ils ne peuvent satisfaire aux goûts et aux exigences de notre époque ; c'est une faute contre la science, car tout ce qu'on peut obtenir du cheval est du domaine obligé de l'équitation.

Nous donnons ici un travail graphique représentant le résultat de diverses expériences sur le galop à divers degrés de vitesse et d'extension.

Un cheval anglais de demi-sang, bien dressé au manége, a laissé la trace ci-jointe (*fig.* 51) sur un terrain ratissé à cet effet et parcouru au galop raccourci.

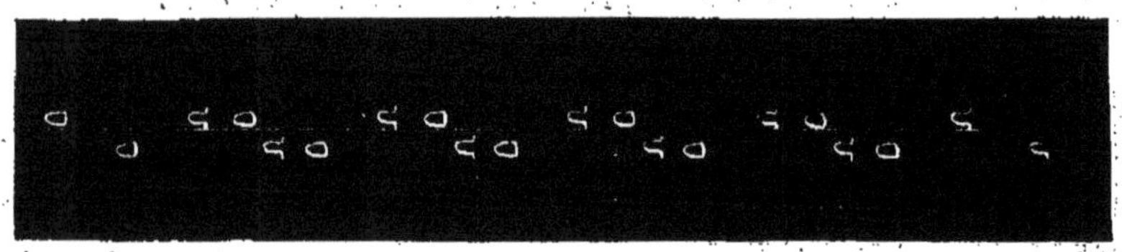

Fig. 51.

On voit par là que le devant est de toute nécessité levé avant que le derrière pose à terre. Le bipède postérieur se place un peu en avant du bipède antérieur ; toutefois, le pied gauche postérieur ne dépasse que le gauche antérieur ; il reste en arrière du droit antérieur.

A un galop plus rapide, la trace se présente ainsi (*fig.* 52). — Le bipède postérieur dépasse entièrement le bipède antérieur.

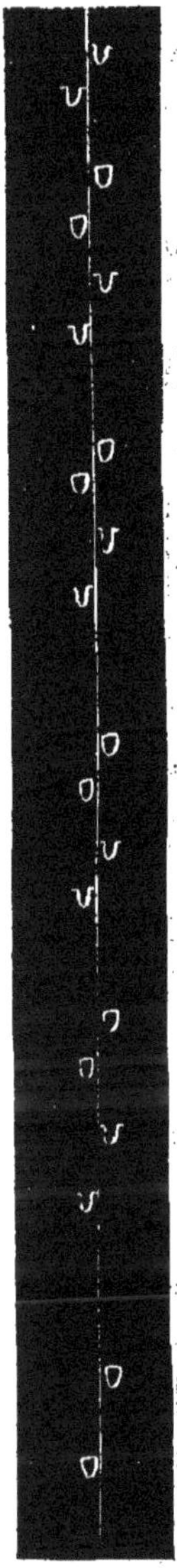

Fig. 52.

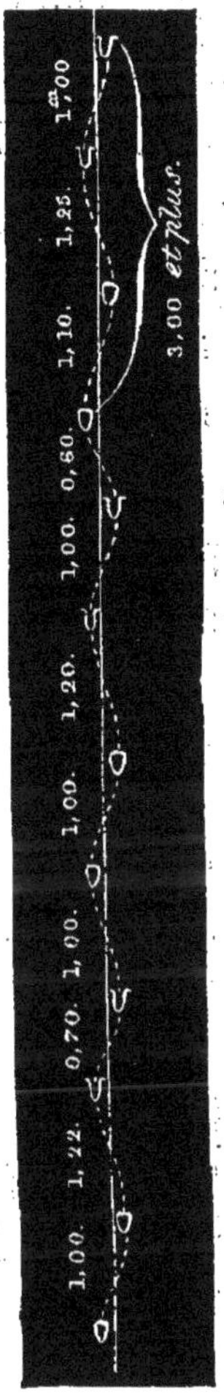

Voici maintenant la trace laissée par deux chevaux mis au petit galop de course, puis lancés dans leur train : *Algaro*, par *Bizarre* et *Y. Maniac*, trois ans et demi, portant environ 65 kilogrammes (*fig.* 53).

Fig. 53.

Du pied de derrière au pied de devant le plus éloigné, il y avait trois mètres et plus, mesurés en dehors. A chaque pas, les pieds antérieurs retombaient à 0m60, ou 0m70 en avant de la trace laissée par les pieds postérieurs : ce qui, ajouté aux trois mètres, donnait au moins 3m70 ou 4 mètres de progression à chaque pas.

Fallax, sept ans, par *Paradox*, est une jument dont le *pedigree* est perdu, portant 100 kilogrammes environ, au petit galop de course (*fig.* 54).

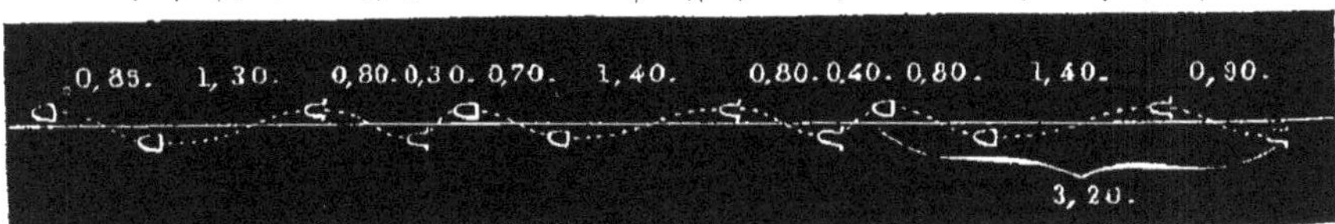

Fig. 54.

On voit qu'il couvrait à chaque pas plus de terrain, mais il gagnait moins entre deux pas : c'est-à-dire l'intervalle est moindre chez lui du pied antérieur droit au postérieur gauche du pas suivant.

Algaro, lancé dans tout son train, couvrait à chaque enjambée quatre mètres, plus environ 1^{m}35 d'intervalle à chaque pas : total, 5^{m}35 de progression (*fig.* 55).

Fallax, dans tout son train, couvrait 4^{m}40, plus 1^{m}10 ou 1^{m}00 d'intervalle entre ses sauts, en tout une moyenne de 5^{m}45, et quant au temps, il marchait plus vite qu'*Algaro* (*fig.* 56).

Il est à remarquer que pour *Algaro* l'espace est plus grand entre le bipède antérieur et le bipède postérieur du pas suivant. *Fallax* espaçait donc moins ses sauts : cela tenait-il à la différence des poids ?

Il existe un moment pendant lequel, au galop de course, le cheval ramène sous lui les jambes de derrière après les avoir étendues. Ce mouvement est si rapide qu'il échappe à la vue. Plusieurs pein-

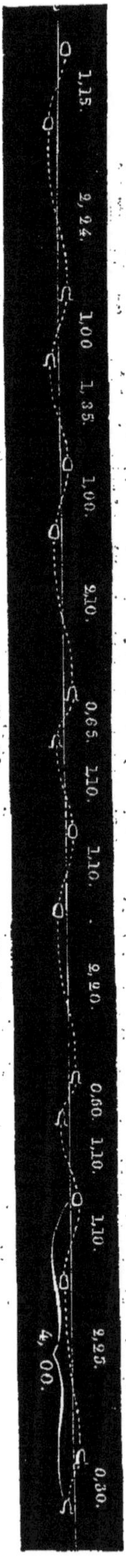

Fig. 56.

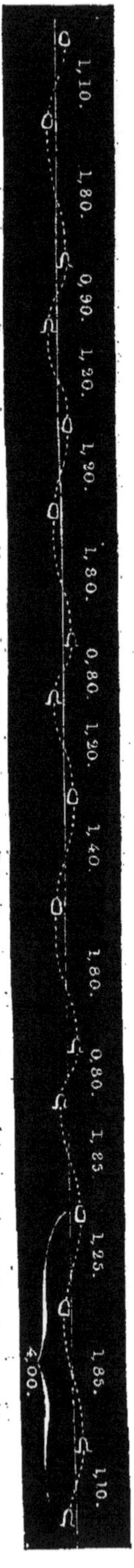

Fig. 55.

tres ont essayé de représenter un cheval de course pendant l'exécution de ce mouvement ; ils n'ont pas réussi, et je crois qu'ils ont eu tort de l'entreprendre, parce que le domaine de la peinture est ce qu'on voit et non ce qui a lieu réellement.

Un cheval de course, supérieur par conséquent à ceux que nous venons de citer, parcourt 4,000 mètres en 4 minutes 50 secondes. En lui supposant une progression de 6 mètres à chaque pas, il aurait fait environ 666 pas en 4 minutes 50 secondes, ou 290 secondes, ce qui donne $\frac{290}{666}$, ou à peu près une demi-seconde pour chaque pas. Si l'on considère maintenant que dans chaque pas le moment d'extension est le plus grand, et qu'un cinquième de seconde est la limite des intervalles de temps appréciables, on se convaincra de l'impossibilité où l'on est de saisir le mouvement en question, et à plus forte raison de le représenter sur la toile.

Je crois avoir démontré que le galop de course n'est pas une allure différente du galop proprement dit. J'ai pourtant répété souvent et prouvé que deux chevaux pouvaient cheminer l'un à côté de l'autre, et par conséquent au même degré de vitesse, l'un étant au galop de course, l'autre au galop tel qu'on le veut dans les écoles. Ce n'est pas une contradiction.

En effet, l'un de ces deux chevaux ira l'encolure basse, portant sur le bridon, rasant la terre et couvrant beaucoup de terrain, avec un ensemble de mouvements très-lent, le cavalier sur ses étriers, les mains basses et fixes sur les deux côtés du garrot ou à peu près.

L'autre cheval, l'encolure haute, en pleine bride, lèvera beaucoup le devant, ne couvrira pas plus d'espace sur le terrain, mais il en parcourra beaucoup plus en l'air, en s'élevant à chaque pas. Le cavalier, la main haute, le corps droit, les jambes près, cherchant à perdre le plus de temps possible : d'où résulte une exertion extrême et très-fatigante pour l'homme et le cheval.

Mais ces deux chevaux vont la même allure, ils la vont seulement d'une manière différente. La preuve que l'allure est la même, c'est que les deux chevaux peuvent, s'ils sont suffisamment dressés, changer tous les deux de rôle, sans s'arrêter, sans s'interrompre et par nuances parfaitement insensibles ; tandis que l'on ne saurait changer d'allure, sans qu'il se marque un temps précis où le mécanisme des organes de la locomotion vient à s'intervertir.

L'Amble.

L'amble est une allure dans laquelle les deux jambes du même côté fonctionnent à la fois. Nous avons décrit la marche de la girafe comparée à celle du cheval au pas.

Comparons maintenant au cheval qui trotte un cheval qui lèverait alternativement chaque bipède latéral et qui n'attendrait pas qu'un bipède latéral fût à terre pour enlever l'autre.

Ce cheval ira l'amble sauté comme la girafe va l'amble marché.

Cette allure est fréquente chez le cheval ; bannie de nos écoles, elle est admise dans les manéges d'Italie.

Le baron d'Eisemberg, après avoir décrit l'amble naturel, s'exprime ainsi : « Je dirai à présent en quoi il diffère « de l'amble artificiel, qui consiste en ce que le cheval y « lève plus haut les jambes de devant, et qu'il est plus sur « la hanche que dans l'amble naturel. C'est précisément « l'attitude qui est représentée dans la figure ; telle que les « écuyers napolitains, qui en font grand cas, l'enseignent à « leurs chevaux. Mais, pour dire la vérité ; ces sortes de « chevaux ne sont pas goûtés de tout le monde, et le pro- « verbe est bien véritable qui dit que : *l'amble est banni des « manéges, parce qu'un ambulant n'est pas capable d'un bon « manége, puisqu'il ne trotte pas.....* et qu'il ne saurait sou- « tenir longtemps la grande fatigue que cette allure lui « donne. » (*L'Art de monter à cheval*, **1747**, page **13**.)

Sans entrer ici dans des détails qui sont du ressort de l'équitation, je dirai que la vraie raison qui doit faire exclure l'amble des manéges est la difficulté de passer d'une allure diagonale à une allure latérale, et réciproquement.

En effet, tout cheval, dressé ou non dressé, passe facilement du pas au trot, du pas au galop, du trot au galop, etc. ; mais comment mettre un cheval de l'amble au trot, ou de l'amble au pas ; il faut l'arrêter, changer les aplombs et tout l'ensemble du mécanisme, et je me rappelle ici d'avoir omis d'expliquer comment le galop se range naturellement parmi les allures diagonales, bien qu'en regardant le cheval galoper on voie sans cesse les deux jambes droites dépasser les deux gauches, ou *vice versâ* à l'autre main.

Mais si on réfléchit qu'à chaque temps (à droite), la gauche antérieure tombe sur le sol avant la droite antérieure, et que la gauche postérieure tombe avant la droite postérieure, on voit qu'un bipède diagonal (le gauche) porte à terre à la fois ou presque à la fois, et que, par conséquent, pendant le seul moment où le cheval au galop se porte sur deux jambes, c'est sur un bipède diagonal. Cela suffit pour établir que le galop est une allure diagonale.

Revenons à l'amble.

Cette allure, dont le nom vient d'*ambulare*, se promener, a été fort prisée lorsque le cheval de selle était l'unique moyen de transport pour tous les voyages, pour tous les âges, pour tous les sexes.

A l'amble, le cheval rase le tapis, et par conséquent fait beaucoup de chemin avec peu d'exertion. De là la fabuleuse réputation des bidets normands, lesquels ne sont pas meilleurs chevaux que d'autres, mais ont la faculté de ne pas s'épuiser, parce qu'ils font peu à la fois.

Le cheval d'amble ne fatigue pas son cavalier; il ne lui donne ni secousse ni mouvement inutile. On le dit peu sûr; cela est faux : il est sujet à butter, parce qu'il lève peu les jambes, mais il est rare qu'il s'abatte.

Le cheval d'amble est le héros d'un des contes de Lafontaine (*le Magnifique*); il était le favori des chevaliers et des châtelaines; Damoiseau nous le montre fort aimé de nos jours des chefs arabes, et les Anglais excellaient dans l'art de former leurs *geldings* comme dans toutes les branches de la science hippologique.

Le *gelding*, ou *guilledin*, était un cheval hongre qui allait l'amble; on le dressait, dit-on, en lui attachant ensemble les deux jambes d'un même côté. « J'ai vu parmi les che-

« vaux anglais d'excellents ambulants, qui amblaient natu-
« rellement, sans jamais trotter, et, ce qui est surprenant,
« qui continuaient cette allure le long du jour. Ces chevaux
« vont si vite, qu'à peine peut-on les suivre au galop, et
« cependant ils vont avec beaucoup d'aisance. »

(EISEMBERG, *déjà cité*, 12.)

Les *geldings* n'existent plus ; leur nom est resté pour désigner tout simplement un cheval hongre.

S. M. l'Empereur Napoléon Ier employait souvent, m'a-t-on dit, des chevaux d'amble à la guerre pour les reconnaissances longues et rapides.

L'amble est une allure latérale et sautée.

L'Entrepas.

Si le cheval au trot cesse de poser simultanément, ou presque simultanément, les deux jambes de chaque bipède diagonal, il en résultera un trot à quatre temps, plus doux, puisque la masse ne tombe plus sur le sol en un seul temps, mais en deux, et moins rapide, parce que, entre chaque pas du bipède antérieur il faudra le temps du poser d'un pied postérieur.

Cette allure est *l'entrepas.* Plus vite que l'amble, avec lequel on l'a confondue souvent, elle offre les mêmes avantages et plus de sûreté, dit-on. Les amateurs de bidets estiment l'entrepas et méprisent l'amble.

Les chevaux d'entrepas ont assez l'aspect des trotteurs, et, lorsque l'on croise les deux espèces, les produits trottent.

Car je dois faire observer ici que c'est principalement de son origine que le cheval tient sa tendance à aller l'amble ou l'entrepas.

Traquenard.

M. Lecoq appelle *traquenard* l'allure résultant du défaut de simultanéïté dans les foulées de chaque bipède latéral du cheval qui va l'amble. Le traquenard serait donc à l'amble ce que l'entrepas est au trot. Les anciens appelaient *traquenard* le mouvement défectueux du cheval qui trotte du devant et galope du derrière.

Pas relevé.

Le pas relevé tiendrait de l'amble rompu et même du pas, avec quelques temps de galop entremêlés. Du reste, tous les chevaux dits d'*allure* ou *de train* entremêlent plus ou moins toutes les manières d'aller qui ne sont ni le pas, ni le trot, ni le galop. Chez les uns, la marche est uniforme; chez les autres elle varie lorsqu'on la presse ou même spontanément. Les amateurs apprécient toutes ces nuances et font de grandes différences entre les bidets, suivant leur vitesse, leur sûreté, la douceur et la régularité de leurs allures.

L'Aubin.

L'*aubin* n'est pas, à proprement parler, une allure;

c'est le mouvement d'un cheval fatigué, usé et poussé au bout de son train au trot, qui se soulève en galopant du devant pendant que l'arrière-main continue de trotter.

TABLEAU DES ALLURES

CLASSÉES SUIVANT L'ORDRE D'ACTIONS DES BIPÈDES.

ALLURES DIAGONALES.	ALLURES LATÉRALES.
Pas.	Amble.
Trot.	Traquenard, suivant M. Lecoq.
Galop.	
Entrepas.	

ALLURES CLASSÉES D'APRÈS LE MODE D'IMPULSION.

ALLURES MARCHÉES.	ALLURES SAUTÉES.
Pas.	Trot.
Amble (de la girafe).	Galop.
(Le cheval ne marche jamais cette allure d'une manière suivie.)	Amble.
Traquenard dans certains cas.	Entrepas.

ALLURES MÊLÉES OU DÉFECTUEUSES.

Pas relevé.

Aubin.

Traquenard des anciens écuyers.

Il faut observer que les seules allures dont on se soit occupé dans les écoles sont le pas, le trot et le galop ; toutes les autres, plus ou moins prisées par telle ou telle personne, plus ou moins utiles en certaines circonstances, n'ont jamais été l'objet d'aucune étude ; on n'est fixé ni sur leur nature, ni même sur leurs noms, qui varient d'une localité à une autre.

DE QUELQUES AUTRES MOUVEMENTS DU CHEVAL.

Le lever des deux jambes de devant s'appelle le *cabrer* ; les écuyers, en réglant ce mouvement, en ont fait la *pesade, la courbette*, etc.

Le cheval rue, lorsque, s'appuyant sur les extrémités antérieures, il lance des coups de pieds à l'aide de l'arrière-main.

Ce mouvement n'a jamais servi aux anciens écuyers : tout sauteur de manége qui rue prouve l'ignorance de celui qui l'a dressé, et rien de plus.

Lorsqu'un sauteur lève les jambes de derrière soit pour la croupade, la ballottade, la capriole, soit pour un pas et un saut, il doit avoir les jambes de devant pliées, les éponges touchant les coudes.

Du galop et des bonds irréguliers que fait un cheval en gaîté, on a tiré le *mézair*, le *terre-à-terre*, le *galop gaillard* et autres airs que l'on ne pratique plus et dont l'étude serait, d'ailleurs, déplacée ici, où nous ne parlons que des mouvements naturels au cheval.

Le Saut.

Nous avons dit que le galop était une suite de sauts. Il y a cependant cette différence qu'au galop les extrémités antérieures n'attendent pas, pour s'enlever de nouveau, le poser des pieds de derrière ; lorsque le cheval franchit un fossé ou une haie, les pieds de devant restent fixés jusqu'à ce que l'arrière-main soit revenue prendre sa place : de là une secousse très-forte pour le cavalier. Il y a en plus un mouvement de reins beaucoup plus violent et analogue à celui du sanglier qui galope : cet animal est obligé, vu la brièveté de ses jambes, d'étendre et de *vousser* (1) à chaque pas l'épine dorsale, tandis que chez le cheval l'ouverture du compas se fait surtout au moyen du jeu de la croupe et des épaules.

Un obstacle considérable à franchir exige toujours un élan, c'est-à-dire une impulsion acquise au moyen de la vitesse ; le degré varie chez chaque individu, mais il n'est jamais extrême : ainsi il est dangereux de précipiter un cheval pour le déterminer.

Il existe deux manières d'aborder un saut en hauteur : 1° avec beaucoup d'élan et en couvrant d'autant plus de terrain en large, que l'obstacle est plus élevé : c'est le *leap* des Anglais ; elle est plus prompte et moins dure ; 2° le *jump* : dans ce cas, le cheval arrive moins vite, s'approche le plus près possible de l'obstacle, s'enlève presque verticalement et parallèlement à lui-même par un violent effort de reins et de jarrets ; il retombe de l'autre côté en rasant à peu près la barre avec sa croupe. Ce saut est plus dur, mais plus brillant et surtout beaucoup plus sûr. Les chevaux irlandais s'y prennent presque toujours ainsi.

Le saut de pied ferme consisterait à enlever l'avant-main et à franchir l'obstacle du même effort, sans avoir

---

(1) Je ne suis pas bien sûr que ce verbe soit français ; je l'emprunte au jargon des écuyers par nécessité : c'est un *postulatum*.

fait un seul pas auparavant. Je ne sais si ce mouvement est possible au cheval, mais je ne le lui ai jamais vu exécuter, quoique j'aie souvent essayé de le faire faire. Les meilleurs sauteurs que j'aie montés, arrêtés devant une barre, refusaient ou enjambaient, si on ne leur laissait le temps et l'espace nécessaires pour un pas ou deux.

DES ROBES.

Que les amateurs du XVIIIe siècle ne s'effrayent point comme le faisaient nos pères à l'aspect d'un chanfrein blanc. THIROUX.

...Et il ne nous manque plus que sa couleur pour le peindre tel qu'il animait jadis cette contrée, d'où il a fallu en déterrer, après tant de siècles, de si faibles vestiges.

CUVIER, *Fossiles (de l'Anoplotherion gracile)*.

Après avoir décrit les formes et les caractères distinctifs du cheval, il ne nous manque plus, pour connaître parfaitement cet animal au point de vue zoologique, que de déterminer sa couleur et ses habitudes.

A l'état sauvage, la robe est toujours uniforme ; elle ne varie que suivant les contrées et suffit alors pour déterminer une variété ; ou chez les individus par des exceptions fort rares ; c'est en vertu d'une exception de cette nature qu'on a amené, il y a quelque temps, au Jardin-des-Plantes, des panthères noires. Le grand froid des contrées polaires ou montagneuses fait blanchir le pelage de l'ours, du lièvre et de quelques autres espèces, même des perdrix. Les chaleurs excessives font tomber le poil, et la peau reste nue.

Mais la domesticité est ce qui occasionne le plus de variétés dans les couleurs ; nous en avons des exemples dans le lapin, le cochon d'Inde, le chien, etc.

Le sanglier devient noir, blanc ou pie. On a vu que l'âne

est, de tous les animaux que nous associons à notre vie civilisée, celui qui résiste le plus à ses influences sous ce rapport.

Il serait fort difficile de déterminer la couleur primitive de la robe du cheval. Les races sauvages nous sont peu connues, et, dans tous les cas, leur origine est incertaine. On n'est jamais sûr qu'elles ne proviennent pas d'une souche anciennement domestique. Or, il est un fait constant, c'est que les animaux rendus à la liberté reprennent bien des habitudes sauvages, mais ne retournent pas au type véritable. Ainsi, les chevaux lâchés par les Espagnols dans les savannes de l'Amérique du Sud s'y sont multipliés et naturalisés, mais en conservant en partie les caractères de la variété essentiellement civilisée et factice dont ils descendent.

Il est à présumer, d'après l'étude des races orientales, évidemment les plus pures et les moins défigurées, que les deux robes les plus typiques sont le gris et l'alezan ; mais une classification des couleurs envisagées sous ce point de vue exigerait des recherches immenses et une connaissance, malheureusement impossible, de l'histoire du cheval : il a fallu procéder autrement.

Les anciens auteurs, Jean Taquet, Frédéric Grison, et même Solleysel, d'après eux, ont essayé les théories physiologiques, méthode rationnelle et qui serait la meilleure si l'état actuel de la science la rendait praticable. La physique de leur époque devait, à plus forte raison, leur inspirer des idées singulières.

Ainsi, ils rapportaient les nuances du poil aux quatre éléments et en tiraient des conséquences.

Le noir, le marron, le poil de cerf, le souris procédaient de la TERRE : donc ils devaient annoncer un *tempérament mou, paresseux, ignoble*.

L'EAU, c'était le blanc, signe de faiblesse extrême.

L'AIR donnait la vigueur et la santé aux bais.

Le FEU toute son ardeur et sa colère aux alezans.

Les poils mixtes participaient des diverses natures, des divers éléments, suivant les proportions de leur mélange. L'auber, blanc avec peu d'alezan, n'avait pour lui qu'un peu d'ardeur, mais détrempée par l'eau. L'alezan rubican était excellent, parce que le feu y était *tempéré par le flegme*, et ainsi de suite.

Au milieu de toutes les bizarreries d'un pareil système perçaient cependant les fruits utiles d'une longue expérience et le coup d'œil de l'homme de cheval. Le jugement que portaient ces écuyers sur le tempérament d'après la robe n'en était pas moins juste pour être attribué à une cause singulière.

Ils étaient donc plus près de la vérité que Charles Thiroux, qui vint, après eux, sous la République, nier absolument toute influence de la couleur. Il a même la constance de consacrer, dans chaque chapitre traitant des différentes sortes de chevaux, un paragraphe à part pour répéter que le poil *n'y fait rien* (1).

J'aime mieux le proverbe espagnol : *Bondad vince segnad*

---

(1) *Pourquoi*, dit-il ailleurs, *s'embarrasser de la couleur dont la nature les a peints?* Mais pourquoi la nature peint-elle celui-ci d'une manière et celui-là d'une autre ? Agit-elle avec l'étourderie d'un propriétaire sans goût, lorsqu'il fait badigeonner sa maison en couleur de

(*bonté triomphe des marques*). Si, en effet, il se trouve un bon cheval portant une marque reconnue défectueuse par l'expérience, il doit son prix à d'autres causes, et l'observation peut subsister.

Bourgelat, sous Louis XVI, a fait plutôt une énumération qu'une classification ; il s'est contenté de décrire.

L'École de Saumur a essayé, sans succès, de régulariser la méthode de Bourgelat. Voulant éviter l'inconvénient de définir les couleurs elles-mêmes, elle a désigné chaque robe par les marques qu'elle comporte ordinairement.

Elle dit, par exemple, qu'un cheval à jambes et à crins noirs est isabelle s'il a la raie de mulet, que si non il est bai. Il s'ensuivrait qu'un cheval jaunâtre sans raie de mulet serait bai et qu'un cheval marron avec la raie se trouverait isabelle ; ces exemples se sont vus.

La nomenclature adoptée à Alfort vaut beaucoup mieux.

J'ai pensé qu'on pouvait prendre comme base de classification la loi qui semble présider à la composition de chaque robe, en d'autres termes la manière dont se mélangent les poils de diverses couleurs sur chaque individu. Cette loi est facile à saisir et doit satisfaire le raisonnement. Quant à la description des nuances, elle échappe, comme on sait, à la parole ; tous les yeux ne voient pas de même. Il faut, pour que l'enseignement soit complet, avoir sous la vue la couleur même dont on parle et dire voilà ce que j'appelle ainsi.

---

rose ou en chocolat ? Non, la robe est une partie de l'individu, et par conséquent elle influe sur son ensemble, et elle doit annoncer les qualités qu'elle accompagne. Que nous lisions ou non le grand livre de la nature, il n'en est pas moins écrit.

COULEURS DE LA PEAU.

La peau du cheval est ordinairement noirâtre, quelquefois elle est d'un blanc rose ou azuré. Tout poil, même le blanc, pousse sur la peau noire. La peau blanche n'engendre que le poil blanc. Il en résulte que toutes les marques d'un cheval, belle face, balzan ou pie, tiennent à la couleur de la peau, et que chez le cheval gris devenu blanc on ne distingue plus celles qui, dans sa jeunesse, bigarraient sa robe plus foncée.

COULEURS DU POIL.

Robes simples.

J'appelle robes simples celles qui ne contiennent qu'une teinte unique plus ou moins nuancée; robes composées celles où le blanc se mêle à d'autres couleurs qui tranchent avec elles.

Les robes simples sont unies lorsque la teinte en est uniforme.

On rencontre chez le cheval trois robes simples : le blanc, le noir, le gris.

LE BLANC.

Nous n'appelons cheval blanc que celui dont la peau est blanche; les parties dépourvues de poils sont roses (1),

---

(1) Cette teinte rose est due au sang qui anime la peau à l'état de vie. La mort décolore la peau du cheval comme le visage de l'homme.

ainsi que les yeux : c'est la variété *albinos* du genre; elle était inconnue lorsqu'on a écrit qu'il ne naissait pas de chevaux blancs. Cette robe est souvent accidentelle, c'est-à-dire susceptible de ne pas être due à l'hérédité. Souvent aussi elle caractérise une race. On a parlé des petits chevaux blancs du duc de Montrose, en Angleterre, derniers rejetons d'une souche espagnole ou barbe ; ils avaient la côte ronde, la tête de vielle, une bonne constitution et de jolies allures. On a longtemps conservé dans le Hanovre (1) et en Danemark des chevaux blancs assez semblables à ces derniers, quoiqu'ayant probablement pris plus de caractères allemands. Doux, d'un modèle régulier et d'une taille moyenne, ils convenaient au manége, servaient à la monture des femmes ou aux attelages de fantaisie. Les cirques les recherchent beaucoup pour leur souplesse, leur docilité et leur aspect agréable. Le goût des chevaux de sang et des carossiers de grande taille a dû faire négliger cette variété; il est probable qu'elle s'est conservée encore par curiosité chez quelques souverains ou grands seigneurs.

LE NOIR.

Le noir est dit *noir de jai* ou *noir mal teint;* on a eu tort d'en faire deux robes distinctes, car la nuance peut changer chez le même individu, selon la saison, la santé ou le régime. J'ai même vu une jument du plus beau noir jai, pour avoir passé l'été dans une écurie fraîche et obscure,

(1) Il y en a encore ; on les appelle *Weisgeboren* (blancs de naissance).

devenir tout à fait roussâtre *ou mal teint* après avoir travaillé un mois à l'ardeur du soleil.

La robe noire est quelquefois accidentelle, mais plus souvent héréditaire. Toutefois, il y a peu de chance d'obtenir un poulain noir si le père et la mère ne sont tous deux de cette couleur (1). Il en résulte que cette robe n'est pas commune. Quelques chevaux de course noirs, mais en petit nombre, se sont fait un nom sur le turf anglais (2).

En général, un cheval noir est peu à priser. Les compagnies de mousquetaires et ceux des régiments de grosse cavalerie de la garde royale, qui n'admettaient que des chevaux noirs, étaient moins bien montées que les autres. Était-ce rareté ? était-ce infériorité ? Il existe ce dicton : *Cheval noir, tout bon ou tout mauvais ;* c'est peut-être assez juste.

Quoi qu'il en soit, il existe des races où cette couleur domine. Les grands *black cart horses* du Lincoln qui transportent le charbon à Londres, sont tous noirs avec beaucoup de blanc. On leur reproche d'être sujets aux vices de con-

---

(1) J'ai vu une poulinière alezan brûlé avec beaucoup de blanc, laquelle avait eu sept poulains alezans d'un étalon alezan, donner ensuite deux poulains noirs par un étalon bai. Celui-ci, dont la mère était pareillement alezane, avait un père bai brun, *Cadland*, et cependant il produisit souvent noir. D'où venait donc cette particularité ? C'est que *Cadland* descendait par son père et par sa mère (arrière-petit-fils d'un côté, petit-fils de l'autre) de *Sorcerer*, cheval noir d'une grande virtualité. Il n'y a donc pas de hasard dans la nature, il y a des causes que l'homme ne devine pas. Swiht s'est moqué, dans Gulliver, du *ludus naturæ* des savants.

(2) *Othello, befor Black and all Black ; Sorcerer ; Sir Hercules, Marlborough, Oroonocko*, etc.

stitution, aux maladies, à la cécité. Le cheval noir a souvent le globe de l'œil bleuâtre, ce qui annonce en général une mauvaise vue.

Feu M. Van-Horrick (1), hippologue d'une grande expérience, nous parlait souvent d'une race noire fort mauvaise et fort dégénérée, employée dans les moulins de Frise. Les plus misérables juments de cette espèce mettaient bas quelquefois un poulain albinos blanc, mais qui ne perpétuait pas cet accident, et dont les produits reprenaient la livrée originelle.

J'ai vu l'exemple contraire chez les lapins. Une famille albinos donnait de temps en temps, mais en petit nombre, des individus, noirs, gris ou fauves qui, appareillés avec soin pour la couleur, ne produisaient presque que des albinos, en sorte que la souche conservait sa couleur, sans varier autrement que pour quelques individus. J'ai pu pousser l'expérience fort loin, à cause de la modicité du prix de ces animaux et de la rapidité de leur reproduction.

LE GRIS (DE SOURIS).

La robe grise n'est dite *simple ou unie* que lorsque tous les poils sont d'un gris uniforme, sans mélange de blanc ou de noir. Cette couleur est rare ; les hommes de cheval l'ont appelée *gris de souris*. Elle se rencontre en Hanovre et en Danemark chez des chevaux assez semblables aux blancs dont nous avons parlé et qu'on élève aussi par cu-

(1) Inspecteur général des haras, mort en 1840.

riosité ; ils ont les yeux roses, ou grisâtres, ou bleu foncé ; c'est encore une variété albine.

Il existe au Jardin-du-Roi un âne venant de Sardaigne qui en a tous les caractères.

L'œil du cheval est d'ordinaire brun foncé, quelquefois bleuâtre, ou d'un brun clair et nuancé : il est alors dit *œil de perdrix ;* il est encore rose ou bleu azur foncé, comme on l'a vu, ou même isabelle ; il est enfin chez quelques individus d'un bleu limpide : le cheval est alors appelé *vairon ;* mais cette dénomination n'est juste qu'autant qu'un seul œil est de cette nuance, car *vairon* est un ancien mot qui signifie *dépareillé, disparate.* L'œil vairon, qui n'est quelquefois bleu clair qu'en partie, se rencontre le plus fréquemment dans les robes mélangées où le blanc domine.

Le cheval gris de souris a quelquefois les crins et les extrémités noirs, avec la raie de mulet et des raies de zèbre aux jambes, ce qui est rare ; et lorsqu'avec ces caractères, la robe est foncée, elle est toujours accidentelle ou provient d'un mélange de la variété albine avec une autre.

Les couleurs blanche, noire et grise se rencontrent chez tous les animaux domestiques, le bœuf, le chien, etc. Les suivantes sont particulières au cheval et sans analogie exacte dans les autres espèces.

Robes fauves.

Cette seconde classe de robes unies pourrait donc s'appeler robes hippiques ; elles offrent trois nuances principales :

1° Le fauve tirant sur le roux : alezan ;
2° Le fauve tirant sur le jaune : isabelle ;
3° Le fauve tirant sur le marron : bai.

L'ALEZAN.

En allemand *fuchs*, renard, en anglais *chesnut*, châtaigne.

Le mot *alezan* vient-il de l'arabe, ou du grec Αλαξων, *superbe?* Ceci est aussi peu important que difficile à décider. Toujours est-il que ce poil a été tour à tour estimé et méprisé des connaisseurs. Le cheval d'Achille Ξανθος, *Xanthos*, n'était-il pas alezan ? Charles XII, le jour de son couronnement, fit son entrée dans Stockolm sur un cheval alezan ferré d'argent. *L'alezan est plus tôt mort que lassé*, dit le proverbe espagnol ; *l'alezan a l'éperon fin*, écrit Solleysel. *Éclipse*, *John-Bull*, *Rubens*, *Selim*, *Quiz*, son fils *Tigris*, et bien d'autres coureurs fameux étaient alezans, ainsi que la race des *Punch de Suffolk*. On croit, dit-on, en Pologne, qu'un étalon alezan ne produit jamais de poulain à belle robe dorée, et généralement tout cheval de cette robe se vend moins bien que bai ou gris.

La vérité est, je crois, que le poil alezan indique un caractère violent, fier, nerveux et quelquefois lymphatique. Ainsi, l'alezan clair avec beaucoup de blanc serait à rejeter, tandis que le cheval alezan brûlé ou doré n'aurait d'autre défaut que de demander un cavalier expert pour dompter sa fougue et ménager son ardeur.

Il existe une multitude de nuances dont il suffira d'énumérer une partie.

Alezan brûlé. Quelquefois si foncé, qu'il se confond avec le noir; généralement excellent.

Alezan obscur. Quelquefois bon, quelquefois mou, mélancolique et maladif.

Alezan clair. Excellent lorsqu'il n'est pas trop irascible ou trop lymphatique; le brillant du poil en fait la différence, et il faut du tact pour la saisir.

Alezan doré, a des reflets particuliers aux races arabes; par conséquent à priser, puisque cette nuance indique à coup sûr de la race.

Alezan lavé. Avec les extrémités blanchâtres, ainsi que les crins; lymphatique et toujours mauvais, à moins que le tempérament ne soit corrigé par beaucoup de sang. Les chevaux de cette robe sont sujets à avoir les jambes engorgées.

Les crins sont ordinairement de même nuance que la robe, rarement plus foncés, quelquefois plus clairs. L'alezan brûlé à crins blancs se rencontre souvent chez les chevaux de charrette; les paysans l'appellent blond.

Les marques blanches sont fréquentes chez les chevaux alezans; il y en a cependant de zains sous ce poil, bien qu'on en ait dit (1).

Dans aucune robe autant que dans celle-ci on ne doit s'attacher à la nature du poil, à la vivacité de ses nuances et de ses reflets pour juger du tempérament et des qualités.

---

(1) *J'ignore s'il y a des alezans zains, mais je n'en ai jamais vu.*
(Note de l'éditeur, BOURGELAT, 7e édition, page 190.)

Il y en a, j'en ai vu, j'en ai eu, j'en ai élevé.

Serait-ce parce que l'individu, plus impressionnable, obéit plus aux circonstances extérieures? Serait-ce parce que ce poil, étant le véritable poil primitif, l'animal qui en est revêtu, a nécessairement une constitution plus simple, plus régulière, plus explicable?

Les chevaux alezans présentent quelquefois des taches noirâtres irrégulièrement répandues sur la croupe, le dos et l'avant-main; elles sont regardées comme de bonnes marques, qui annoncent beaucoup de sang.

L'ISABELLE.

L'isabelle se reconnaît à une teinte jaunâtre, mais sa nuance n'est pas constante et varie à l'infini. Le véritable isabelle a les crins et les extrémités noirs, quelquefois certaines parties du corps, notamment l'encolure, foncées et noirâtres, souvent la raie de mulet et des zébrures aux jambes.

On remarque aussi chez certains individus des taches rondes et noirâtres groupées sur la croupe et les reins; ils sont dits *isabelles pommelés*.

Mais la même nuance de poil se rencontre aussi avec des crins pareils, des crins blancs : le cheval est donc toujours sabelle, puisque c'est la même couleur. Bourgelat a rangé l'isabelle parmi les robes composées : c'est à tort, car tous les poils sont sensiblement pareils entre eux, seulement ils offrent chacun la réunion de plusieurs nuances; ils sont blanchâtres à la racine, jaunes au milieu, noirs à la pointe.

On doit donc distinguer :

L'isabelle à crins noirs, presque toujours foncé ; ordinairement excellent.

L'isabelle à crins blancs, ordinairement fort clair ; chevaux de parade et de fantaisie, faibles et mous. Les rois d'Angleterre entretiennent, pour les cérémonies, de beaux chevaux isabelles à crins blancs et d'origine hanovrienne ; ils ont de la taille, de l'action et du brillant, mais probablement peu de résistance.

L'isabelle à crins pareils, ainsi que les yeux ; variété albine, nuance plus claire que la première, mais moins que la seconde.

Nous ajouterons ici le *soupe de lait*, tellement clair qu'il n'est pas toujours discernable du blanc ; fort rare, surtout s'il a les crins noirs ; presque tous les chevaux *soupe de lait* sont de variété albine pure ou mélangée.

LE BAI.

Le bai est un fauve tirant sur le brun ou le marron ; c'est la couleur la plus commune et la plus estimée généralement. Les éleveurs s'efforcent de la reproduire presque exclusivement. Il est vrai de dire qu'en général elle annonce une santé régulière, un caractère assez docile, sans vice ni vertu. Le cheval bai serait donc le véritable animal de service dont on use et auquel on ne s'attache pas. Il est, du reste, si commun qu'il doit offrir tous les types divers de forme, de caractère et de tempérament.

Le bai a plusieurs nuances, mais toujours les crins sont

noirs, ainsi que les extrémités, depuis les genoux et les jarrets (1).

Le bai clair se rapproche souvent de l'isabelle; il a quelquefois la raie de mulet.

Le bai doré offre les mêmes particularités que l'alezan doré.

Le bai cerise, *marron*, *obscur*, *rouge*, se définissent d'eux-mêmes.

Le bai brun serait noir, s'il n'avait au nez (2) et aux ars des teintes roussâtres qu'on a appelées *renard*. Le cheval est presque toujours excellent sous ce poil.

Si les teintes rousses manquent de vivacité, le cheval est dit *bai brun*, *fesses lavées*.

Les taches rondes dont nous avons parlé pour l'isabelle sont fréquentes dans les poils bai. Le cheval est appelé, dans ce cas, bai *miroité*.

Souvent les jambes, au lieu d'être noires, continuent d'être baies jusqu'au boulet et même jusqu'à la couronne; quelquefois, dans ce cas, sur les genoux, les jarrets et les boulets, le poil est jaunâtre et semble déteint : c'est ce qu'on appelle *bai lavé*, comme dans l'alezan on dit *poil de vache*. Sauf les exceptions, c'est une fort mauvaise marque; elle annonce un cheval lymphatique et d'une mauvaise nature.

---

(1) Les Anglais signalent souvent ainsi : *Bay with black legs*, bai avec les jambes noires. Ce n'est pas un pléonasme; cela signifie qu'il n'y a point de balzanes.

(2) Les Anglais appellent *brown* (brun) le bai foncé. Nous n'appelons en français bai brun que le noir avec des marques de feu, ce que les Anglais nomment *dark brown* (brun foncé).

LOUVET.

On n'a jamais bien défini la robe louvet, appelée aussi *poil de cerf;* je pense qu'on a désigné sous ce nom tout ce qui n'est ni alezan, ni bai, ni isabelle, mais qui en approche.

Il existe, en effet, certaines nuances douteuses que jamais deux personnes ne signaleront de même. Nous avons dit que souvent l'alezan brûlé approchait du noir ; certains chevaux seront isabelles pour les uns, bai clair pour les autres.

Les Anglais ont appelé *dun colour* une certaine robe foncée qui tient pour ainsi dire le milieu entre l'alezan et le bai, et *sorrel* (oseille) une nuance d'alezan particulière que nous n'avons désignée en français par aucun terme. Il a existé certains chevaux dont la couleur approchait de celle du réséda.

Je me souviens d'avoir vu au marché aux chevaux de Paris une jument d'un poil fort singulier : le fond de la robe était d'un alezan marron foncé fort approchant du bai ; les parties sans poils étaient roses, et les crins et les extrémités étaient d'un alezan extrêmement clair tirant sur le verdâtre. D'après ses formes et certains caractères de poils plus faciles à saisir qu'à expliquer, elle provenait évidemment d'un croisement avec quelque variété albine.

Robes rouannes.

Le blanc peut se mêler à toutes les couleurs que l'on vient d'énumérer, et de diverses manières.

Souvent le fond de la robe est uni et parsemé de poils blancs en plus ou moins grande quantité, mais d'une manière à peu près uniforme. De loin le cheval semble avoir été exposé pendant quelque temps à la neige, en ce que les parties les plus blanches sont le dos et surtout la croupe. De près, on voit les poils blancs et colorés disposés comme les cheveux d'un homme qui grisonne. Ordinairement sur la tête, les jambes et les crins, principalement aux oreilles, aux genoux et aux jarrets, la couleur distinctive se montre pure et sans mélange.

On appelle *rubicans* les chevaux qui ont trop peu de blanc pour que le fond simple de la robe cesse d'être parfaitement distingué. On conçoit alors que la différence entre un cheval rouan et un cheval rubican soit souvent arbitraire. Car entre un cheval rouan et un cheval rubican, il n'y a pas de démarcation possible à établir ; on sait le dicton populaire : *Combien faut-il de cheveux sur une tête pour qu'elle ne soit pas dite chauve ?*

Reprenant toutes les robes simples et les supposant successivement mêlées de blanc, on aura avec :

Le noir ; le *rouan noir* ou *cap de more*, qui ordinairement a la tête, les jambes et les crins noirs. Cette robe, lorsque la teinte est claire, uniforme et que les parties noires tranchent vivement, est fort belle, distinguée, mais fort rare ; les chevaux cap de more passent pour vigoureux et ardents :

> Cheval cap de more,
> Avec de bons pieds tu vaudrais de l'or,

proverbe espagnol souvent vrai.

Le gris de souris ; le *rouan gris de souris*, robe très-rare ; elle est fort claire et annonce une constitution délicate et peu de fonds.

L'alezan ; le *rouan alezan* ou *aubère*. Cette robe est d'autant plus flatteuse à l'œil que le blanc domine davantage et que la teinte alezane est plus chaude. On lui donne encore le nom de *fleur de pêcher*, et, en anglais, de *strawberry*, fraise. Les chevaux aubères sont les moins bons de tous les rouans.

L'isabelle ; le *rouan isabelle* se rencontre si rarement, qu'on ne peut tirer aucune induction sur le tempérament d'un cheval de cette couleur. Je ne me rappelle en avoir vû qu'un seul, qui était assez bon ; il provenait, dit-on, d'un étalon de pur sang et d'une jument de trait (1).

Le bai ; le *rouan bai* ou *rouan* proprement dit, ou *rouan vineux*, le meilleur des rouans et moins commun peut-être que l'aubère. Lorsque le fond est bai brun, le poil semble mélangé de trois couleurs, blanc, rouge et noir ; très-souvent le blanc domine tellement, qu'on ne peut constater le rouan que par quelques poils noirs aux jambes ou quelques crins noirs à la queue.

Le louvet ; le *rouan louvet.* On conçoit parfaitement ce que doit être cette robe.

Généralement on dit, et avec quelque raison, que les chevaux rouans sont sujets à devenir aveugles ; ils ont ce qu'on appelle la vue grasse, c'est-à-dire l'œil larmoyant.

---

(1) Il avait appartenu à M. Armand Carrel.

Dans les chevaux de trait, le rouan est toujours bon ; dans les chevaux plus distingués, l'aubère est faible. Peu de chevaux de pur sang sont rouans, et parmi eux on compte très-peu de vainqueurs. Le turf anglais a cependant possédé une bonne jument, *Miss Craven*.

Les chevaux rouans paraissent moins foncés en hiver qu'en toute autre saison, probablement parce que le froid a plus d'action sur la croissance des poils blancs.

Robes mélangées.

Le blanc peut entrer avec le noir dans la composition des robes d'une autre manière : en ne respectant aucune partie spéciale, comme dans le rouan ; ce mélange s'appelle le *gris* : c'est une robe très-commune, même générale chez certaines espèces, telles que la percheronne, la tartare et quelques familles arabes. Le cheval gris naît entièrement noir (1), ou peu s'en faut. Au bout de quelques jours, aux cils et sur le reste de la tête, les poils blancs commencent à se montrer et augmentent d'année en année, tellement

(1) C'est l'ordinaire ; toutefois, il naît des poulains bais ou alezans qui deviennent gris plus tard. Un de mes amis, propriétaire d'une *manade* ou haras en Camargue, m'ayant prié d'inspecter en son absence ses jeunes chevaux pour désigner les animaux à réformer, je notai des poulains de toutes les robes, alezans, gris, rouans, noirs, etc. Dix-huit mois après, ils étaient devenus tous pareils : gris blanc. On n'aurait jamais pu s'y reconnaître, si je n'eusse été accompagné du régisseur, qui eut soin de mettre le nom du poulain au-dessus des observations qui le concernaient ; ils étaient devenus méconnaissables quant à la couleur ; mes notes furent, malgré cela, reconnues pour justes et confirmées, par la suite, pour tout ce qui ne concernait pas la robe.

que l'animal est toujours parfaitement blanc dans une vieillesse plus ou moins avancée.

La croupe, les côtes et les jointures sont les parties qui conservent le plus tard la couleur foncée. On appelle *pommelé* ce qui est miroité dans le bai.

Il existe une grande quantité de nuances grises, d'autant plus difficiles à signaler que le même individu passe nécessairement par plusieurs de ces degrés dans le cours de son existence :

Gris blanc, ou *gris arabe*. Les parties foncées y tranchent vivement avec les parties claires, en ce que le blanc est en très-petite quantité, ou domine seul. Les crins sont d'un noir vif, mais rarement aussi purs de tout mélange que dans le rouan. Le sang arabe y imprime de beaux reflets argentés. Cette robe, très-rare dans les espèces mêlées, et même dans le pur sang anglais, est aussi bonne que belle. Un cheval gris pommelé avec les crins noirs et l'encolure d'un blanc éclatant est véritablement la monture d'un prince. L'ancienne étiquette le consacrait ainsi dans les revues et les grandes solennités.

Le gris pommelé, ou *tourdille*, est d'autant moins bon, qu'il est plus uniforme. C'est la robe que prennent les arabes en dégénérant, soit par le climat, soit par les croisements.

Le gris de fer, ou *noir rubican*, est meilleur. Beaucoup de chevaux irlandais sont de cette couleur.

Les gris mélangés ou sales sont de moins en moins nobles ; cependant les taches noires et larges les relèvent un peu.

Le cheval est dit alors *gris charbonné.* Comme le rouan, le gris mêlé a souvent mauvaise vue.

Le gris est d'autant moins à priser que le blanc domine davantage, et en général, sauf le gris arabe, c'est une mauvaise robe ; mais il y a de nombreuses exceptions.

Souvent des poils alezans ou rougeâtres viennent donner une teinte plus ou moins rose à la robe ; on appelle ce mélange *gris vineux.*

Robes truitées.

Sur les chevaux gris aux endroits les plus blancs, surtout à la partie supérieure de l'encolure, on remarque des taches de la grosseur d'un pois, noires ou rousses. C'est le truité, excellente marque qui annonce de l'énergie et presque toujours une origine arabe. En Orient, on dit que chacune de ces taches vaut une piastre, surtout les noires. Un cheval truité sur toute la surface du corps plaît toujours aux connaisseurs. Du reste, le truité, surtout le roux, augmente avec l'âge.

D'ordinaire, un cheval n'est gris qu'autant que son père ou sa mère est de cette nuance. Je n'ai vu qu'une exception à cette règle : c'était un poulain de trait gris pommelé dont le père était isabelle et la mère rouan alezan (aubère) d'une nuance fort claire.

Un autre fait, auquel je n'ai vu aucune exception, est celui-ci : un cheval alezan et une jument alezane ne produisent jamais un poulain bai, tandis que bien des chevaux alezans ont eu un père et une mère *bais.* Je m'étendrai davantage sur cette question à l'article de l'élevage.

Robes pies.

Si maintenant la peau même se rencontre bigarrée de blanc et de noir chez le même individu, on l'appelle *pie*. Les parties blanches n'engendrent que le poil blanc, mais les noires peuvent se couvrir de poils de toutes nuances; il y a donc autant de chevaux pies que nous avons énuméré de robes diverses :

Noir. Le pie noir est très-bon généralement ; il vaut d'autant mieux que les taches noires sont plus grandes ; assez rare.

Pie gris de souris. Rare, mais guère plus que le gris de souris pur.

Pie alezan. Plus commun que le noir ; peu à priser ; trop lymphatique et ordinairement mal né.

Pie isabelle. Rare.

Pie bai. Meilleur que l'alezan, inférieur au noir.

Le pie louvet ne figure ici que pour la régularité de la nomenclature.

Pie rouan cap de more. Trop rare pour qu'on puisse le juger par induction. J'ai connu un exemple de cette robe : c'était un très-bon cheval de diligence.

Pie rouan gris de souris. Pour mémoire.

Pie rouan alezan. Assez rare et mauvais.

Pie rouan isabelle. Pour mémoire.

Pie rouan bai. Le plus commun des pies rouan.

Pie rouan louvet. Pour mémoire.

Généralement la robe pie n'est pas accidentelle, mais héréditaire, le père ou la mère seule suffit pour la perpétuer très-fréquemment ; elle est fort rare dans les familles nobles, surtout dans le pur sang anglais.

Le *pie gris* se rencontre, mais il est souvent difficile de constater un pareil signalement, parce que le poil des parties noires blanchit comme l'autre, et les marques caractéristiques du pie disparaissent. J'en ai connu deux dans des écuries élégantes à Paris.

Robes tachetées.

Sur un fond blanc ou truité, des taches plus ou moins grandes et d'une forme à peu près ronde forment les robes tachetées ou tigrées.

Elles ont toujours attiré l'attention par leur singularité. Les anciens attribuaient à l'eau de je ne sais plus quelle rivière de l'Asie Mineure la propriété de bigarrer ainsi toutes les races d'animaux qui en buvaient.

Le Danemark, le Hanovre, les bords du Danube, produisent beaucoup de chevaux tigrés. Assez souvent vairons, comme les pies et les rouans, ils ressemblent par leurs formes aux variétés albines : peut-être en forment-ils une eux-mêmes ; leurs crins, mêlés de blanc et de noir ou d'alezan, sont grisâtres. Quoi qu'il en soit, il y a, ou il peut y avoir, des tigrés de toutes les couleurs.

Beaucoup d'individus ne sont tigrés que partiellement. Ainsi, un cheval bai aura toute la croupe blanche et parsemée de taches de même couleur que le fond de la robe.

Chez d'autres, les taches viennent à se toucher en certaines places, et le cheval semble alors marbré. Un individu fort remarquable de cette couleur était le *Clairvoyant*, du manége de Versailles, vendu en 1830, après la révolution de juillet ; le fond blanc de la robe semblait couvert d'un réseau d'un rouge vif éclatant.

Il fut, du reste, une époque où toutes les robes bizarres étaient recherchées et payées fort cher. On conçoit facilement à quelles singularités de nuances on pouvait arriver par des croisements diversement combinés. Ces caprices de la mode s'expliquent par le goût actuel des amateurs de *dahlias*.

MARQUES PARTICULIÈRES.

On appelle *zain* le cheval d'une robe simple sans blanc.

Toute marque évidemment accidentelle, comme cicatrice ou foulure de la selle, n'empêche pas le cheval d'être zain.

MARQUES EN TÊTE.

On appelle *pelote* une tache plus ou moins grande, plus ou moins arrondie, placée au front. Autrefois, cette marque était si recherchée que les maquignons étaient obligés, pour se défaire d'un cheval, de la lui produire artificiellement, ce qui se faisait au moyen d'une pomme cuite appliquée toute chaude : il se formait une escarre et le poil repoussait blanc.

Les hippiâtres du temps donnaient le moyen de reconnaître les pelotes vraies des pelotes contrefaites.

On n'estimait alors les chevaux zains qu'en Espagne.

La pelote oblongue s'appelle *pelote prolongée*, ou *lisse*, ou *liste*.

Lorsqu'elle va jusqu'aux lèvres, *le cheval boit dans son blanc*.

Si le front, le chanfrein et le nez sont blancs, l'animal est dit *belle face*.

Une pelote sur les naseaux n'a pas, en français, de nom particulier ; chez les Allemands, le cheval s'appelle *weiss-nase*, nez blanc. Ils ont de même des substantifs pour désigner l'individu de telle ou telle robe.

Ein rapp est un cheval noir.

Ein schimmel un cheval d'un poil mêlé, gris, rouan ou même blanc.

Du reste, les nomenclatures allemandes sont minutieusement complètes.

Les *balzanes* sont des marques blanches enveloppant comme un bas la partie inférieure de la jambe ; la corne est, dans ce cas, blanche en totalité ou en partie, et alors elle est plus cassante et de moindre qualité.

Jadis un cheval était travat avec un bipède latéral blanc, transtravat si le bipède blanc était transversal. On disait encore *balzan des deux mains* (par devant), *des deux pieds* (par derrière) ; *balzan de la main de la lance* (à droite devant), *du pied de la bride* (à gauche derrière, etc.

Arzel n'avait qu'une balzane antérieure à gauche.

Une grande balzane est *haute chaussée*, une petite est une *trace de balzane* ; avec des taches, elle est *herminée*.

Souvent la jambe seule est rouane ; les Anglais disent alors : *silver leg*, jambe d'argent ; *silver tail*, quand il y a du rubican dans la queue.

Le *ladre* est une tache blanchâtre aux endroits où la peau est sans poil.

Les chevaux noirs, gris de souris, bais, isabelles, sont souvent zains ; les alezans, les rouans, les gris, manquent rarement de balzanes ou de marque en tête. J'ai vu peu de chevaux pies sans blanc à la tête, et aucun qui n'eût les quatre jambes blanches.

Les anciens auteurs français ou étrangers, Taquet, Grison, Solleysel, Winter, attachaient beaucoup d'importance à la robe et aux marques ; la superstition n'était même pas étrangère à leurs pronostics ; ainsi, en Hongrie, le cheval noir porte malheur. Les Espagnols disent : *Arzel gardade del.* Ils méprisent aussi les chevaux à quatre balzanes et les appellent *quadravos.*

Aujourd'hui, on tient peu à la robe d'un cheval à grandes qualités ; mais pour le service ordinaire, les attelages principalement, on recherche les robes les plus simples, le bai surtout, et l'on ne veut que le moins de marques possible.

L'empereur de Russie a fait disparaître graduellement ces bigarrures de robes qui nous étonnèrent à l'époque de l'invasion.

Sans aucun doute, le bon goût réprouve tout ce qui est bizarre, la singularité seule n'est pas un mérite ; mais il n'en est pas moins vrai que le goût actuel est trop exclusif. Il est de bons chevaux sous toute robe et avec toutes les marques. C'est donc folie de préférer un cheval zain médiocre à un bon cheval pie (1). De plus, il est certaines

(1) Pourquoi les remontes, par exemple, ne s'empresseraient-elles

robes réellement belles et proscrites aujourd'hui comme trop voyantes, l'isabelle par exemple. Lorsqu'on n'épargne ni soins, ni dépenses pour un équipage magnifique, craint-on réellement d'attirer les regards?

Ce n'est guère que par curiosité ou désœuvrement qu'on peut lire tout ce qui a été écrit sur les bonnes et mauvaises marques, sur les épis d'heureux augure, l'épée romaine, etc. Il est à remarquer cependant que, dans tout ce fatras, on voit presque toujours percer une certaine justesse d'observation et une grande expérience (1).

Il est même impossible qu'une longue pratique des chevaux ne donne pas certaines préférences capricieuses pour telle ou telle robe, pour telle ou telle marque.

Ainsi, je n'aimerais pas à acheter sans essai un cheval bai cerise qui aurait quatre balzanes, et un bai brun me plaît avec ces marques, pourvu qu'il ait du blanc à la tête.

---

pas d'acheter les chevaux que leur robe déprécie dans le commerce, s'ils sont aussi bons et moins chers? Qu'importe plus ou moins de bigarrures, puisque nous ne sommes pas assez riches en choix pour appareiller les escadrons et les régiments comme en Prusse et en Russie? Depuis que ceci a été écrit, on a essayé d'appareiller les chevaux de quelques régiments; je doute que l'on se loue de cette mesure.

(1) Ainsi, on lit dans Fréd. Grison : « Les chevaux sont souvent d'une autre robe que la leur. » Idée ingénieuse et profonde. En effet, dans toutes les espèces, les croisements doivent amener des anomalies, et si la robe est jusqu'à un certain point l'indice du tempérament, ne peut-il pas arriver qu'un produit reçoive la robe du père et le tempérament de la mère, etc. N'avons-nous pas dans l'espèce humaine des bruns blonds, et réciproquement?

Je veux que l'isabelle soit zain et que le noir ait au moins l'étoile.

Deux balzanes postérieures et une lisse me paraissent un bon signe dans un cheval noir, bai brun, alezan surtout.

Le proverbe *Cheval de trois, cheval de roi*, voulant dire qu'avec trois pieds blancs l'animal a plus de brillant que de fond, est souvent vrai.

Deux balzanes antérieures et une ou point derrière, et en général plus de blanc à l'avant qu'à l'arrière-main, diminuent beaucoup pour moi la valeur d'un cheval.

Enfin, quoique presque sous toutes les robes, il se rencontre des chevaux extraordinaires et des rosses, j'aurai toujours une préférence marquée pour l'alezan brûlé, ou doré, le bai brun et le truité.

Le poulain en naissant est couvert d'une espèce de laine ou de bourre sous laquelle il est souvent difficile de deviner quelle sera un jour sa véritable robe ; ainsi, le gris naît toujours très-foncé, souvent absolument noir ; le noir, au contraire, est d'abord rousseâtre, quelquefois même gris de cendre. Le bai et l'alezan naissent tantôt plus foncés, tantôt plus clairs qu'à l'âge adulte, et dans tous les cas les jambes sont d'un fauve qui se dégrade et devient si clair aux extrémités, qu'il faut souvent attendre pour distinguer les balzanes. De là de fréquentes erreurs ou des doutes. Ainsi, dans le *stud-book* anglais voyons-nous souvent ces poulains signalés ainsi :

Black or brown : noir ou bai brun.
Chesnut or roan : alezan ou rouan.
Grey or chesnut : gris ou alezan, etc.

On a vu des chevaux sans poils et sans crins, n'ayant que des barbes et des cils. Deux juments de cette nature, saillies par des étalons ordinaires, mirent bas deux poulains sans poil, mais avec des crins.

Est-ce une monstruosité, un accident, ou une variété analogue à celle des chiens turcs (1) et venant d'Ethiopie, comme le prétendent les hommes qui en ornent leurs ménageries? C'est ce qu'on ignore. Toujours est-il que l'une de ces juments et un cheval entier, également sans poils, que j'ai pu voir tous deux et comparer, offraient de grands rapports de forme et de race : ils ressemblaient à de forts arabes de race commune. Chez tous deux les plis de l'encolure changeaient d'une manière régulière et fort remarquable, suivant les mouvements de la tête. Les extrémités, depuis les genoux et les jarrets jusqu'en bas, étaient toujours froides et humides au toucher comme le corps d'une grenouille.

L'autre jument, dont j'ai vu le portrait et lu l'historique, offrait exactement les mêmes caractères.

---

(1) Il paraît que ces chiens ne sont pas originaires de Turquie, mais des contrées équinoxiales.

MOEURS ET HABITUDES DU CHEVAL

A L'ÉTAT SAUVAGE.

Tel que nous venons de le décrire, le cheval doit être essentiellement herbivore ; la conformation de ses dents, le volume de son appareil digestif, le démontrent jusqu'à l'évidence. Il n'est par conséquent pas possible de l'astreindre généralement à l'usage habituel d'une nourriture animale (1) ; sa taille, son poids et la conformation de ses pieds l'éloignent également des hautes montagnes et des contrées marécageuses. En effet, il a trop de masse pour mener la vie du chamois et du bouquetin ; ses jambes sont trop hautes et trop minces pour le soutenir dans les terrains humides et fangeux ; ses pieds ne sauraient ni saisir les aspérités du rocher, comme le sabot double et creux de l'isard, ni s'élargir comme l'extrémité large et massive du rhinocéros et de l'hippopotame ; son poil fin et soyeux, mais susceptible de s'épaissir, en fait un animal des pays tempérés ; sans autres armes que ses sabots, sa vitesse et sa crinière épaisse (2), destinée à défendre son encolure contre les attaques des bêtes féroces, il ne doit point rechercher les

(1) Cette idée est venue à quelques personnes.

(2) On sait que la crinière du casque des dragons et des cuirassiers pare un coup de sabre.

épaisses forêts, où il ne pourrait ni développer tous ses moyens, ni percer devant lui les taillis les plus épais, comme le cerf avec ses bois ; mais il peut découvrir au loin ses ennemis et se garder avec la vue, ce que permet la hauteur de son encolure.

Il doit donc, comme la girafe, aimer les contrées découvertes, sablonneuses et cependant fertiles en fourrages, qu'il paît mieux que ce dernier animal ; sa queue mobile et touffue écartera les insectes si communs et si incommodes sous un soleil vif et dans les endroits découverts.

Il est social et vit en troupes ; l'étalon le plus fort s'empare des femelles, en jouit seul, soumet les autres mâles et garde le troupeau ; marchant le premier, il juge le danger et donne le signal de la fuite. L'époque du rut est nécessairement pour ces animaux une saison de luttes et de combats : la possession des cavales étant le prix du plus fort ou du plus courageux, la nature tend d'elle-même à s'épurer en n'admettant que les individus les plus vigoureux à la reproduction. De plus, les chasses faites par les loups et les chiens sauvages, les migrations forcées pour trouver de l'eau ou des herbages, sont autant de fatigues propres à détruire les faibles, à fortifier les robustes, par conséquent à améliorer l'espèce.

Dans l'état de nature, les troupeaux de bœufs et de chevaux se rencontrent sans s'envier ni se haïr ; vivant en commun dans les mêmes savanes, où le choix des herbes est différent pour chaque espèce, ils se réunissent instinctivement contre leurs ennemis.

C'est ainsi que l'étude d'un animal, dans sa vie naturelle,

devrait indiquer à l'homme la manière dont il doit le gouverner en captivité. Les habitudes polygames du cheval révèlent l'utilité d'un étalon de choix chargé de renouveler la race, à l'exclusion des médiocres.

Les luttes des mâles au moment des chaleurs apprennent à l'éleveur à exercer l'étalon pendant la monte, et les poursuites du loup à entraîner ses poulains.

Nous verrons plus tard comment l'homme a su profiter de ces enseignements.

L'étude zoologique du cheval est complétée ici, puisqu'on l'a examiné dans tous les détails de ses analogies avec les autres animaux de la création, de sa conformation particulière, de sa couleur et de ses mœurs à l'état sauvage. Une fois soumis à l'homme, qu'il soit employé à la selle, aux attelages ou qu'il serve à la reproduction dans nos haras, il rentre dans le domaine du cavalier ou de l'éleveur. C'est ce qui doit faire le sujet des deux dernières parties de ce livre.

Mais, comme transition, il est naturel de placer ici deux importants chapitres : l'un traitera de l'extérieur du cheval, l'autre donnera le tableau complet des différentes races chevalines qui peuplent le globe.

Supposez, en effet, un pays sans chevaux, ou dont les habitants ne sauraient les réduire à la domesticité qu'individuellement et comme on fait pour l'éléphant dans les Indes. L'homme qui voudrait procurer des chevaux à ses compatriotes ne devrait-il pas savoir d'abord quel choix faire parmi les individus à dompter, ou quelles contrées visiter pour trouver ce qu'il désire ?

EXTÉRIEUR.

Experto crede. . . .
(Dicton populaire.)
C'était un excellent homme ?—J'en ai mangé.
EUG. SUE (*Le Morne au Diable.*)

On appelle *extérieur*, en jargon d'homme de cheval ou de vétérinaire, l'étude au moyen de laquelle on reconnaît à l'examen du cheval en place, quelles peuvent être ses qualités.

Ce sujet a été si souvent traité, et par des hommes tellement en réputation, qu'il n'y aurait rien à ajouter à ce qu'ils ont dit. Il est vrai qu'il y a, d'un autre côté, de telles erreurs à redresser parmi les opinions généralement répandues, que la vérité est tout à fait en dehors aujourd'hui de toutes les doctrines reçues. Les auteurs se sont trompés ici, ont été mal compris là ; les goûts et les besoins ont changé ; les races ne sont plus les mêmes, la science a progressé. Toujours est-il que, par mille et mille causes, il est urgent de donner de nouvelles règles, de nouveaux aperçus, de nouvelles observations.

L'extérieur du cheval, c'est l'étude de la beauté. Qu'est-ce que la beauté ? Ce n'est pas ce qui plaît, car la même chose ne plaisant pas à l'un et plaisant à l'autre serait à la fois laide et jolie, ce qui est absurde. Pour prendre exemple dans notre sujet, un cheval espagnol isabelle à crins blancs, qui exécute un passage très-élevé en billardant, flattera énormément la multitude, et l'amateur de *hunters* anglais n'aura pas assez d'invectives dans son vocabulaire pour exprimer la laideur de cette rosse, car il la trouve laide. D'un autre côté, nous voyons certains hommes doués d'expérience et affichant des prétentions, jusqu'à un certain point justifiées, s'extasier sur tel ou tel cheval *d'un bon modèle,* d'une *conformation irréprochable*, et ne trouver à l'essai, dans ce cheval, ni moyens, ni fonds, ni allures, rien de bon en un mot ; alors ils disent : « Il ne vaut rien, mais c'est égal, il est bien fait ; au surplus, cela arrive quelquefois, etc. »

Eh bien ! moi je dis non, cela n'arrive jamais ; il arrive qu'un homme se trompe en trouvant bien fait un cheval qui, en réalité, est mauvais, mais il n'arrive pas que la nature *fasse bien* un mauvais cheval. Ce cheval mauvais est mal fait, et l'homme n'a pas su voir qu'il était mal fait.

Ces erreurs viennent d'une mauvaise appréciation, de l'adoption de règles fausses, de raisonnements erronés, de la confusion des ensembles avec les détails, ou réciproquement, et de mille autres causes. Je n'ai pas la prétention de rectifier toutes les erreurs, de ne pas en émettre moi-même ; en un mot, je ne viens pas dire : *Voici la vérité !* Ευρηκα ; mais je dis : « Il y a une route pour la trouver ; que chacun y marche suivant ses facultés. »

La beauté est cet ensemble qui annonce à l'œil exercé la présence des bonnes qualités et de la perfection. Il est impossible que la beauté soit autre chose. Si l'on examine avec attention celles des statues de l'antiquité dont la beauté est incontestée et incontestable, on verra qu'elles réunissent tout ce qui annonce les qualités physiques et morales de l'homme qu'elles représentent.

C'est par la comparaison instinctive entre les apparences que l'on juge *actuellement*; c'est le souvenir des apparences éprouvées précédemment qui constitue le goût (1).

La base principale de la science de l'extérieur est la connaissance des ensembles ou le sentiment de l'harmonie des proportions; cette appréciation dépend du coup d'œil, aucune notion mathématique ne peut définir ce qui caractérise l'ensemble, ni en donner l'idée à l'homme dépourvu d'une disposition d'esprit spéciale. « On a quitté la règle « et le compas, dit Buffon, pour s'en tenir au coup d'œil; « — c'est par un grand exercice et par un sentiment exquis « que les grands statuaires sont parvenus à faire sentir aux « autres hommes les justes proportions des ouvrages de la « nature. »

Ici donc, comme nous le verrons souvent ailleurs, l'enseignement est insuffisant et illusoire. De même que la musique n'est sentie que par qui sait entendre, de même le cheval n'est connu que par qui sait voir. Cette qualité des yeux ne s'annonce que par le plaisir qu'on éprouve à son

---

(1) Il est impossible de donner d'autre définition de la beauté et du goût; la beauté absolue n'est pas du domaine du caprice; si elle est de convention quelquefois, ce n'est qu'en ce sens, que pour tel ou tel objet les connaisseurs s'entendent sur une beauté réelle qui échappe au vulgaire. Une belle plaie est pour le chirurgien celle dont l'aspect annonce une guérison sûre et complète; une belle tempête est pour le peintre un spectacle imposant et peut-être le sujet d'un chef-d'œuvre. Un beau cheval est celui qui promet d'être bon, qui donne l'envie de le monter. Il n'y a de cheval bien fait que celui qui marche.

insu à l'exercer : quiconque regarde les chevaux avec intérêt, s'arrête à les examiner et compare ; celui-là est apte à s'y connaître un jour.

Mais l'expérience est longue à acquérir et demande beaucoup de pratique. Bien voir est nécessaire, et n'est pas suffisant ; il faut appeler les autres sens à son aide, il faut avoir senti les chevaux pour apercevoir leurs qualités. Un vétérinaire instruit dans son art pourra acheter un animal sain à coup sûr, vigoureux, par hasard.

Ne montez jamais un cheval qu'après l'avoir examiné et avoir préjugé en vous-même ce qu'il doit être ; en mettant pied à terre, examinez-le encore pour voir si vos prévisions étaient justes, ou en quoi elles étaient fausses. Le manége, le turf, les débuchés, le siége d'une voiture, voilà où l'on étudie l'extérieur ; mais il est des gens qui font usage de chevaux toute leur vie, qui parviennent à savoir monter et conduire, sans avoir cherché à distinguer tel cheval de tel autre : ils n'ont pas le feu sacré.

Avant de parler des ensembles, il est nécessaire de connaître les détails.

Au lieu de partager le cheval en trois parties, suivant la méthode adoptée par les écrivains français, l'avant-main, le corps, l'arrière-main, j'ai préféré la méthode espagnole (quatre parties) :

La première comprend la tête et l'encolure ;

La deuxième, le garrot, le poitrail, l'épaule, les jambes de devant ;

La troisième, le corps ;

La quatrième, la croupe et les extrémités postérieures.

La Tête.

La tête étant le siége des principales fonctions vitales, ainsi que des facultés intellectuelles, doit nous occuper d'abord. Cette partie est la plus importante chez le cheval ; elle est la clef de son individualité.

On peut diviser la tête en trois parties : la boîte osseuse du crâne et les deux mâchoires.

La physiologie nous apprend que l'intelligence est en raison du développement du cerveau et du nombre de ses circonvolutions. Nous savons que le cheval est placé assez bas dans l'échelle des êtres sous le rapport des facultés intellectuelles ; depuis l'homme jusqu'à lui, nous avons vu l'angle facial diminuer progressivement ; mais une fois fixés sur la portée commune d'intelligence de l'espèce, nous pouvons apprécier les différences d'organisation chez les individus. Cette étude est d'autant plus importante que du moral seul du cheval dépendront la facilité de son éducation, la sûreté de son service et la persévérance de ses efforts (1).

De tout ceci résulte que nous devons rechercher le plus de développement possible dans la partie qui renferme le cerveau. La place de l'œil peut nous indiquer la limite de sé-

(1) Ceci ne peut être apprécié que par ceux qui ont l'habitude des chevaux et la pratique de l'équitation raisonnée. Nul doute qu'un cheval robuste et bien fait du reste, mais stupide, sera plutôt mis à traîner une voiture, qu'un cheval de sang, très-intelligent, mais décousu et susceptible. Mais dans ces deux cas, le problème à résoudre n'est pas le même : quand on exige telle ou telle condition, n'est-ce pas au moral qu'on s'adresse pour inspirer l'obéissance, pour obtenir qu'il se plie à une contrainte? Et quant à l'emploi des forces apparentes, de quoi dépend-il, si ce n'est du système nerveux du cerveau, du moral enfin?

paration entre la boîte osseuse et la mâchoire supérieure ; plus donc l'œil paraîtra placé bas, plus la proportion entre les deux parties sera avantageuse.

Rappelons-nous le bubale et sa physionomie si stupide. Toute tête de cheval offrant du rapport avec la tête du bubale est mauvaise (*fig.* 57).

Fig. 57.

En d'autres termes, nous demandons des mâchoires petites et un grand front.

La nuque ou espace entre les oreilles doit être large. Toutefois, des oreilles rapprochées, longues et pointues, indiquent souvent un cheval ardent, déterminé, peu intelligent, mais franc et d'un bon service.

Le front sera large et pourra présenter avec avantage une convexité telle que la courbe s'étende de droite à gauche et non de haut en bas.

Le chanfrein, aussi peu développé que possible, affectera cette forme si connue et si pittoresquement rendue par l'expression de *boire dans un verre* (*fig.* 58).

Les naseaux seront très-fendus ; le cheval, dans l'état de repos, doit les avoir affaissés plutôt que tendus ; cette conformation annonce une respiration facile et puissante qui ne donne pas toutes ses ressources à l'état calme. En action, en se dilatant ils raccourcissent la tête et lui donnent de l'expression ; mais augurez toujours bien du cheval qui, après avoir été vite et longtemps, a encore les naseaux et le flanc comme à l'écurie. L'excès de la pousse occasionne une dilation habituelle des narines.

Fig. 58.

Recherchez la finesse de la peau dans cette partie ; les chevaux grossiers et d'origine commune se rapprochent des grands pachydermes par l'épaisseur des tégumens, et perdent la physionomie caractéristique du genre auquel ils appartiennent.

L'oreille arabe est courte, l'ouverture du cornet est fort oblique et commence un peu loin de la base ; sa coupe présente une échancrure vigoureusement accentuée, le cartilage est mince, résistant et serré entre deux peaux très-fines.

Chez le cheval de pur sang anglais, l'oreille est plus longue ; l'ouverture, plus grande, commence plus près de la base : c'est presque une oreille de biche.

L'étude de la zoologie nous apprend que plus une oreille

est longue et mobile, plus l'animal qui la porte est timide.

Le cheval dont l'oreille est courte est rarement sujet à s'épouvanter.

Quelquefois l'oreille penche en dehors au point de devenir horizontale ou même tombante : le cheval est alors dit *oreillard* ; on le supposait autrefois d'un grand travail, peut-être à cause de l'expression occupée que donne cette conformation pendant la marche (*fig.* 59).

Fig. 59.— OREILLARD.

Lorsque cette inclinaison est occasionnée par la conformation de l'encolure, qui, très-rouée, s'élève tout à coup en partant de la nuque et force l'oreille à se pencher, il n'y a plus vice réel. Du reste, ce défaut, qui n'est que désagréable à l'œil, n'est pas constamment héréditaire.

Des poils blancs sur l'arcade sourcilière annoncent une extrême vieillesse.

La salière creuse indique ou un grand âge, soit chez l'individu, soit chez ses ascendants ; ou un tempérament sénile, par conséquent sec : c'est souvent une qualité autant qu'un défaut.

Les joues sont nécessairement larges, puisque nous voulons une tête large par en haut et que nous la voulons aussi mince par en bas et courte. Il y aura donc un ressaut marqué A un peu au-dessus de la commissure des lèvres, ce que beaucoup d'amateurs blâment, et qui n'a d'autre inconvénient que de forcer à ployer en dehors les branches du mors dans la partie supérieure aux fonceaux (*fig.* 60).

Fig. 60.

On voulait autrefois l'auge de la ganache très-large, afin, disait-on, que le cheval pût *se brider* et qu'il y eût de la place pour la trachée artère. M. Baucher a démontré par la théorie et par la pratique, que le ramener n'était qu'une opération de dressage dont la difficulté tient à des conditions d'ensemble, et non à ce détail de conformation. Le cheval dont l'auge est étroite respire très-bien ramené, aux petites allures, et la position nécessaire à un grand train laisse toujours ces parties en ligne droite et parfaitement à l'aise.

Il faut cependant que l'auge soit large, et voici pourquoi : les extrémités supérieures de cet os s'articulant avec les temporaux, l'écartement des deux branches est en raison de la largeur de la tête, que nous voulons grande.

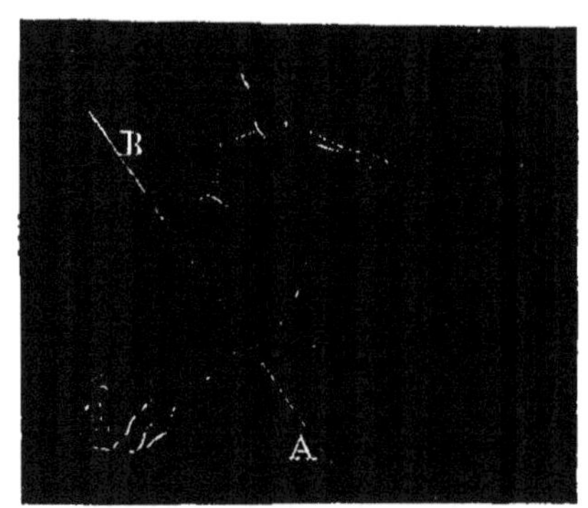

Fig. 61.

Quant à la largeur du maxillaire, suivant A B (*fig.* 61), si elle est petite, la tête est dite *de brochet ;* si elle est grande, l'expression de la physionomie est moins agréable, mais voilà tout.

Nous ne dirons rien des autres parties de la tête, telles que la bouche, les lèvres, etc. Nous ferons seulement cette observation que l indication de l'âge par les dents varie plus qu'on ne croit, suivant les pays, les espèces, le mode de nourriture. Un homme de cheval qui sait son métier a soin, avant de *boucher* un cheval, de jeter un coup-d'œil sur son aspect général et de s'informer, s'il est possible, d'où il vient, de ce qu'il a fait, etc ; car souvent il y a des anomalies qui trompent (1).

Il existe des théories fort détaillées sur la conformation des barres, de la langue, des lèvres, etc., et sur les inductions à en tirer pour les *qualités de la bouche* du cheval. Malheureusement, rien n'est plus inutile : la manière dont un cheval se comporte avec les embouchures qu'on lui met dépend uniquement de sa conformation générale et de ses habitudes. Les effets du mors, manié par une bonne main, sont toujours assez délicats ou assez puissants pour guider et assujettir l'animal ; s'il y a résistance, c'est à la difficulté du mouvement même et non au plus ou moins de sensibilité des barres qu'il faut l'attribuer. Un mors dur n'assouplit pas, un mors doux offense toujours dans une saccade. Tout ceci était connu depuis longtemps des écuyers observateurs ; il est vrai que ceux-ci sont en petit nombre.

---

(1) Une jument de trois quarts de sang, élevée chez moi, a porté, dans une course, la surcharge de sept ans, n'en ayant que six, malgré le certificat de naissance exhibé par son propriétaire actuel, les médecins experts ne voulant pas accorder qu'il pût y avoir même doute sur leurs décisions ; la bête avait été nourrie à l'avoine.

M. Baucher est venu enfin éclaircir tout à fait la question par sa méthode, qu'il résume ainsi :

Il n'y a pas de bouches dures ;

Il n'y a que des chevaux lourds à la main (1).

Telle est donc la véritable tête arabe, qui doit être considérée comme le type le plus parfait (*fig.* 62).

Fig. 62.

Si maintenant on jette un coup-d'œil sur la masse de chevaux qui nous entourent, on verra cette conformation se modifier à l'infini et former une multitude de variétés.

Il s'agit de les classer sans tomber dans les erreurs de ceux qui nous ont précédés. Presque tous ont indiqué comme beauté ce que l'on trouvait beau de leur temps ou dans le cercle où ils vivaient ; ainsi, les têtes moutonnées, de vielle ou busquées, ont successivement été admirées ou rejetées. « On connaît la beauté d'un « cheval quand il a la tête petite et sèche. » (1610).

(LAURENT RUZÉ, *page* 2.)

« Le front doit être médiocrement large ; quelques-uns « le veulent avancé, et croyent qu'un cheval en a plus de « fierté, cette partie le faisant semblable aux béliers. J'es- « time que le front égal est plus beau ; les chevaux qu'on

---

(1) Voir les divers ouvrages de M. Baucher.

« appelle camus ont le front un peu plus bas et enfoncé « environ depuis les yeux en bas, où porte la muserole de « la bride, et ces sortes de chevaux sont ordinairement tra- « vailleurs, mais assez fiers et malins. » (Vers 1660.)

(Solleysel, *page* 9, *tome* 2.)

« Hier, on vantait les chevaux à tête busquée, demain les « chevaux camus peut-être auront la préférence. » (Vers l'an VII de la République.) (Ch. Thiroux, *page* 317, *tome* 2.)

« Ils ont (les chevaux anglais) la tête plus grande, mais « bien faite et moutonnée, si la tête moutonnée est une « tête bien faite). » (1802.) (Huzard, *Instruction sur l'amélioration des chevaux en France*, page 159.)

Je crois que le goût des têtes busquées est venu avec celui des grands et forts chevaux, et cela se conçoit, parce qu'on était arrivé insensiblement et par instinct à comprendre que le cheval étoffé avait nécessairement les parties osseuses et charnues de la tête dans un état de développement analogue à tout le reste de l'individu. De là, le raisonnement s'est emparé de la remarque et l'a mal appliquée, comme il arrive d'ordinaire.

En compulsant tous les auteurs, depuis Louis XIII jusqu'à nos jours, on suit parfaitement l'historique de ce passage de l'engouement pour les têtes sèches à l'engouement pour les têtes busquées.

Ce travail, que j'ai fait consciencieusement, j'en fais grâce au lecteur, et ne lui donne que les quatre citations ci-dessus, qui suffisent et au delà.

Plus tard, c'est-à-dire à l'époque où se forma, en Angleterre, la race du pur sang, on revint, peut être sans s'en rendre compte, à aimer les chanfreins droits et même un peu creux ; et l'introduction de cette nouvelle race dans les autres pays a fait, en même temps, changer le goût et les modes ; mais il n'y aura réellement amélioration dans le jugement général que lorsqu'on se rendra compte phrénologiquement de ce que doit être la tête du cheval.

Ainsi, aujourd'hui on prise sans réflexion une tête carrée, courte, bien faite, mais où manque l'expression d'énergie qui doit caractériser le cheval.

Un certain étalon de pur sang, *Eastham*, mal né, et qui n'avait gagné que deux ou trois mauvaises courses sur quelques hippodromes perdus de la province en Angleterre, est venu, il y a quelques années, produire en Normandie une grande quantité de poulains.

Tous ces animaux offraient les caractères de tête que Backwell demande aux animaux d'engrais : os minces et légers, peau fine et souple, œil vif et doux, indice d'une bonne santé et d'un naturel tranquille ; presque tous marchaient fort mal et sans énergie. On admirait ces jolies têtes et on se félicitait de leur voir prendre la place des têtes busquées ; il n'y avait pas d'amélioration, il n'y avait qu'un changement.

Il faut pourtant se rendre compte de ces caprices de la mode et de ces contradictions.

Nul ne parvient à se faire admirer ou imiter, sans une certaine tonalité, sans quelque chose qui ressemble à un mérite réel, car, après tout, donner la mode est une espèce de royauté.

Le prince de Galles, depuis Georges IV, bon homme de

cheval, le plus beau gentleman de son royaume, aimait les chevaux à tête longue, étroite et hardie ; il les trouvait vigoureux, fidèles à la main, ardents et durs (*fig.* 63).

Fig. 63.

Le grand Frédéric, dans sa longue expérience des chevaux de guerre, en était venu à rechercher les fronts bombés, à peu près comme Héliogabale (1) avait choisi, pour garder sa personne, des hommes à nez aquilin, à front étroit et fuyant, signe, comme on sait, d'un courage plus dévoué qu'intelligent (*fig.* 64).

M. de Nestier, le prince de Lambesc, savaient bien retrouver dans la tête de vielle du genêt d'Espagne, l'image dégénérée du type arabe.

Fig. 64.

C'étaient sans contredit des connaisseurs, et ils avaient raison. Pour faire comme eux, on s'est arraché les chevaux à tête busquée. C'est comme cela qu'imite la multitude.

---

(1) S'il est vrai, comme nos physionomistes nous le disent, que les hommes qui ont de grands nez..... sont plus robustes et plus courageux que les autres, nous ne devons pas nous étonner de ce qu'Héliogabale..... choisissait des soldats qui avaient de grands nez, afin d'être en état, avec moins de troupes, de faire quelque expédition de guerre ou de résister plus fortement aux efforts de ses ennemis ; mais il ne s'apercevait pas en même temps que ces gens..... étaient les plus étourdis des hommes. (Le docteur NICOLAS VENETTE.)

La mode d'à présent s'expliquera de même ; un bon cheval d'espèce dans l'écurie d'un *lion* (1) aura fait acheter à des *tigres* cent rosses, avec une tête courte et de grands yeux.

Sans nous occuper davantage de ce qui plaît ou ne plaît pas, examinons quelles modifications subit le cheval arabe, transporté hors de son pays chaud et sec, sous l'influence, soit du climat, soit du régime, soit de l'éducation, soit enfin de ces causes réunies :

1° Ou sa nouvelle patrie sera chaude et humide ;

2° Ou elle sera froide et sèche ;

3° Ou elle sera froide et humide.

Le premier cas est favorable, comme on sait, à un immense développement, mais sans densité. La tête deviendra longue, volumineuse, mais elle conservera l'expression d'une certaine énergie due à la force du soleil. Tel est le cheval de la haute Égypte (*fig*. 65).

CHEVAL DE DONGOLA
(d'après nature).

Fig. 65.

Dans les contrées froides et sèches, l'organisation se trempe pour ainsi dire par la rigueur du climat. La constitution semble devenir plus robuste en raison des difficultés que la nature oppose à l'existence. La tête du

(1) En Angleterre, un sportsman fashionable qui donne le ton est un *lion* ; celui qui veut en faire autant et qui échoue est un *tigre*.

cheval est expressive, bardie, quelque peu allongée et grossie (*fig.* 66).

CHEVAL TARTARE
(d'après un dessin de missionnaire).

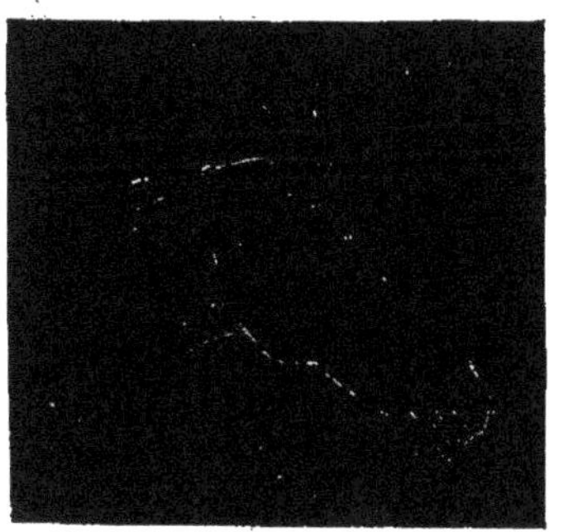

Fig. 66.

Enfin, dans les contrées froides et humides, dans des pâturages toujours abondants et gras, sous un ciel brumeux, atone et froid, toutes les causes de dégénération se trouvent réunies ; la lymphe prédomine, le cheval est grand, mou, faible ; il a la tête busquée (*fig.* 67).

A moins pourtant que la main de l'homme, en retrempant la race par de judicieux croisements, ne la rapproche de sa première origine et ne combatte par l'énergie artificielle que donne le travail et par un régime bien entendu, l'influence délétère de la nature (*fig.* 68).

ÉTUDE DE CHEVAL NORMAND
(d'après Juicault).

Fig. 67

C'est ce qui a été fait en Angleterre.

A ces causes naturelles de dégénération, l'homme en ajoute d'autres encore. Ici, il abandonne le cheval dans des prairies si grasses et si abondantes qu'il y prend toutes les qualités désirables dans le bœuf ; là, il lui épargne la nourriture, ne lui donne que des rebuts et seulement ce qu'il en faut pour ne pas le laisser périr de faim ; ailleurs il l'épuise dès son enfance de travail et de mauvais traitements ; plus loin, il lui fait perdre toutes ses qualités dans une oisiveté fastueuse et contre nature.

On conçoit que les effets combinés de toutes ces conditions rayonnent en tous sens, de manière à créer de nombreuses variétés de chevaux toutes discernables à leur tête.

Lop,
célèbre cheval de chasse anglais.

Fig. 68.

Nous allons classer les types principaux, et pour rentrer dans des règles connues en physionognomie, nous comparerons chaque profil de cheval à un profil analogue dans l'espèce humaine (1).

I. La tête arabe, répondant aux belles lignes du visage caucasique, tiendra le premier rang (Voir la *fig.* 61, *page* 209). Les têtes droites, longues, en *brochet* (*fig.* 69), fines, etc., en seront les dérivés.

Fig. 69.

II. Les têtes camuses ou camardes seront con-

(1) On pourrait s'amuser à rechercher les mêmes analogies pour les robes. Ainsi, le gris, répandu partout où l'homme a les cheveux noirs, sujet comme lui à grisonner plutôt que toute autre nuance, serait le brun. Le cheval alezan serait blond ; le bai, châtain ; l'isabelle répondrait peut-être au roux ; le cheval sans poil noir représenterait le nègre de l'espèce, etc., etc.

sidérées comme analogues au profil calmouck, et en effet nous remarquons souvent cette forme dans la race tartare. Le caractère consiste dans une tête courte, très-large par en haut et déprimée au chanfrein (*fig.* 70).

Fig. 70.

Fig. 71.

III. La tête bombée (1), c'est-à-dire offrant une base considérable entre les deux yeux avec le chanfrein droit et allongé. Elle correspond au visage humain chez lequel le front est très-développé par rapport à la face : c'est ce que les Anglais appellent front irlandais (*fig.* 71, imitée d'un cheval très-violent et vigoureux).

IV. La tête ronde présente une courbe plus ou moins prononcée, mais sans interruption ni ressaut de la nuque aux lèvres : c'est le nez romain. Le premier degré de cette conformation est la tête de vielle (2) (et non de vieille). On y voit ordinairement de l'expression et une grande

(1) Voir l'*École du scandale.*

(2) A cause de sa ressemblance avec le coffre de cet instrument.

pureté de ligne (*fig.* **72**) ; elle est rare en France. En général, la tête ronde est lourde et grosse ; on la trouve assez souvent chez les chevaux allemands et normands croisés avec l'anglais commun.

Fig. 72.

Fig. 73.

V. *Tête ronde et allongée ;* elle est étroite et annonce un cheval franc, dur à la fatigue et dévoué à la besogne ; c'est le nez aquilin ; elle rentre à peu près dans le type précédent, mais elle est plus grossière (*fig.* **73**).

Fig. 74.

VI. La tête plate vers le front et busquée vers le bas semble être celle de l'ancien type anglais avant tout mélange de sang oriental ; elle est rare et annonce peu d'intelligence, avec de la douceur, de l'entrain et de la timidité (*fig.* **74**, type de l'ancienne race anglaise commune).

VII. Enfin, la tête véritablement busquée forme une courbe très-arquée, dans laquelle le sommet de l'arc est excessivement convexe. C'est l'apogée de la dégénération. Le cheval ainsi fait est l'idiot de l'espèce. On le rencontre dans les pires contrées de l'Angleterre, de l'Allemagne et surtout de la Normandie (*fig.* 75).

Fig. 75.

Sans vouloir adopter ici toutes les subtilités des phrénologistes actuels, on pourra tirer, de l'examen de la tête, des inductions certaines sur le naturel du cheval.

Ainsi, l'œil doit être examiné autrement que pour s'assurer de la non-existence de la fluxion périodique. Vif et à fleur de tête, enfoncé, triste, sournois, couvert, sans expression ou stupide, on y lira le caractère de l'animal.

L'arcade sourcilière, haute et développée, n'appartient qu'au cheval fier, vigoureux et d'un grand service.

Une dépression au chanfrein au-dessous du coin inférieur de l'œil annonce une grande constance et une grande ardeur au travail.

L'Encolure.

On est convenu d'appeler ainsi l'ensemble des muscles qui recouvrent les vertèbres cervicales depuis l'oreille jusqu'aux apophyses du garrot. De toutes les parties du cheval, il n'en est pas une qui ait plus occupé les amateurs de chevaux, les écuyers et les vétérinaires, de laquelle on ait plus parlé, et sur laquelle on ait plus écrit. Et en effet, les yeux du vulgaire sont attirés tout d'abord par l'aspect que présente le cheval depuis la tête jusqu'aux épaules. D'ordinaire l'impression de ce premier aspect décide du jugement qu'on porte sur tout l'animal. Rien pourtant de plus trompeur que cette manière de procéder à l'examen d'un cheval. J'ai dit que la tête était la partie la plus importante sous certains rapports ; par la tête on juge du moral, du caractère, de la santé, souvent même de l'âge. Mais de la

Fig. 76.

manière dont la tête est portée ne dépend pas toujours la bonté du cheval, quelque frappante que soit l'impression qu'on en reçoit ; mille causes diverses influent sur les attitudes que prend l'encolure, et

Fig. 77.

par conséquent sur les formes qu'elle semble affecter.

En effet, l'encolure est susceptible de s'élever (*fig.* 76), de se baisser (*fig.* 77 et 78), de se

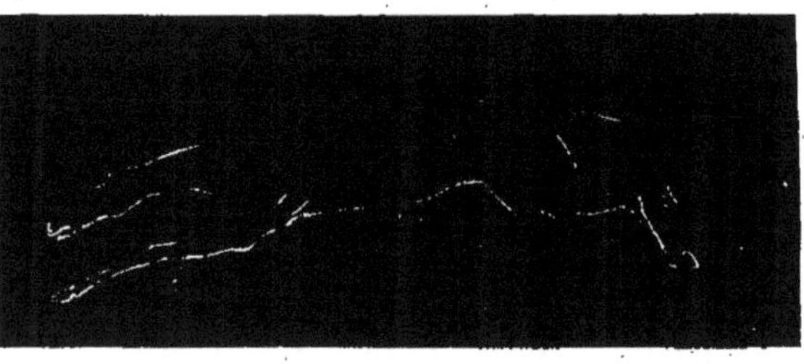

Fig. 78.

courber en cou de cygne (*fig.* 79), ou de se renverser en ligne concave par en haut et convexe par en bas (*fig.* 80). Ajoutez à cela les divers angles que la tête peut faire avec la ligne des premières vertèbres cervicales ; il en résultera un nombre infini d'attitudes plus ou moins habituelles, plus ou moins changeantes.

Fig. 79.

Pour donner, autant que possible, une théorie complète et cependant assez simple de tous les cas qui peuvent se présenter, il est nécessaire d'établir ce principe, que bien des gens traiteront de paradoxe, à savoir qu'il n'y a pas de position naturelle à tel ou tel cheval, et que là où le vulgaire trouve des différences de conformation, le connaisseur ne voit que des diversités d'attitudes. Il n'y a point d'encolures rouées, d'encolures de cerf, d'encolures fausses, etc. Depuis l'*ardua cervix* d'Horace, et *l'encolure hardie de Rosset*, jusqu'au *joli bout de devant* et à *l'avant-main ressorti* des maquignons, toutes ces expressions pittoresques sont condamnées à disparaître devant l'analyse froide et simple de ce qui est.

Fig. 80.

Le cheval monté, ou même mené en main, n'est pas dans l'état de nature : s'il était en liberté, il n'aurait d'autre guide que sa volonté et prendrait de lui-même toutes les attitudes favorables aux mouvements qu'il a le dessein d'exécuter ; mais sous la main de l'homme, il faut nécessairement qu'il se tienne prêt à tout instant à obéir à une nouvelle indication, et par conséquent à la prévoir. De là la recherche d'une position de tête dans laquelle le cheval serait dans la possibilité de tout faire, et en même temps dans l'impossibilité de résister. Ce problème, fort simple à énoncer, comme on voit, est d'une solution difficile ; et de là sont nés tous les systèmes d'équitation. Sans les examiner ici, nous dirons que si le cavalier était infaillible, c'est-à-dire capable de ne jamais exiger rien, ni mal à propos, ni par un mauvais moyen, les choses iraient encore ; mais souvent, ordinairement même, il arrive que l'homme, non-seulement demande l'impossible, mais encore le contraire de ce qu'il veut ; et le malheureux animal se trouve tout à fait en dehors des conditions nécessaires d'aplomb et de sûreté. Il a alors recours à son instinct, il trouve des moyens de résistance, et les emploie, tant pour sauver son équilibre que pour faire ses propres volontés.

C'est ainsi qu'un cheval bas du devant et puissant de hanches, à qui l'arrêt est difficile, baissera la tête en s'encachonnant, et forcera directement la main en contrebas (*fig.* 81). Tandis que le limousin, étroit de hanches, haut de garrot et long de reins, battra à la main, le nez au vent, s'efforçant de rendre l'appui du mors vacillant et inégal, etc., etc. (*fig.* 82).

En voilà assez pour le moment ; plus tard, aux chapitres traitant de l'équitation, de forts grands développements trouveront leur place sur ce sujet. Mais ici, persuadé d'avoir fait comprendre que les idées pouvaient se simplifier quant à la conformation, je dirai que l'encolure est susceptible d'être : Longue ou courte, — forte ou grêle.

Fig. 81.

Elle peut être forte ou grêle en deux sens : de dessus en dessous, de droite à gauche.

Qu'est-ce qui déterminera si une encolure est longue ou courte; bien ou mal proportionnée ?

Fig. 82.

Bourgelat nous dit que sa longueur doit égaler celle de la tête. Cela peut être vrai, mais n'est pas clair, et il est difficile de l'être davantage dans une appréciation de goût et de sentiment. Voyez une grande quantité de chevaux de toute sorte, classez-les en trois catégories : ceux dont l'encolure vous paraîtra longue ; ceux dont l'encolure vous paraîtra courte, ceux dont l'encolure vous paraîtra moyenne, et si vous avez le jugement sain, vous deviendrez bon appréciateur.

Une fois fixé, autant qu'on peut l'être sur un sujet de cette nature, je vous dirai que l'encolure un peu courte est, selon moi, la plus favorable pour un cheval de selle, qu'on l'emploie au manége, à la guerre ou à la chasse. Il restera mieux dans la main, résistera moins et aura plus d'à-propos. Nous donnerons ici pour exemple *Sailor* (*fig.* 83), célèbre cheval de *steeple chase.*

Fig. 83.

Une encolure, longue, par cela même qu'elle a plus de puissance, donne à la main, quand la main est indiscrète, et elle l'est souvent, une si grande domination sur toute la machine, que le cheval est obligé de se remettre par un *à-coup* pour éviter d'être écrasé (1) ou renversé (*fig.* 84).

Fig. 84.

(1) J'entends par écrasé, la position où le poids est tellement re-

J'ai toujours entendu vanter les chevaux qui *couvrent leur cavalier* (*fig.* 85). Je suis encore à en avoir vu un qui ait contenté l'homme qui le montait. Pour l'attelage, cela est différent : les mouvements étant plus bornés, et les exigences moindres, on peut s'abandonner au désir de suivre les modes les plus exagérées en attelant des chevaux dans ce modèle-ci (*fig.* 86).

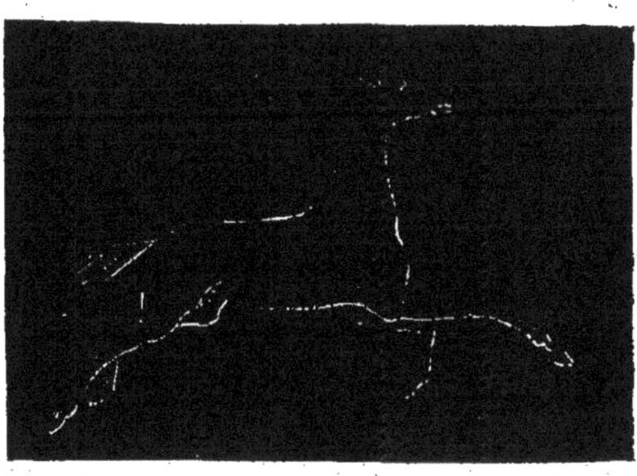

Fig. 85.

L'encolure est gracieuse lorsque, mince à son origine (c'est-à-dire la ligne AB étant fort courte), elle vient s'implanter à la poitrine (*fig.* 87) par une insertion forte et puissante. Dans ce cas, elle présente assez de surface latérale, et peut alors être mince de droite à gauche sans inconvénient. (En argot hippique, *cheval de lame.*)

Fig. 86.

Je dois faire observer que ce n'est jamais une beauté de présenter un renflement (*fig.* 88) au-dessus du ligament

---

jeté sur l'arrière-main, que le cheval a de la peine à se reporter en avant.

cervical. Les chevaux entiers, ceux qui ont été castrés trop tard, quelques juments même présentent cette particularité. Les paysans disent alors : *le cheval a du collet*, et applaudissent. Il peut être bon malgré cela, mais il vaut mieux autrement.

Fig. 87.

Lorsque l'encolure est mince de haut en bas et longue, il est bon qu'elle soit épaisse dans son travers.

L'encolure à la fois courte et mince rend le cheval difficile à arrêter, long à dresser et d'un usage méticuleux.

L'encolure courte et forte n'a aucun inconvénient pour les chevaux de gros trait ; ils ne s'en appuient que mieux sur le collier. Je n'ai jamais vu d'autre conformation chez les percherons, boulonnais, cauchois, etc. Sous l'homme, les chevaux à encolure courte et forte manquent de maniement, comme tous nos chevaux d'artillerie, et ceux de notre cavalerie légère qui ne sont pas navarrois ou d'origine analogue.

Fig. 88.

Mais, en général, l'encolure n'est quelque chose que par la manière dont elle se coordonne avec le reste de la machine.

Toutes les encolures peuvent être bonnes si elles sont bien accompagnées. Nous reviendrons à ces questions en traitant des ensembles.

Plaçons ici une remarque générale qui semble devoir s'appliquer spécialement à l'encolure, parce qu'en général le premier coup d'œil porté compare l'avant et l'arrière-main du cheval ainsi coupé par une ligne verticale (*fig.* 89).

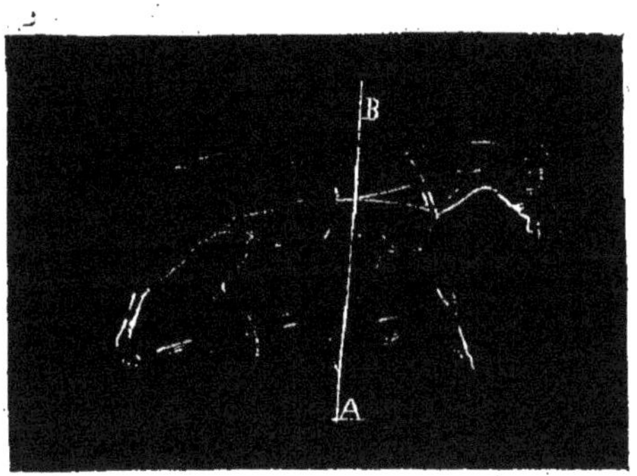

Fig. 89.

« La diversité des formes qui caractérisent un animal « vient uniquement de ce que l'une de ses parties prédo- « mine sur l'autre. Ainsi, dans la girafe, *le cou et les extré- « mités sont formés aux dépens du corps*, tandis que le con- « traire a lieu dans la taupe. Il existe donc une loi en vertu « de laquelle une partie ne saurait augmenter de volume « qu'aux dépens d'une autre, et *vice versâ*. Telles sont les « barrières dans l'enceinte desquelles la force plastique se « joue de la manière la plus bizarre et la plus arbitraire, « sans jamais la dépasser. Cette force plastique règne en « souveraine dans ces limites peu étendues, mais suffisantes « à son développement. Le total général est fixé au budget « de la nature ; mais elle est libre d'affecter les sommes

« partielles aux dépenses qu'il lui plaît. Pour dépenser d'un « côté, elle est forcée d'économiser de l'autre ; c'est pour- « quoi la nature ne peut jamais s'endetter ni faire faillite. »

(GOETHE, *Histoire naturelle.*)

Appliquant aux individus du genre cheval ce raisonnement fait sur les diverses espèces d'animaux, nous dirons à coup sûr : « Ce cheval, dont nous ne voyons que l'avant-main, a une encolure très-longue et très-développée, donc le rein ou la croupe, ou tous les deux, doivent manquer du développement et de la force nécessaires. »

L'Avant-Main.

Je passe à la seconde partie du corps du cheval ; je l'appelle *avant-main*, et j'y comprends le garrot, l'épaule, la jambe, le pied, le poitrail et la poitrine.

Pourquoi cette distinction de poitrail et de poitrine? Le voici : il y a deux manières de regarder le thorax du cheval : 1° par devant, et ce qu'on voit alors s'appelle le poitrail ; 2° de côté ou de profil, et il faut supprimer par la pensée le membre antérieur pour juger la forme du vaisseau thoracique. Nous renverrons aux figures de Lafosse ou autres hippiâtres.

Sans nous lancer dans des détails anatomiques, nous voyons que le garrot et l'extrémité inférieure du sternum étant des os, nous nous assurons, en les tâtant, de la capacité de la poitrine du haut en bas. En large, c'est impossible, puisque la largeur totale du cheval vu par devant est due, non moins à l'épaisseur des épaules qu'à la longueur de la poitrine.

Certaines personnes se sont plu à dire que toutes les poitrines avaient une égale largeur, et qu'un poitrail était plus large que l'autre seulement à cause des chairs plus volumineuses qui couvraient les côtes. Je l'ignore, et peu m'importe : ira-t-on disséquer deux chevaux pour savoir quel est le meilleur ? Toujours est-il que je puis voir si la poitrine *est profonde* (*sic*), c'est-à-dire s'il y a une grande distance du garrot au bas du sternum, près du coude.

Le sternum offre à son extrémité antérieure une sorte de pointe que l'on sent très-bien sous la peau de l'animal vivant, et qui avance plus ou moins, suivant les individus, à des degrés fort marqués.

Il est évident que plus la poitrine avance au delà des jambes de devant pour l'homme qui regarde le cheval de profil, plus on doit en tirer l'augure favorable d'une poitrine développée et par conséquent de beaucoup d'haleine.

Il faut pourtant examiner si cette apparence n'est pas due à l'épaisseur des muscles qui recouvrent le poitrail, et vous êtes assuré de la capacité réelle de la poitrine, lorsque vous voyez la pointe du sternum s'avancer et former une saillie très-marquée (*fig.* 90).

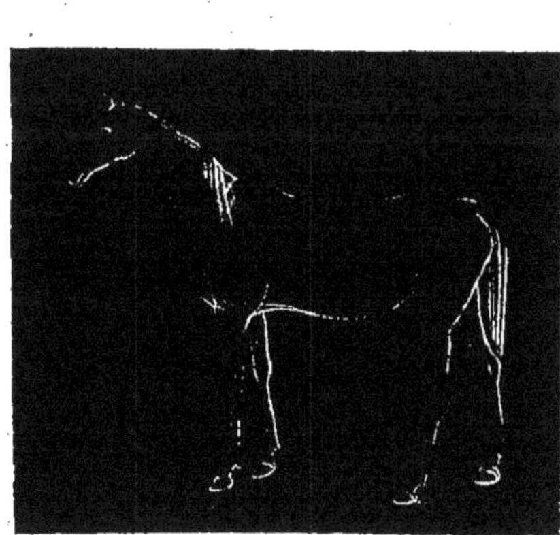

Fig. 90.

La hauteur totale du cheval, depuis le sol jusqu'au sommet du garrot, se partage naturellement en deux parties distinctes : la poitrine et la jambe, la partie pleine et la partie vide, d'où l'expression vulgaire : *Il lui passe trop d'air sous le ventre.* Mais ici les personnes qui ont quelquefois entendu parler de chevaux se rappelleront qu'on leur a dit que les chevaux de pur sang avaient une grande profondeur de poitrine, et aussi que la longueur des jambes était un caractère distinctif de leur race. Or, la profondeur de poitrine n'est pas absolue, car un poney ayant cette qualité à l'excès ne saurait offrir le développement d'un cheval de grande taille qui cependant pécherait par le défaut contraire. Si vous établissez alors en principe de comparer entre elles la ligne pleine et la ligne vide, comme nous venons de nous exprimer, leurs longueurs ne seront que relatives ; et comment alors se figurer un cheval à la fois profond de poitrine et haut sur jambes ; à la fois près de terre et dépourvu de profondeur de poitrine ? Et cependant cela est : le cheval de pur sang, le cheval francomtois offrent souvent le modèle de ces deux conformations extrêmes.

Remarquez à quelle distance la pointe du coude se trouve au-dessus d'une ligne horizontale et tangente au point le plus bas de la poitrine près de l'insertion du bras au corps.

Pour mesurer la jambe, comparez deux lignes qui partiraient toutes deux de l'extrémité du coude, et dont l'une irait à terre et l'autre au garrot, toutes deux verticalement ; vous jugerez par là de la hauteur des jambes.

Voyez de combien la poitrine descend au-dessous de la pointe du coude, et vous saurez si la poitrine est profonde.

Résumons donc l'examen de la poitrine en disant qu'elle doit offrir le plus de capacité possible, et que cette capacité prend mieux sa place de haut en bas que de droite à gauche, en hauteur plutôt qu'en largeur.

Supposons maintenant qu'on replace sur la poitrine la jambe tout entière avec tout son appareil de muscles, etc.

Selon que la jambe sera placée plus ou moins haut, le garrot paraîtra plus ou moins sorti. Mais il y a ici un détail anatomique important à noter : tout le monde connaît la forme de l'omoplate et sait par conséquent qu'à son extrémité supérieure il existe un cartilage d'environ trois ou quatre centimètres de large, à l'état de dessiccation. Les tissus sont susceptibles, dans l'animal vivant, de se modifier quant à leur épaisseur, leur rigidité et même leur nature : ainsi, les cartilages deviennent os, les tendons cartilages, les muscles tendons, etc. Par conséquent le cheval jeune et gras offrira bien plus d'épaisseur à la région du garrot que lorsqu'il sera devenu vieux et maigre. Dans le premier cas, le garrot est *noyé ;* dans le second, le garrot est *ressorti.* Et cependant la position respective de la jambe et du garrot n'a pas changé. J'ai vu des chevaux passer du premier état au second sans que leur taille ait augmenté d'une manière appréciable ; si le garrot avait grandi, si la jambe se fût abaissée en glissant le long de la poitrine, la taille du cheval mesuré à la potence eût nécessairement augmenté de trois ou quatre centimètres. La saillie du garrot doit donc être attribuée, non à la croissance de l'animal, mais à la dessiccation des tissus qui composent ou recouvrent l'extrémité supérieure de l'omoplate. Cela posé, je dis que, bien que tous les chevaux soient susceptibles de se modifier par l'âge et l'exercice, de manière à offrir un garrot plus décharné à mesure que leur carrière avance, cependant cette modification varie et par sa rapidité et par l'époque où elle commence.

Ainsi, le célèbre *Éclipse* était conformé de manière qu'un chapeau ou un boisseau placé sur le sommet du garrot s'y maintenait de lui-même. J'ai vu un trotteur de Norfolk offrir la même particularité à l'âge de sept ans ; deux ou trois ans plus tard, il n'en était plus de même. D'autres chevaux au contraire, même des juments, surtout celles de pur sang, ont le garrot déjà très-sorti à dix-huit mois ou deux ans.

Tout porte à croire que le mouvement de l'omoplate pendant la marche se meut d'arrière en avant dans sa partie inférieure, et d'avant en arrière dans sa partie supérieure. Il y a donc un point fixe ou à peu près fixe qui est au tiers supérieur de sa longueur en A. Il résulte de là que plus l'omoplate se trouvera inclinée de manière à diminuer son angle avec l'horizon *d*, plus il y aura de quantité de mouvement de l'extrémité antérieure avec un effort égal ; par conséquent ce principe fondamental : *l'épaule doit être très-oblique* (*fig.* 91).

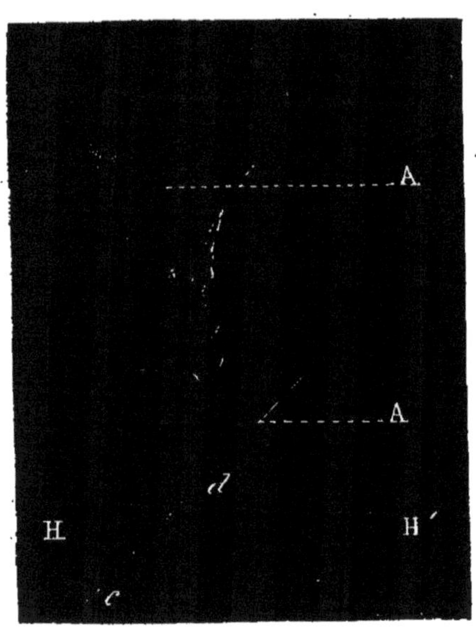

Fig. 91.

On a dit que le cheval arabe avait l'épaule droite ; cela n'est pas vrai : dans le véritable cheval arabe bien né et bien fait, l'épaule est aussi oblique que dans le cheval anglais de pur sang, davantage même ; mais elle est plus courte, et par conséquent il y a moins de mouvement, puisque la branche de compas est moins longue.

Le bras est aussi moins long : l'extrémité supérieure de cet os est donc portée moins en avant, et quand elle devient à son tour fixe, pour que le bras exécute autour d'elle son mouvement circulaire de progression, l'autre extrémité, celle qui entre dans la composition de l'articulation du coude, décrit nécessairement un arc de cercle plus petit : seconde raison au désavantage de la vitesse du cheval arabe.

Et n'oublions pas ici que le mouvement de l'omoplate et du bras est la véritable cause du mouvement de progression. Le reste de la jambe n'est plus qu'un support, dont la longueur peut bien augmenter la dimension du pas, mais d'une manière purement linéaire, et non dynamique. Cela est si vrai, que le meilleur racer n'est pas celui qui a la jambe la plus longue, mais l'épaule la mieux conformée.

Aussi lisons-nous dans les annonces de tel ou tel étalon anglais : *with short legs.*

Résumons donc ainsi la perfection : épaule oblique, longue ; bras long.

Passons à l'avant-bras. Cette partie est encore garnie de muscles ; elle est donc susceptible de donner du mouvement, mais son importance est bien moindre. Et malgré l'admiration profonde de beaucoup de connaisseurs pour un bras bien fait, c'est-à-dire dont les muscles sont vigoureusement accentués, je pardonnerai à cette partie de manquer de développement, si toutes les parties supérieures sont très-satisfaisantes.

Mais il faut de toute nécessité que l'avant-bras soit long, et très-long. A chaque pas, le genou d'un cheval à avant-bras long sera porté en A bien plus en avant que le genou d'un cheval à bras court A', car A B > A'B' (*fig.* 92).

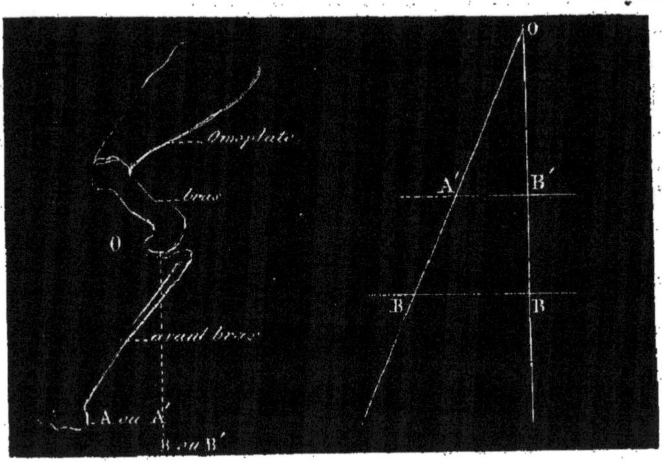

Fig. 92.

Certaines personnes trouveront alors que le premier cheval manque d'action, et, en effet, son genou se trouvera atteindre une hauteur moindre que le genou du second cheval. C'est ainsi que le coup d'œil superficiel entraîne à des raisonnements faux, et que la mode se trouve en opposition directe avec la raison.

L'avant-bras long nécessite le genou bas; le genou bas entraîne la brièveté du canon, et par conséquent sa force, au moins en apparence, car tout ce qui est court paraît plus fort.

Le genou doit être osseux et présenter des apophyses bien accentuées sous la peau ; autrement il doit y avoir faiblesse chez un animal dont les tendons ne sont pas attachés fortement aux os. Le goût pour les formes effacées est ce qu'il y a de pire au monde ; le *genou de veau* n'a jamais annoncé qu'un cheval sans vigueur, et par conséquent sans sûreté, lors même que le sentiment de sa débilité l'empêcherait de se livrer à une allure rapide.

On a beaucoup parlé *de tendon failli et d'os crochu*. J'ai dit que le genou devait être développé, par conséquent l'os crochu, qui en fait partie, doit l'être aussi. Il fera saillie au-dessus du tendon, peu m'importe, pourvu que celui-ci soit fort, ou du moins aussi large en haut qu'en bas.

Je reviendrai plus tard sur le sujet des membres.

Le paturon n'a pas besoin d'être court, comme dans le cheval de chasse dont parle Molière :

. . . . Court jointé,
Et qui fait, dans son port, voir sa légèreté.

Il y a de bons chevaux court jointés ; ils sont plus durs que les autres, du moins quelquefois ; s'il n'y avait pas d'autre inconvénient, passe encore, mais ils deviennent plus facilement bouletés.

Le paturons très-longs ne sont une défectuosité que lorsque le cheval baisse beaucoup les fanons et *marche à huit pieds*, comme on disait dans les écoles d'Italie, ou lorsqu'il les redresse trop, ce qui arrive encore.

Le paturon long et fort est le meilleur.

Mais, que ce soit dit ici une fois pour toutes, il serait

absurde de décider magistralement que telle partie doit être de telle ou telle façon ; on arriverait ainsi à créer un type unique de beauté, et chaque individu qu'on aurait à juger serait d'autant meilleur qu'il offrirait une ressemblance plus exacte avec ce modèle idéal de perfection.

On m'a raconté qu'un professeur disait je ne sais où, je ne sais quand, à ses élèves : « Messieurs, quand vous aurez à choisir un cheval de poste, prenez modèle sur mon cheval de cabriolet, qui est à la porte ; » de façon que tout cheval qui n'eût pas été tout pareil à ce bienheureux cheval de cabriolet devait naturellement être vu avec prévention par le jeune adepte appelé à le juger.

Moi je dis : il y a autant de types dans la nature qu'il y a d'individus créés ; nul n'est la copie de l'autre : l'homme jettera mille fois du plâtre dans le même moule, et il en sortira mille statuettes qui lui paraîtront pareilles ; la nature procède autrement, c'est à nous de nous plier à son mode de fabrication, qui du reste vaut bien le nôtre. L'homme habile est celui qui dit à coup sûr, ou à peu près : « Ce cheval-là tel qu'il est doit marcher ; il me convient. »

Il ne nous reste que peu de chose à dire de la jambe et du pied ; nous y reviendrons.

Résumant donc ici le profil de l'avant-main, nous dirons qu'après avoir demandé un garrot suffisamment élevé et sorti, une épaule oblique et longue, un avant-bras fort s'il se peut, et long surtout, un genou fort, un canon plutôt gros que mince avec un tendon bien détaché et un paturon fort, il nous reste à faire une remarque d'ensemble : lorsque l'épaule est longue et oblique, elle avance nécessairement de manière à cacher tout ou partie du sternum, que nous avions désiré proéminent ; il faut donc savoir, lorsque la pointe de l'épaule empêche la poitrine de ressortir, à quoi on doit attribuer cette disposition, à l'excès d'une partie ou au défaut de l'autre.

Nous mettant ensuite en face du cheval, nous examinons son poitrail. Si cette partie est large, surtout d'une jambe à l'autre, mesure prise intérieurement, on peut être assuré que le cheval n'aura ni légèreté, ni sûreté, ni agrément ; ce ne peut être qu'un animal de gros trait, et encore même ce ne sera pas un bon limonier, car, pour cet emploi, il faut de l'adresse dans la marche et une certaine agilité. Pannard, cagneux, serré de poitrail, sont des défauts où l'on ne doit s'arrêter que lorsque les allures s'en ressentent. Glissez légèrement sur ces imperfections lorsque le cheval marchera réellement bien, et cela arrive souvent. Il en est de même du coude trop éloigné de la poitrine ou trop resserré contre elle. Les chevaux étroits ne sont pas plus sujets à s'entre-tailler que les autres. Les désordres de la marche viennent plutôt de la faiblesse naturelle ou momentanée que de la mauvaise direction des membres, parce que l'énergie et l'instinct de conservation rectifient souvent bien des défectuosités.

Le Corps.

Reprenant le garrot, je veux le voir continuer le plus en arrière possible, c'est-à-dire que la ligne du dos doit, autant que possible, se continuer en ligne droite et uniformément inclinée depuis le sommet du garrot jusqu'au milieu du dos, ou à peu près.

Les reins larges et pleins indiquent de la force, mais un rein étroit n'est pas à rejeter, sans autre examen. Le cheval de voiture qui n'a rien à porter, le cheval de selle destiné à un homme léger, même le hunter d'un chasseur pesant, peuvent être acceptés avec ce défaut lorsque l'énergie constitutionnelle du cheval et la puissance de ses hanches tendent à l'atténuer ; car, dans l'économie animale, une partie très-bonne peut suppléer parfaitement à une mauvaise.

Mais ce que je n'admets pas, c'est un rein court. La nature est une ; par conséquent le proverbe : *Long bœuf, court cheval, long mulet,* est faux. Le rein court ne laisse pas de place pour les viscères, et la girafe manque de fonds, parce que son poumon est petit, et il est petit faute d'espace pour se loger.

Les reins doivent avoir une longueur proportionnée à la taille de l'individu et, autant que possible, être droits et soutenus.

On dit généralement que les chevaux *ensellés* ont les allures douces, que les reins *voussés* sont très-durs, et on appuie ces deux principes de raisonnements très-péremptoires en manière de démonstration. Pour moi, qui n'ai jamais vu les chevaux ensellés que très-durs, qui ai monté des chevaux *bombés* fort liants et fort agréables, je suis d'un avis tout autre ; mais, au lieu de chercher la preuve mathématique de ce que j'avance, je préfère engager mes lecteurs à essayer eux-mêmes et à se convaincre par leur propre expérience.

Toujours est-il qu'un cheval qui se berce est doux et faible, que tout cheval roide est dur, et il y a deux roideurs : roideur de force et de santé, roideur de vieillesse et d'épuisement.

Tout rein qui a perdu sa souplesse est défectueux ; les chevaux s'ensellent en vieillissant, les vertèbres dorsales s'enkylosent plus ou moins complétement. L'expérience et le temps apprennent à apprécier tout cela, et démontrent aussi qu'un vieux reste de cheval taré et défectueux est souvent préférable à un cheval jeune, neuf et frais, mais sans moyens.

En effet, juger un cheval c'est évaluer ses qualités aussi bien que ses défauts ; et nos chercheurs de tares, après avoir refusé cent chevaux excellents pour quelque petite irrégularité, finissent par laisser tomber leur choix sur un cheval parfait qui ne peut ni ne veut marcher.

Nous avons examiné la ligne supérieure du contour du corps ; passons à la ligne inférieure. Chez le cheval gras et qui a peu de profondeur de poitrine, cette ligne s'abaisse quelques centimètres au delà de la pointe du coude ; c'est ce que l'on appelle un mauvais passage de sangles. Chez le cheval maigre et dont la poitrine est profonde, cette ligne se continue droite, ou même remonte d'avant en arrière.

Cette conformation nécessite chez beaucoup de chevaux de chasse anglais l'emploi d'une martingale à poitrail (*hunting martingale*) qui, prenant la selle par les sangles et les extrémités supérieures des arçons, l'empêche de couler en arrière.

Je ne dirai rien sur la manière dont la côte doit être

faite, vu que tous les hippologues sont d'accord là-dessus. Je ferai seulement observer qu'une grande distance entre la dernière côte et la hanche n'est pas, aussi généralement qu'on le croit, l'indice d'une mauvaise constitution. De plus, beaucoup de chevaux, sans être grands mangeurs, étant même sujets à manquer d'appétit, ne sont pas pour cela à rejeter.

Si le service qu'on a à leur demander n'est pas au-dessus de leurs forces, ils s'entretiendront suffisamment et ne seront pas sujets à la pousse, à l'obésité et autres inconvénients des grands mangeurs (en anglais, *craving horses*) ; et si le travail forcé auquel on les astreint admet quelques intervalles, ils ont le temps de se refaire.

C'est ainsi qu'on a vu beaucoup de hunters chasser une fois par semaine et faire, pendant plusieurs années, un excellent service, bien qu'ils fussent deux jours sans manger après chaque corvée. J'ai connu, en Irlande, une jument fort en réputation, qui ne pouvait chasser que deux fois en trois semaines. Comme elle avait beaucoup de fonds et de sûreté, elle a été vendue fort cher, et elle a duré fort longtemps.

Nouvelle preuve que, dans toutes les opinions, il faut craindre d'être exclusif, et que la comparaison exacte des moyens du cheval et de ce qu'on veut de lui est le seul moyen d'arriver à la vérité.

L'Arrière-Main.

La jonction des reins à la croupe est de la plus haute

importance. Cette partie n'est jamais négligée impunément, ce qui ne veut pas dire cependant qu'il n'y ait de bons chevaux avec un défaut capital à cet endroit ; mais alors il existe une compensation qui s'explique et que l'on peut apercevoir sur-le-champ. De plus, c'est toujours plutôt dans l'application de telle ou telle conformation au service qu'elle comporte, que dans une manière de juger absolue et inflexible que gît l'habileté véritable.

Certains chevaux offrent une convexité remarquable à l'extrémité postérieure du rein, avec un amaigrissement qui met en saillie les apophyses supérieures des vertèbres : c'est un commencement d'enkylose ; le cheval a perdu une partie de sa souplesse, mais il peut encore s'utiliser.

Chez d'autres individus, cette partie est tout à fait concave : c'est le résultat de l'usure, de l'habitude de porter un fort poids, ou d'un rênage exagéré.

Le cheval devient alors rebelle aux assouplissements et ne veut plus être assujetti.

Si le passage du rein à la croupe présente un point culminant, c'est encore un mauvais signe : il y a difficulté de mouvement.

La croupe horizontale a été prônée par tous les hippologues. J'ai trouvé cette conformation chez beaucoup de chevaux excellents, entr'autres *Raimbow* et *Félix,* son fils.

D'un autre côté, les croupes avalées, même les plus difformes, m'ont toujours paru appartenir à de bons chevaux.

Les hardraves, beaucoup de trotteurs anglais, presque tous les chevaux de Flandre sont ainsi conformés, et tous ont un grand pouvoir, beaucoup de mouvement, ce que l'on appelle *de la chasse.*

Cadland, excellent *racer*, et sans contredit le meilleur étalon anglais qui soit jamais venu en France, avait la croupe très-avalée; *Camel* et beaucoup de ses fils présentent la même particularité.

En même temps, le nombre de chevaux absolument dépourvus de moyens, avec une croupe horizontale, est incalculable.

Comment expliquer une pareille contradiction? Si elle n'eût existé que dans les opinions, peu importe, l'erreur explique tout; mais dans les faits?

Après bien des années d'étude, il m'a semblé avoir observé ce qui suit.

La direction de la ligne de la croupe est indépendante de la direction des iléons.

Sans nous préoccuper ici du squelette, tracez sur l'animal vivant deux lignes : l'une de l'extrémité des iléons, ou de la dernière vertèbre lombaire (le haut de la croupe) à l'origine de la queue AB (*fig.* 93) ; l'autre de l'extrémité supérieure de l'iléon (la pointe de la hanche) à l'extrémité du pubis (la pointe de la fesse) CD. Cette dernière ligne doit être inclinée, c'est-à-dire baisser d'avant en arrière; elle doit

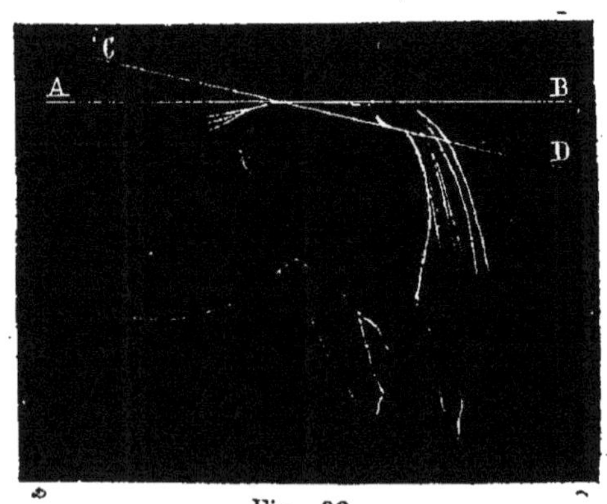

Fig. 93.

faire, avec l'horizon, à peu près le même angle que la ligne de l'épaule (1).

Cela posé, tout cheval chez lequel cette dernière ligne CD se rapprochera de l'horizontale sera mauvais et mauvais de tout point. Il n'aura ni puissance de progression, ni facilité pour se rassembler, ni énergie, ni bonne volonté, ni persistance dans le travail.

Presque tous les chevaux normands sont ainsi faits. Tous les chevaux anglais en qui j'ai remarqué cette conformation manquaient de qualités.

Ceci est sans exception; par conséquent toutes les croupes avalées sont bonnes, parce que cette ligne ne peut pas être horizontale lorsque l'autre ligne ne l'est pas (*fig.* 94).

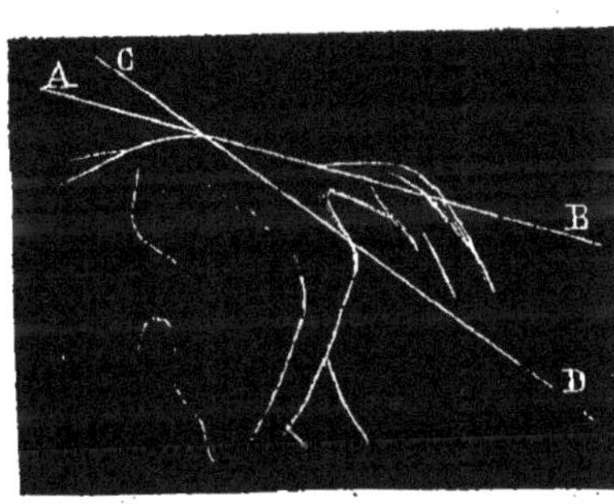

Fig. 94.

Maintenant la réciproque n'est pas rigoureusement nécessaire. La ligne de la hanche à la pointe de la fesse peut être très-inclinée, tandis que la ligne du sommet de la croupe à la queue est droite et horizontale. Mais alors qu'arrive-t-il? que la distance de l'origine de la queue à la pointe de la fesse est très-grande, et c'est ce

(1) Cette configuration est celle adoptée dans l'extérieur du cheval par M. le général Morris, et je pense que c'est à lui qu'on doit cette découverte. Cependant je n'adopte pas entièrement l'opinion du général, en ce sens qu'il ne me paraît pas indispensable que le même angle de l'épaule et de l'iléon se rencontre chez le même individu pour qu'il soit bien conformé.

que j'ai toujours vu dans les bons chevaux dont la croupe était horizontale (*fig.* 95).

Voilà, je crois, le problème résolu.

Toutefois, malgré la possibilité bien reconnue par moi de trouver un bon cheval avec une croupe horizontale, j'aime mieux une légère inclinaison (*fig.* 96); telle, par exemple, que la queue, en se relevant avec énergie, remonte tout à coup et fait voir une légère dépression à l'endroit de la première vertèbre caudale.

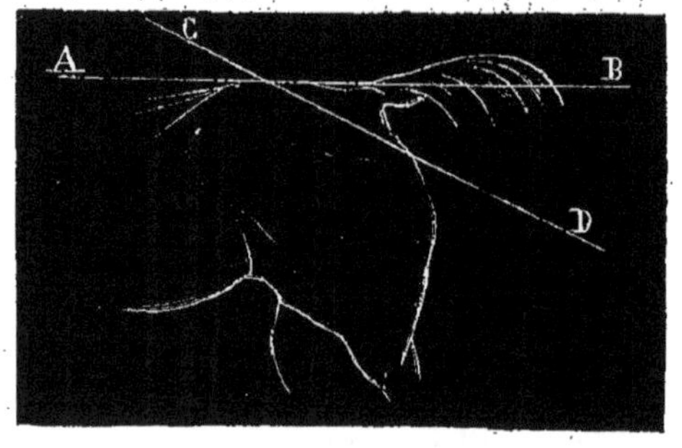

Fig. 95.

Du reste, de quelque manière que la croupe soit conformée, il faut de toute nécessité que la queue soit portée et bien portée. Toutefois, c'est de l'énergie de cette action que l'on doit tenir compte, et non du plus ou moins de hauteur où se trouve la queue pendant la marche. Tel cheval portera bas avec une croupe avalée, qui portera réellement mieux qu'un cheval à croupe droite, chez lequel la queue est *attachée haut*, mais non *portée*.

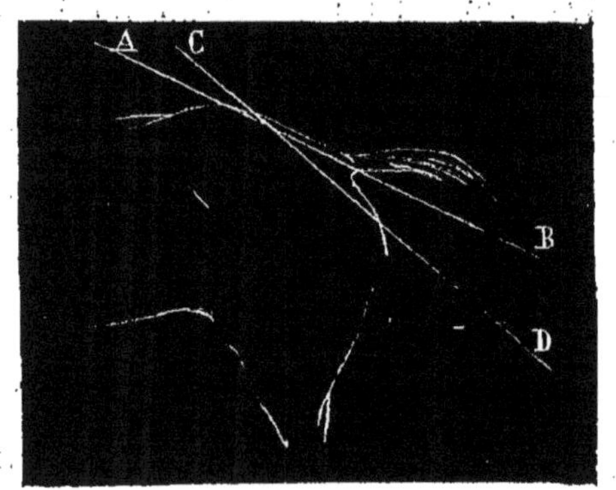

Fig. 96.

Si j'ai conseillé de pardonner quelque irrégularité dans

le bras, je serai plus difficile pour la cuisse, parce que l'arrière-main (1) est plus important que l'avant-main.

Les quartiers doivent être fournis et musculeux, et les grassets prononcés. Cependant un cheval peut encore être bon, quoique *coupé sous la fesse,* parce qu'alors les parties supérieures suppléent à ce qui manque plus bas.

Vu par derrière, le cheval doit être large et bien ouvert ; toutefois, on doit savoir que souvent la largeur latérale peut compenser le défaut d'épaisseur, que par conséquent la cuisse peut paraître grêle par derrière et avoir assez de volume ; le cheval devient bon, quand on le regarde de profil.

En mouvement, la jambe de derrière est susceptible de plusieurs modes d'action. Chez les chevaux arabes, et ceux qui en descendent le plus récemment , comme aussi chez les chevaux de montagne, les jarrets sont rapprochés, et les pieds s'éloignent de manière que l'on voit les canons agir obliquement et d'une manière désagréable ; si le canon était vertical et ne sortait pas de cette position, les mouvements d'arrière en avant seraient peu sensibles pour l'homme placé derrière ; le jarret semble donc se donner plus de peine : de là l'expression de *jarreté* (*fig.* 97).

Cette conformation annonce plus de durée au travail que

---

(1) Plusieurs personnes m'ont soutenu qu'on devait mettre les mots *avant-main, arrière-main* au féminin. Boiste dit *une* arrière-main et *un* avant-main ; moi je pense qu'on doit les mettre tout deux du masculin : ce qui est avant ou arrière la main ; *ce qui* est masculin. Le *Dictionnaire de l'Académie* le décide ainsi, je crois. Au reste, je ne suis pas grammairien ; chacun son métier.

de pouvoir. Aussi, le cheval jarreté est-il meilleur pour une route longue et lente que pour un grand développement de force ; c'est un cheval de montagne et non de plaine. Là où il naît, là il est le meilleur.

Chez d'autres chevaux, au contraire, la largeur des hanches éloigne tellement l'une de l'autre les extrémités supérieures des jambes de derrière, que, bien que les pieds se touchent, les jarrets sont encore séparés par un grand intervalle, et leurs pointes semblent s'écarter (*fig.* 98).

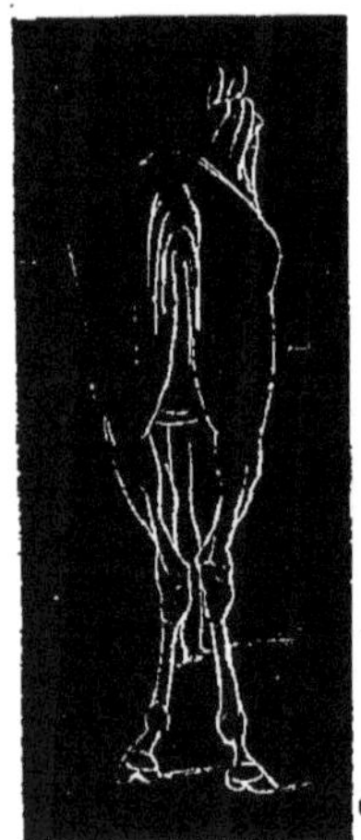

Fig. 97.

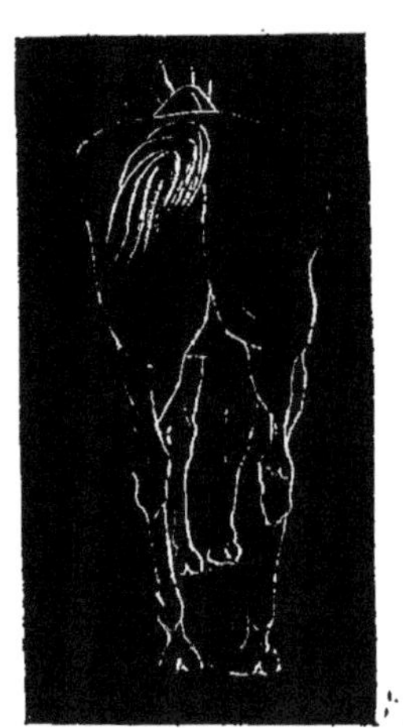

Fig. 98.

Cette conformation donne une grande apparence de vigueur et du carré dans les allures; mais il arrive souvent que le cheval n'en est pas meilleur et est sujet à se couper au boulet. On la rencontre chez les cobs, les trotteurs et les poneys ; il faut la connaître et l'apprécier, mais sans engouement.

C'est un fort bon signe que chaque extrémité postérieure se meuve dans un plan vertical, sans vacillement : toute la force est ainsi employée sans perte au profit de la locomotion; mais cela est rare.

Le rapprochement des cotyloïdes empêche toujours l'arrière-main de chasser la masse avec franchise. Cette conformation est ce que les maquignons appellent *cul de mulet.*

Nous avons regardé le cheval de profil, de face et par

derrière ; il reste un quatrième aspect, peut-être le plus important de tous : c'est celui qu'il présente vu de dessus, d'une fenêtre, par exemple, ou du haut d'un siége fort élevé, comme celui des anciens *mailcoachs* anglais.

Il doit offrir la forme d'un coin à fendre le bois ; destiné à se porter en avant, il doit rappeler cet ordre de bataille que les anciens appelaient *tête de porc ;* étroit devant, large derrière.

De haut, vous jugez de la légèreté de l'avant-main, de l'ampleur des reins et des côtes, ce que les Anglais appellent *barrel*, et surtout de la largeur des hanches et de la croupe. Un cheval chez lequel vous ne trouvez pas une vaste place pour les viscères manquera presque toujours de fonds, faute d'une constitution puissante, et c'est ce qui arrive lorsqu'il est *aplati et comme passé à la filière (sic)*.

Enfin, si les hanches ne sont pas à la fois éloignées l'une de l'autre, et faisant saillie au-dessus de toutes les parties environnantes, il n'y a pas de bon cheval possible.

Il y avait une plaisanterie qui consistait à faire semblant d'accrocher son chapeau à la hanche d'un cheval qu'on trouvait trop maigre. La terreur qu'inspirait ce sarcasme a fait naître les hanches effacées, que l'on trouve si souvent en Normandie, et la défectuosité a pris la place de la perfection dans l'estime générale.

C'est ainsi que presque toujours la masse prend à contre-sens les vérités de la nature, et voilà pourquoi la mode est généralement absurde. Si on la suit, tout est perdu, puisqu'elle change au moment où on s'y attend le moins ; l'on n'a même pas la satisfaction d'avoir satisfait son caprice.

Les Membres.

Ce sujet mérite un article à part, moins à cause de son importance réelle que pour expliquer en quoi les opinions les plus accréditées sont souvent en opposition avec la vérité.

Xénophon nous dit « qu'une maison ne saurait servir à « aucun usage, quelque parfaite qu'elle pût être dans ses « parties supérieures, si elle n'avait des fondations conve- « nables, etc.; » et ailleurs, que « les jambes sont les co- « lonnes du corps. » (Στηριγγες τοῦ σῶματος.)

Horace nous apprend que les rois, pour acheter un cheval, ne le regardaient d'abord que couverts, et ne procédaient à l'examen du corps qu'après avoir agréé les jambes :

. . . . Ne, si facies...... decora
Molli fulta pede est, emptorem inducat hiantem,

de peur qu'une belle apparence, avec de mauvaises jambes, ne séduise l'acheteur ébahi.

Ajoutez à ces classiques autorités les raisonnements incontestables des mathématiciens sur la nécessité des bases solides, sur l'importance des aplombs, etc.

Et qu'opposer à cela? un argument tiré d'un écrivain souvent erroné, parfois ridicule, et dont je ne partage à peu près aucune opinion : Thiroux.

« On a vu quelques chevaux, lancés au galop de course, « courir encore l'espace de plusieurs longueurs de cheval, « quoiqu'après s'être fracturé ou, pour mieux dire, fêlé « une jambe; mais il est sans exemple qu'un cheval poussif,

« ou bien asthmatique, soutienne un galop, même le plus « modéré, sans s'arrêter, pour reprendre haleine : preuve « que la poitrine sert plus à la course que les jambes. » (*Tome* 2, *page* 102.)

L'auteur de cette note dit encore que le cheval marche comme un homme qui s'appuie sur deux cannes, ce qui semblerait diminuer l'importance du rôle des extrémités antérieures pendant la marche, et pourtant il rebute tout cheval dont les jambes de devant ne sont pas parfaites. Eh bien! grâce à cette note, malgré les anciens, malgré les mathématiques, malgré Thiroux, je dirai : « Ce n'est pas avec les jambes qu'un cheval marche, et les jambes sont la dernière chose à observer pour juger de sa sûreté. »

Lorsque l'expérience aura appris jusqu'à quel point un cheval peut être arqué par usure, sans cesser d'être sûr de jambes ; lorsqu'on aura fait mainte chute sur des animaux en apparence parfaits dans leurs extrémités, on sera convaincu que la marche a lieu par la poitrine, par les reins, par la croupe, par les épaules ; que là sont véritablement la source et les moyens du mouvement ; que le reste n'est qu'un support, et doit être considéré comme tel.

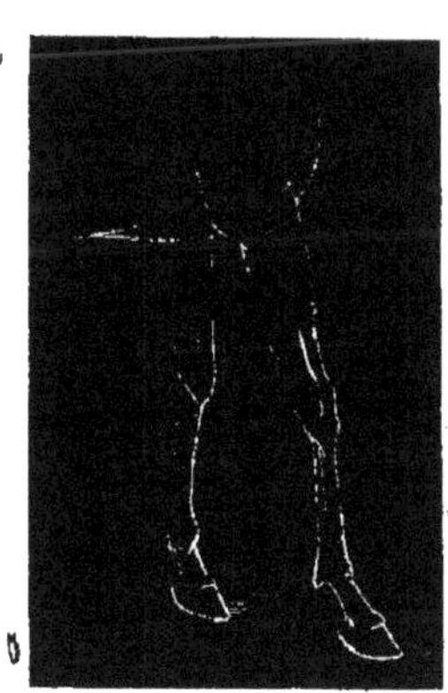

Fig. 99.

On ira plus loin, on croira avec les Anglais qu'un cheval un peu arqué (*fig* 99) est plus agile et plus sûr qu'un normand avec un genou de veau et un paturon d'une obliquité tellement *irréprochable*, que la jambe forme un arc de cercle tournant sa convexité en arrière (*fig.* 100).

On saura qu'autrefois les chevaux du haras de Pleiss étaient estimés de toute l'Europe et étaient tous arqués de naissance ; on appelait cela *brassicourt.*

Fig. 100.

Si l'on demande une démonstration en faveur du cheval arqué, la voici : une chute n'a jamais lieu sur la faute même, mais à sa suite, et seulement parce que l'autre jambe n'arrive pas assez vite au secours de celle qui a fléchi ou buté ; et dans la conformation du cheval normand, la jambe est toujours plus loin de l'état de flexion et de mouvement que lorsqu'elle est arquée.

Une autre question, très-souvent agitée parmi les hippologues, est la grosseur des membres. Malheureusement on tient souvent plus de compte du volume que de la nature même de la matière. Le cheval de sang n'est pas de la même chair et des mêmes os que les autres (1).

Presque toujours un *membre fort* ne paraît tel que grâce à l'épaisseur de la peau. De plus, la densité des os et des tendons compense le défaut de volume.

On peut dire encore que la véritable dimension du mem-

---

(1) Les peintres d'aujourd'hui, pour plaire aux amateurs, font à leurs chevaux des membres que ces animaux ne pourraient pas porter dans l'état de nature. J'aime mieux l'excès contraire commis par C. Vernet lorsqu'il nous a délivrés des animaux du Parthenon et des gravures de la Bible.

bre est sa largeur en profil d'arrière en avant, et non son épaisseur de droite à gauche.

Mais j'aime mieux dire ceci : examinez tous les vieux chevaux, tous ceux qui ont passé le terme moyen de l'existence, tous ceux que l'usure n'a point atteints et qui, comme disait Newcastle, sont morts et n'ont point vieilli ; et si parmi cette foule, car il faut que vous en ayez vu beaucoup, si parmi cette foule vous trouvez proportionnellement plus de membres grêles que dans pareil nombre de chevaux ruinés et hors de service avant le temps, vous conclurez (1).

Suivez la carrière de tous les jeunes chevaux qui débutent sous vos yeux, vous verrez que leur durée est plutôt en raison de leur virtualité et de leur sang que du volume de leurs extrémités.

Il existe certains préjugés que l'on pourrait appeler naturels, tant l'homme a de tendance à les accueillir tout d'abord, tant est grande la peine que l'on éprouve à les déraciner, même chez les gens les moins incapables d'expérience et de réflexion.

Ainsi, ce qui est grand doit être fort ; les longues jambes doivent donner de la vitesse. Les animaux grêles ne résistent pas à la fatigue ; les membres épais sont moins sujets à l'usure, etc., etc., quatre pages d'*et cætera*.

Rien de tout cela n'est vrai. Toutes ces prétendues évidences, sur lesquelles l'homme qui commence à étudier est

---

(1) Vous observerez encore si parmi les boxeurs vous rencontrez plus fréquemment des grosses mains et des bras lourds que des poignets effilés et des attaches fines.

si heureux de s'appuyer, ne sont rien, absolument rien ; si encore c'étaient toujours des erreurs, on pourrait en prendre le contre-pied pour se tirer d'affaire, mais ce n'est pas même cela : la vérité cachée a ses causes, et parmi les résultats apparents, il faut discerner à quelle cause chacun appartient ; c'est dans ce choix que l'on se trompe presque toujours.

Une longue habitude doit nécessairement donner à l'homme intelligent une mirifique promptitude de coup d'œil. Il faut quelquefois moins d'une minute pour s'assurer sans retour de la non-aptitude d'un cheval à tel ou tel service.

Mais cette fermeté si rapide de jugement peut s'expliquer le plus simplement du monde ; l'acquérir, c'est tout autre chose. Je ne parle pas ici de l'affectation du soi-disant connaisseur ; celui-là n'a qu'un but, éblouir le novice ou l'homme étranger à la matière.

Celui qui possède réellement son sujet, qui est bien pénétré des exigences qu'il a à satisfaire, peut aller très-vite pour refuser ; quand il a agréé provisoirement, il a besoin d'un examen plus réfléchi, afin de donner un avis définitif.

Je vais tâcher d'expliquer la marche que l'on suit instinctivement à la première vue du cheval que l'on veut acheter ; le raisonnement peut parfaitement donner le détail de tout ce qui se passe dans l'esprit.

Aucun animal n'existe sans porter en lui le germe de sa ruine et de sa destruction. De même que la mort est une des propriétés caractéristiques de la vie, comme on l'a dit ailleurs, de même la conformation d'un individu est toujours telle, que certaine partie est trop faible relativement aux autres, et c'est par cette partie que finira l'individu.

Soit qu'un médecin veuille voir dans un homme âgé quel est l'organe atteint ou menacé d'un vice, contre lequel il aura à lutter par une thérapeutique savante et des soins continus pour prolonger aussi loin que possible l'existence de son client ;

Soit qu'un officier de remonte s'attache à choisir les chevaux les plus capables de soutenir les fatigues et les privations d'une campagne pénible : le raisonnement est le même.

Au premier aspect du cheval, de quelque côté que se porte d'abord votre œil, continuez d'abord votre examen sur tout le reste du corps.

Tant que votre œil est satisfait, passez vivement d'un détail à un autre ; moins vous trouvez à redire, plus rapide doit être votre marche. Vous serez naturellement guidé vers le défaut, où vous vous arrêterez nécessairement en vous disant : C'est cela.

Et qu'on ne croie pas que cette méthode n'ait pas sa logique forcée et immanquable. De même que chaque espèce d'animal offre toujours, dans tous les individus qui la composent, un ensemble de conditions qui ne manquent jamais de se rencontrer, de même la nature a divisé les individus de chaque espèce en un certain nombre de types ou de moules qui représentent *à peu près* le même ensemble de qualités bonnes ou mauvaises. Chaque perfection partielle nécessite une autre perfection et un défaut, et réciproquement.

Si, par exemple, un arrière-main est fort, bien pris et ne présente aucune tare essentielle, aucune irrégularité déplaisante, cherchez devant, vous trouverez ou un garrot bas et noyé, ou des bras faibles, ou un poitrail trop lourd, ou trop peu de profondeur de sternum : là doit être la banqueroute de la nature.

Si tel cheval vous frappe par un modèle vigoureux, près de terre, avec beaucoup de dessous, et une grande puissance en général, courez à la tête, il y a des chances pour qu'elle soit lourde, chargée, avec l'œil petit et sans expression. Non, ce n'est pas cela, la tête est légère, le chanfrein creux, l'œil vif et effronté ; alors voyez les pieds, il y a à parier qu'ils seront plats, avec les talons larges et bas. Les biches de grand corsage se reconnaissent à la trace, en faisant le bois, en ce que leur double ongle s'écarte et s'espace sous un poids trop lourd. (Il y a, pour exprimer ce détail, un terme de vénerie que j'ai oublié.) C'est ce qui arrive au cheval dont nous parlons ; seulement comme l'ongle est unique, il ne peut se diviser, mais il s'affaisse et se détériore, d'abord en ce qu'il ne peut supporter les efforts que commande la masse à porter et le travail que cette masse *musculaire* lui impose en vertu même de la force et de l'âme de l'animal.

De plus, l'ongle, alors même qu'il est bon, n'a pas le temps de repousser en proportion de son usure, et le talon s'abaisse de plus en plus.

Si, au contraire, vous remarquez une conformation légère et hardie, une encolure fine, un garrot sorti avec un arrière-main puissant et des reins bien soudés, prenez garde aux seimes ou aux talons serrés, aux fourchettes mal nourries, etc., car une pareille conformation se rencontre toujours accompagnée d'un tempérament nerveux, sec et *anti-lymphatique*. Car alors, la raison même qui débarrasse les muscles de tout superflu de graisse et de tissu cellulaire, privera d'autres parties de la dose d'humidité radicale dont elles auraient besoin.

Je cite deux ou trois exemples entre mille, mais il n'est pas possible d'énumérer toutes les diverses circonstances d'ensemble que l'on sera appelé à examiner dans sa vie. Qu'il me suffise ici de donner un aperçu de la marche à suivre :

Il arrive encore que l'œil ne voit rien à reprendre et que l'on se trouve entièrement satisfait, ou à peu près. Il n'y a point de tares, l'ensemble est d'une symmétrie qui plaît, et toute la sévérité du vétérinaire le plus versé dans la connaissance de l'extérieur ne saurait trouver quoi que ce fût à redire : alors défiez-vous du résultat définitif, surtout si le cheval n'est pas d'une espèce relevée ; mais eût-il toute la race possible, fût-il de pur sang, défiez-vous encore, il manquera, sinon des moyens nécessaires pour un petit service, du moins des qualités qu'on doit attendre de *son rang*, si je puis m'exprimer de la sorte.

Ainsi, ce cheval de pur sang, si parfait, au lieu d'être un racer distingué, sera à peine bon pour la chasse ; mais il pourra faire un service satisfaisant sous la selle, et bien se comporter dans un attelage.

Mais si ce cheval est déjà commun, s'il est de race et de modèle à monter un hussard, reléguez-le à la charrette, et encore il y manquera du poids nécessaire.

Je sais bien que cette règle n'est pas sans exception : il a existé en Angleterre un certain cheval bai, *Cupid*, qui était d'un modèle irréprochable ; il gagnait des *steeple-chase*, était excellent *hack* et brillant *charger;* mais, en dépit de ce qu'on peut dire là-dessus, j'ai toujours vu les hommes doués d'une véritable expérience se défier des *modèles* (expression de maquignon).

Ce qu'on appelle le caractère d'un cheval n'étant en réalité que la manière dont le plus ou moins d'énergie que possède l'animal dispose de la machine, il s'ensuit que le caractère doit dépendre de la manière même dont la machine est faite ; car le moral vient de la tête, et la tête fait partie de la machine.

Par conséquent, on peut voir jusqu'à un certain point, dans un cheval qui n'est pas sorti de sa stalle, quelle sera sa manière de faire et, par exemple, s'il ne sera pas trop vigoureux, ou trop entreprenant pour un cavalier vieux, timide ou peu exercé.

Cela doit être entendu naturellement avec restriction.

On ne finirait pas si on voulait écrire tout ce qui peut être dit sur un pareil sujet.

Je vais cependant citer un exemple assez curieux de ce que peuvent la routine et l'habitude de visiter des chevaux.

Prié d'aller examiner un cheval pour un de mes amis chez un certain marchand allemand que je savais très-habile, je vois un normand de très-belle apparence, dont par conséquent je me défiai tout d'abord. Je remarquai sans rien dire que le palefrenier, en le faisant retourner dans la stalle, évita soigneusement de lui laisser flairer ses camarades de droite et de gauche. Je jetai alors la vue sur l'encolure qui, étant épaisse et chargée, m'apprit que c'était un de ces chevaux qu'on appelle *bistournés* (1).

On me le fit monter et je reconnus aussitôt la marche réservée et restante de la plupart des chevaux entiers, ce qui, avec sa qualité de normand, ne contribuait pas à en faire un cheval de selle agréable.

Sollicité au galop, il se développa au grand trot sans vouloir s'enlever et passa ainsi la porte. Une fois hors de la vue du marchand, qui était resté dans sa cour à débiter le panégyrique habituel à l'acheteur, je poussai vigoureusement mon cheval : il répondit par un temps d'arrêt décidé et une pointe bien faite, en animal qui en a l'habitude.

Je savais tout ce que je voulais savoir. Je revins et, sans aucune observation, je conseillai de le faire essayer le lendemain à fond et devant la troupe.

Quand on vint me rendre compte de l'essai, je dis : « Ne parlez pas, je sais tout d'avance ; il s'est cabré, a jeté ou non son cavalier, ceci est un détail, mais il s'est retourné, s'est rué sur les autres en hennissant, les a mordus, frappés, etc. » Comment savez-vous cela ? — Je viens de le dire, c'est bien simple. Je demande pardon de l'avoir raconté à ceux qui

---

(1) Certains chevaux restent toute leur vie avec un ou même les deux testicules renfermés dans l'abdomen. Dans le premier cas, on les castre à moitié, dans le second, pas du tout ; on ne peut alors les distinguer des chevaux hongres que par des habitudes qui les rapprochent du cheval entier. On les appelle improprement *bistournés* dans le commerce. Quant aux *bistournés* de la seconde espèce, on les dit inféconds. Dans l'espèce humaine, *Sylla* et *Tamerlan* étaient ce qu'on appelle improprement *monorchides*.

savent tout cela aussi bien que moi, mais ce n'est pas pour eux que je l'ai écrit.

Les mathématiciens, pour ne pas se brouiller à chaque instant par la confusion des chiffres différents ou semblables ont inventé l'algèbre.

Les quantités représentées par des lettres indépendantes de leur valeur numérique conservent toujours le caractère de leur origine, et on les suit partout au travers de toutes les transformations du calcul.

La nature complique tellement ses effets et ses causes, que l'homme ne peut presque jamais isoler aucun des faits qu'il veut étudier; et dans les groupes qu'il est obligé de saisir à la fois d'un seul coup d'œil, il y a des raisons pour, il y a des raisons contre : force est de prendre souvent les unes pour les autres.

On est convenu, en langage hippique, d'appeler les membres la partie inférieure des quatre extrémités, à partir des genoux et des jarrets : c'est par là que commence en général l'étude de tout jeune homme qui s'occupe de chevaux.

Après avoir, pendant quelques jours, rêvé le joli, c'est-à-dire l'encolure, la queue et la couleur, il a rencontré un érudit qui lui a jeté pédantesquement à la face le mot de bonté, et, à l'appui, ce mot formidable : *Regardez les jambes!*

L'étude des jambes et des pieds a fait noircir des rames de papier :

> Un sonnet sans défaut vaut seul un long poëme.

Cette faiblesse de Boileau retrouve ici son équivalent dans les hommes de cheval.

J'ai déjà dit beaucoup de choses sur les jambes de devant, je vais continuer. Il me reste à parler du pied et des tares.

Commençons par les genoux couronnés ; c'est une blessure, une cicatrice à tous les degrés possibles, produite par mille causes, dont l'ordinaire est la chute. Au lieu de demander comment le cheval que vous examinez s'est couronné, répondez-vous en vous-même : *en tombant*, et achetez-le moins cher, parce que la dépréciation devant être à votre préjudice si vous vendez, elle doit être à votre avantage quand vous achetez.

Un cheval couronné est condamné à valoir moins, en vertu d'un principe qui vivra autant que le monde, à savoir que ce qui fait baisser un objet n'est pas la diminution de sa valeur réelle, mais l'espoir partagé *par tous* de l'avoir à bon marché.

La question mercantile écartée, la lésion du genou peut consister dans l'érosion de quelques poils comme dans la destruction de tous les tissus, jusques et y compris l'épanchement de la synovie, qui est, comme on sait, un cas de mort. J'en ai vu des exemples ; et à ce sujet je dirai, contrairement à plusieurs, que le cas où le cheval se couronne le plus gravement est celui où il marche le pas, lentement et sans action. Comme j'ai beaucoup monté de chevaux et dans toutes les circonstances possibles, j'en ai nécessairement couronné un assez grand nombre, car je ne suis pas plus de ces gens dont la monture ne s'abat jamais, que de ceux qui ne sont jamais tombés de cheval. J'ai toujours remarqué que, dans une allure précipitée, le cheval, en s'abattant, roule en avant sans s'arrêter assez longtemps sur aucune partie pour qu'elle ait le temps de se blesser fortement; aussi voit-on dans ces chutes la tête plus souvent ou plus gravement écorchée que toute autre partie, quelquefois même le cheval fait entièrement la culbute (vulgairement le *panache*).

Au contraire, lorsque le cheval s'abat par négligence et abandon de lui-même, le genou se trouve tout à coup surchargé et supporte le poids du corps pendant quelques instants ; de là contusion violente et blessure profonde.

On peut, en examinant la forme de la plaie ou de la cicatrice, s'assurer jusqu'à un certain point si c'est le résultat d'un seul accident ou de plusieurs chutes réitérées, et c'est dans ce cas seulement que la valeur de l'animal est réellement diminuée sous le rapport de ses services à venir.

Quelques personnes expérimentées prétendent, et peut-être avec raison, qu'une blessure considérable, même due au hasard, influe toujours d'une manière désastreuse sur la sûreté des jambes.

Comme on peut avoir à choisir, non-seulement des chevaux de luxe, mais encore des chevaux pour un service utile et pour lequel l'économie est d'une grande importance, on peut acheter sans hésiter beaucoup de chevaux couronnés, surtout pour l'attelage ; et en cela si je donne ce conseil, ce n'est pas dans l'idée barbare que le cheval peut alors tomber plus ou moins impunément pour l'homme, mais parce que tel cheval, incapable de porter l'homme, pourra aller vite et longtemps, sans souffrir et sans s'abattre, à une voiture à quatre roues et même à deux. Cela tient à des circonstances que nous expliquerons plus tard, au chapitre de l'équitation.

Souvent on remarque, à la partie inférieure et interne du genou, une cicatrice ou une plaie provenant du heurt du fer de l'autre jambe : c'est ce qu'on appelait autrefois *la grande atteinte.*

Elle vient d'un vacillement dans la marche et peut être causée, comme toutes les autres atteintes, par un état momentané de maladie et de faiblesse. Les chevaux étroits de poitrine peuvent y être plus sujets que les autres, mais pas autant que le disent les vétérinaires, parce qu'en général un animal apprend à composer avec les conditions de sa conformation et en répare les mauvais effets par des habitudes d'allure appropriées.

On voit quelquefois des vessigons au genou, quoique plus rarement qu'aux jarrets ; les molettes se présentent indifféremment derrière et devant. Je ne dirai qu'un mot sur ces tumeurs synoviales.

Elles viennent presque toujours de fort bonne heure et ne passent jamais ; du moins j'ai vu échouer jusqu'ici tous les systèmes et toutes les recettes plus ou moins pompeusement annoncées.

Dans tous les cas, je crois que jusqu'à présent les traitements m'ont paru trop dangereux en proportion du bien qu'on peut espérer en cas de succès.

Je n'ai jamais vu boiter par des molettes, quoique j'aie vu boiter des chevaux qui avaient des molettes.

On appelle molette chevillée l'assemblage de deux molettes qui se correspondent en dedans et en dehors de la même jambe et à la même hauteur. Je n'attache pas à cette complication autant d'importance que beaucoup de connaisseurs.

Il en est de même pour les suros chevillés. Les suros, ou *exostoses*, viennent par contusion ou sans cause apparente ; ils viennent souvent sans qu'on s'en aperçoive et s'en vont de même, quoi qu'on ait dit ; j'en ai vu maint exemple.

Je crois que ce qu'on a dit des suros qui gênent le tendon et font boiter est plutôt un dicton inventé par la théorie que prouvé évidemment par la pratique.

J'oubliais de dire, au sujet des molettes, que les jeunes chevaux auxquels j'en ai vu le plus étaient des sujets énergiques, qui ne se ménageaient pas et chez lesquels l'envie d'aller et la peur de s'abattre ou de s'embourber occasionnaient des efforts suprêmes.

D'après cela, cette tare indiquerait l'excitabilité du système nerveux et pourrait être plutôt l'indice d'une qualité qu'une mauvaise constitution, *relâchement des parties*, en style de maquignon.

Les formes ou exostoses de la couronne sont toujours très-graves, parce qu'elles sont dans l'articulation et que leur développement est indéfini et en partie invisible.

La nerf-ferrure est un nom improprement donné à une maladie nouvelle. Les Anglais disent *broken-down* d'un cheval qui en est atteint.

La nerf-ferrure n'est pas un nerf féru ou frappé ; ce n'est pas le nerf, c'est le tendon qui est attaqué ; ce n'est pas une contusion, c'est une distension qui est le mal.

Lorsque le cheval est lancé à tout son train en course, et

qu'on lui demande encore un surcroît de vitesse, il peut arriver que l'animal, étendant par trop ses extrémités antérieures (voyez l'article *Galop*), n'a plus la force d'enlever le poids de la masse qui vient les surcharger ; le tendon se distend, se déchire, et le cheval se relève boiteux ; la chaleur et l'enflure surviennent à tel point, qu'il y a claudication et même impossibilité de marcher au bout de quelques heures.

La nerf-ferrure, même forte, guérit souvent très-bien ; mais le cheval devient incapable quelquefois de tout service un peu fort, presque toujours de reparaître sur l'hippodrome, au moins avec succès.

Si la nerf-ferrure était une atteinte, les choses se passeraient autrement. J'ai vu un cheval se donner une atteinte en trottinant dans un moment de gaieté ; il tomba comme frappé de la foudre : la *peau*, le *sublime* et le *profond* étaient coupés, non en totalité, mais en partie, comme on l'eût fait avec un sabre. La guérison fut très-longue et laissa une forte cicatrice, mais l'animal ne boita pas un seul instant. La nerf-ferrure ordinaire n'est donc pas une atteinte.

Les chevaux de course ne sont pas les seuls qui soient sujets aux nerf-ferrures. J'ai vu une jument percheronne, employée au fiacre, tomber *broken-down* par suite d'une fourbure qui rendait la marche trop pénible. Il y avait eu distension au moyen d'un effort causé par une extrême douleur.

Mais, en général, c'est le galop de course qui est la cause des nerf-ferrures. Les chevaux incapables de s'employer dans le sens de la vitesse *ne peuvent pas* éprouver cet accident. Les meilleurs racers ont souvent le bonheur de l'éviter pendant une longue carrière de courses.

Cette tare respecte donc les bons et les mauvais, pour ne s'attaquer qu'aux médiocrités intermédiaires.

C'est ainsi qu'au dire d'un habile médecin l'aliénation mentale respecte les idiots et les esprits vraiment supérieurs (1).

Les chevaux de pur sang, croisés avec les espèces communes, leur ont communiqué, avec le pouvoir de mieux courir, *le pouvoir de s'exténuer ;* car on ne tue au travail que les chevaux excellents. L'amoureux de vaudeville qui a crevé sept ou huit chevaux en route habite un monde idéal où il n'y a pas de rosses (2).

Par conséquent l'introduction du pur sang a produit beaucoup de nerf-ferrures. Certains chevaux ainsi tarés ne l'eussent jamais été, parce que, sans le degré de sang qu'ils devaient à leur père, ils n'eussent jamais pu marcher aussi vite qu'ils allaient le jour de leur accident. Quelques autres ont hérité de leurs nobles ancêtres d'une faiblesse relative dans cette partie.

---

(1) Je ne nomme pas ce médecin ; si cet ouvrage lui tombe sous les yeux, il se reconnaîtra. Cette parole de lui m'a souvent fait méditer sur ce qu'est la perfection comme l'entendent les hommes, et je lui dois bien des pensées dont je me suis bien trouvé.

(2) *Il faut qu'il aille ou qu'il crève.* Eh bien ! non, il n'ira pas et il ne crèvera pas. Des chevaux assez énergiques pour se tuer, et des hommes qui les empêchent de se tuer en les ménageant : voilà le beau idéal. Avant que nous ayons la jouissance de cet Eldorado, je crois que nous avons à voir exécuter bien des travaux et résoudre bien des problèmes par notre société protectrice des animaux.

Doit-on tirer de là un argument contre l'emploi du pur sang? Non sans doute, mais je n'ai cité ceci que pour faire voir, ici comme ailleurs, que le bien n'est pas absolu et que la grande question de l'amélioration des chevaux est complexe, ainsi que bien d'autres.

Les jambes de derrière sont sujettes aussi aux nerf-ferrures, mais plus rarement, et le cas est alors beaucoup plus grave. J'en ai vu entre autres deux exemples ; aucun de ces deux chevaux n'était de pur sang.

Les vessigons sont plus fréquents aux jarrets qu'aux genoux ; ils peuvent être chevillés comme les molettes.

Le jarret compte beaucoup de tares qui lui sont particulières.

Le jardon, que beaucoup de gens citent, que beaucoup d'autres ne savent pas reconnaître et qui n'a pas toujours l'importance qu'on lui croit.

Certains amateurs se piquent d'être tellement connaisseurs en jardons, qu'ils ne voient presque jamais un cheval net.

Quant à moi, j'ai été presque honteux de la mauvaise qualité de quelques chevaux chez lesquels j'avais trouvé la *gouttière anatomiquement libre*. On doit sans doute rechercher les jarrets nets, mais l'expérience rend indulgent.

Après la jarde vient la courbe, puis l'éparvin de bœuf, affection plus dangereuse et qui cause souvent des claudications.

Le capelet est peu important, j'en ai vu venir à des chevaux pour en avoir abusé au manége.

L'éparvin sec n'a pas de cause reconnue ; les Anglais le regardent comme une preuve d'endurance.

Voilà, je crois, à peu près toutes les tares importantes à connaître pour l'examen ordinaire d'un cheval.

Il y a une observation fort importante à faire sur ce sujet en général : c'est que le sang diminue sensiblement l'effet désastreux des tares. Un cheval commun sera mis hors de service par une molette, et un cheval bien né vivra et servira pendant dix ans avec des désordres incroyables. Mais c'est l'expérience seule qui peut fixer ces appréciations.

Les Pieds.

Justement, le poumon. . . . .
. . . .
Le poumon. . . . .
Le poumon. . . . .
Le poumon, le poumon, vous dis-je.
MOLIÈRE.

Des pieds, morbleu ! des pieds ! bref c'est une merveille.
MOLIÈRE.

Si j'ai recommandé l'indulgence pour les tares et les irrégularités de conformation, je porterai la dernière rigueur dans l'examen des pieds.

Toute claudication occulte vient du pied. On m'a dit que dernièrement on venait de découvrir une maladie de l'os naviculaire. Toujours est-il que les épaules chevillées, les faux écarts, les souffrances de nerfs, les rhumatismes, etc., se réduisent pour moi à des pieds souffrants et presque toujours incurables.

La première qualité du pied est d'être proportionné au volume du corps du cheval ; rarement un cheval a le pied trop grand, surtout s'il est de stature petite et légère. J'ai rencontré quelques chevaux bien nés qui, élevés dans des contrées basses et humides, avaient le pied plus volumineux qu'on ne devait s'y attendre, et à cela je n'ai pas vu grand inconvénient.

Les chevaux épais et lymphatiques sont lourds et maladroits, leurs pieds s'écrasent sous eux d'autant plus que la corne est molle comme toutes les autres parties de leur individu, et cependant c'est encore le pied grand et large qui leur va le mieux.

Le pied trop petit, surtout à un cheval lourd, est un présage de boiterie à peu près perpétuelle et d'allures nulles.

Le pied grand est sujet aux bleimes, à la fourbure, aux talons bas, évasés; il est souvent comble, dérobé.

Le pied petit est souvent étroit, trop long ; les talons en sont hauts, sujets à l'encastellure, aux seimes, en un mot à toutes les maladies qui ont pour cause le desséchement de ces parties.

Je n'entrerai pas dans des détails qui sont du domaine de la maréchalerie et de l'art vétérinaire. Je dirai seulement que la plus légère inégalité entre les deux pieds, la moindre trace de fourbure et d'encastellure, doit attirer l'attention sur un organe délicat et que les soins parviennent rarement à maintenir en santé quand la nature n'a pas fait elle-même tous les frais.

Il est vrai de dire aussi que chez tout cheval qui s'emploie bien, cette partie doit nécessairement être fatiguée, et que si les chevaux normands nous offrent si souvent des pieds irréprochables, c'est faute d'avoir eu en eux les moyens ou la volonté de se donner des marques de service.

On peut distinguer chez les chevaux cinq types parfaitement différents pour les extrémités. Chacun de ces types se compose d'un assemblage particulier de canon, de tendon, de paturon et de pied qui se concordent; mais, dans la plupart des individus, chacun de ces organes n'est pas toujours exactement analogue à l'autre; il est alors difficile de classer le cheval en question dans une des séries que nous allons énumérer; cela, du reste, ne servirait pas à grand'chose.

Voici l'utilité que je trouve à la division de l'espèce chevaline en ces cinq types principaux quant à leurs extrémités : j'ai observé que les connaisseurs ou soi-disant tels, ayant, après plus ou moins d'études, adopté un modèle idéal de conformation, s'y tiennent exclusivement et rejettent avec obstination tout ce qui contrarie leur ensemble de prédilection. Il y a à cela un grand inconvénient, c'est de faire mépriser le bon, ou au moins le passable, pour courir après une perfection si rare qu'elle est imaginaire; et alors on risque de ne trouver à la place de ce rêve qu'une très-fausse et très-imparfaite ébauche de ce qu'on désire.

En reconnaissant cinq types distincts et parfaits chacun dans son genre, on a le moyen d'être moins exclusif. Du reste, ce nombre de types est purement idéal; j'en ai trouvé cinq : la connaissance de beaucoup d'espèces que je n'ai pas vues, ou une étude plus approfondie de celles que je connais, m'en feraient peut-être signaler davantage.

I. — JAMBE ARABE (*fig.* 101).

Canon plutôt court que long, genoux et boulets très-forts et très-sortis ; tendons épais, détachés, très-apparents ; paturon long et fort, mais plutôt fort que long, sans jamais être court ; le tout terminé par un pied rond, ni trop petit ni trop grand ; enfin celui que les maréchaux donnent pour type du pied bien fait.

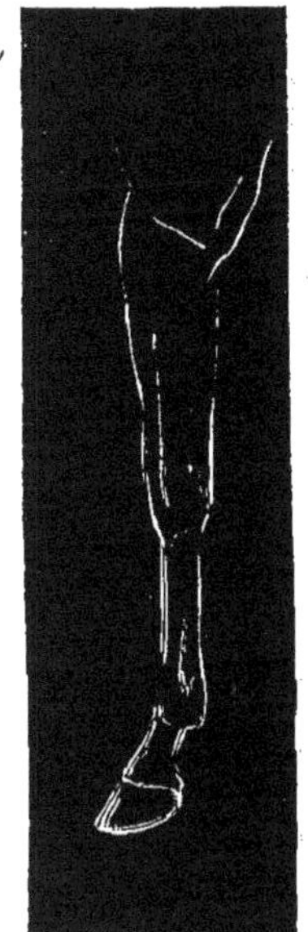
Fig. 101.

Dégénérations et exceptions dépendantes de ce type : 1° *Pieds longs et étroits, talons trop hauts ;* 2° ou pieds longs et larges, talons trop bas.

Le premier cas entraîne les paturons trop droits ; le deuxième cas, les paturons trop fléchis, la marche à huit pieds des Italiens. Les races allemandes, limousines, navarroises, anglaises et généralement tout ce qui tient de près à l'arabe offrent souvent ce type ou ses branches collatérales.

II. — JAMBE ANGLAISE DE PUR SANG (*fig.* 102).

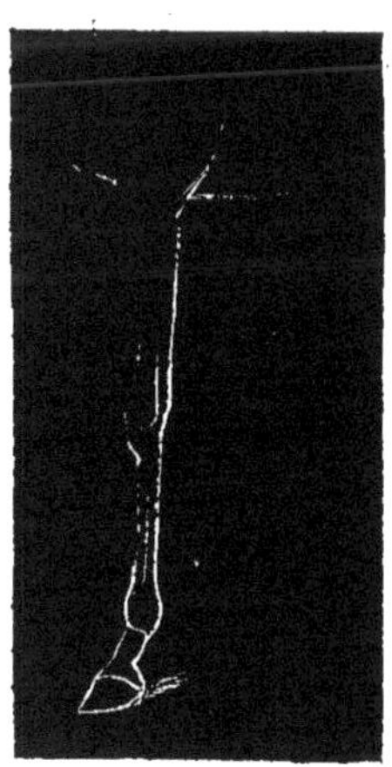
Fig. 102.

Canon très-long, paturon long, les apophyses du genou et du boulet beaucoup moins marquées que dans le type précédent ; les tendons moins épais, moins distincts, quoique la peau soit au moins aussi fine et aussi transparente ; le pied d'une nature beaucoup moins dense, les fibres cornées se voient mieux, parce qu'elles semblent coaggluutinées avec moins de force ; le pied est plus large et n'a plus une forme aussi arrêtée, il grandit, s'aplatit de manière à former par devant un cône beaucoup plus évasé. L'encastellure se rencontre aussi, mais elle semble plutôt venir de la faiblesse de la muraille que de l'étroitesse naturelle des talons.

Le cheval de pur sang et ses croisements avec les espèces fortes dans les plaines de la Normandie et du Yorkshire présentent généralement cette espèce de jambes.

III. — Jambe carrossière (*fig.* 103).

Le troisième type n'est qu'une variété du précédent ; mais ce qui le caractérise, c'est un grand épaississement de la peau, lequel, combiné avec l'effacement complet des apophyses, compose un aspect mou, sans contours, sans caractère, qui fait l'admiration des ignorants ; et comme ceux-ci sont la masse, ces jambes plaisent énormément. Si surtout, comme il arrive quelquefois, le tendon est assez large et l'os crochu complétement dissimulé, avec le paturon dans une direction à peu près convenable ; les crins bien faits feront agréer un cheval totalement incapable, non-seulement d'un effort considérable, mais encore d'une marche régulière.

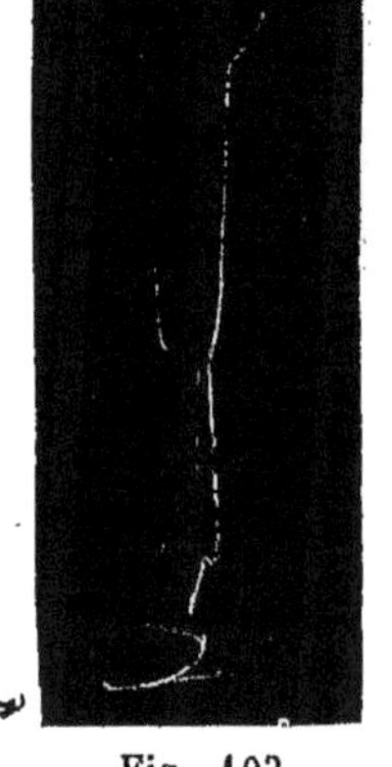
Fig. 103.

Les pieds sont assez grands, mais d'autant mieux faits dans ce type, que l'absence des moyens tend à les conserver.

IV. — Jambe allemande (*fig.* 104).

Le genou est plus souvent petit que fort, mais toujours ou presque toujours assez accentué, de même que le boulet, le membre est grêle, os et canon, sans être remarquable par sa longueur ou sa brièveté. Le paturon est mince, mais court, et assez ordinairement dans une direction convenable ; le tout terminé par un pied volumineux et d'une contexture assez lâche, bien plus large à l'endroit où porte le fer qu'à la couronne ; la sole plus basse que haute, la fourchette large et écrasée, le talon bas et très-ouvert.

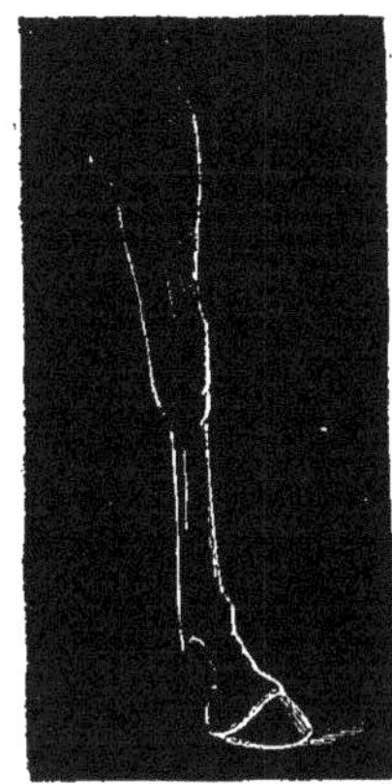

Fig. 104.

Cet ensemble n'est cependant pas aussi défectueux qu'on le croirait. Les chevaux que le commerce de Paris appelle chevaux du Nord, c'est-à-dire qu'on importe de la Hollande, de la Frise, du comté d'Oldenbourg et du Hanovre, offrent presque toujours cette conformation, et cependant leurs pieds résistent très-bien au travail que comportent leur masse, le peu de sang qu'ils dénotent et le régime dans lequel ils ont été élevés ; mais comme ils ont en général plus de cœur que de puissance, ils manquent lorsqu'on les force, et c'est par les pieds.

Chez les individus les plus distingués de ces espèces, principalement chez les danois, la conformation est corrigée, mais non la nature de la corne, qui reste spongieuse.

De ce type dérivent les modèles qu'offrent généralement les allemands améliorés et quelques anglais de demi sang ; beaucoup de ces derniers présentent même le type pur.

V. — Jambe de Norfolk (*fig.* 105).

Les Anglais, pour créer leurs races fortes, ont employé le sang oriental combiné avec les grandes espèces du Nord, flamandes, allemandes, etc., avec lesquelles le cheval anglais natif avait, du reste, beaucoup d'affinité, d'après les conjectures les plus probables.

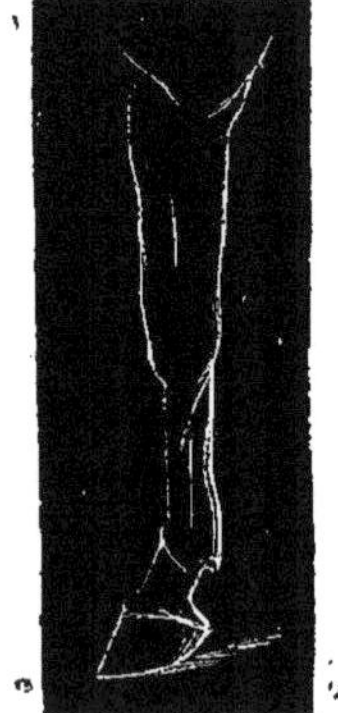
Fig. 105.

A force de vouloir marcher entre les deux écueils du pied trop haut et serré du Midi, et du pied allemand que nous venons de décrire, ils ont créé un type très-remarquable et qu'on ne voit que chez eux.

Les os sont très-volumineux et d'une densité particulière, difficile à exprimer ; on dirait que le tissu osseux est dur et laisse des intervalles entre les lames dont il est formé.

Les genoux et les boulets sont développés.

Les canons épais et accompagnés de tendons très-gros et assez bien détachés, sous une peau épaisse et peu garnie, mais dont les poils sont très-durs et très-épais.

Le paturon est long, très-fort et dans une position approchant fort de la verticale.

Le pied, d'un volume suffisant, est haut dans tous les sens, la muraille est droite presque partout, très-dure ; les talons hauts et peu élargis.

C'est le meilleur pied qu'un cheval volumineux puisse avoir ; peu sujet aux tares accidentelles, comme seime, bleime, fourbure, etc., il finit toujours par l'encastellure ou cette maladie de l'os naviculaire dont nous avons déjà parlé, parce qu'il faut bien que toute chose ait une fin.

De ce type, qu'on n'oublie jamais quand on l'a une fois bien observé, dérivent d'autres genres de conformation. Ainsi, beaucoup de chevaux anglais, de chasse et de voiture, ont, avec le pied plus large et moins haut, mais ressemblant à celui que nous venons de décrire, le paturon fort et court ; ils sont vigoureux, durs d'allure et deviennent de bonne heure droits sur leur devant, etc.

Une fois qu'on aura bien étudié ces principaux types de conformation, on saura parfaitement dans lequel on doit ranger l'individu qu'on examine, et on évitera, souvent du moins, le double inconvénient d'accepter ce qui est mauvais et de rejeter ce qui est bon, et là gît tout le talent du véritable connaisseur ; pas trop indulgent, pas trop difficile, là est le secret.

Les Ensembles.

L'écueil que je voudrais surtout éviter dans un ouvrage purement de théorie, puisque je ne pourrais, pour employer des faits, que citer des exemples imaginaires ou des souvenirs que le lecteur ne voit pas, c'est de me lancer dans des démonstrations mathématiques et dans des discussions plus spécieuses que convaincantes ; aussi j'engagerai toujours les jeunes cavaliers à décider la question par leur propre expérience ; soit que ma manière de voir satisfasse leur esprit, soit que je leur paraisse exprimer une opinion paradoxale et erronée.

Si j'ai eu recours, dans l'examen des têtes et des jambes, à l'idée de classer les individus en divers groupes que j'ai appelés types, à plus forte raison faudra-t-il se créer pour les individualités prises dans leur ensemble divers modèles distincts.

Il est plusieurs moyens de classer ces modèles :

On peut se borner à la considération du service auquel est propre l'animal qu'on examine ;

On peut encore envisager le cheval d'après l'origine dont il sort ; nous nous arrêterons à ces deux-là.

La première classification repose sur un principe que voici : les diverses conditions que nécessitent les services les plus opposés ou les plus analogues, ne sont pas de toute nécessité contradictoires ou similaires.

Par exemple, le racer et le hunter, dont les destinations semblent se rapprocher, peuvent, doivent même offrir des différences, tandis que certaines qualités identiques sont aussi indispensables au cheval de course qu'au cheval de gros trait.

Dans le même service même, les qualités les plus opposées donnent des résultats pareils.

C'est ainsi qu'*Éclipse* était étoffé, fort de croupe, bas et épais de garrot ; *Flying-Childers*, haut de devant, long de jambes et loin de terre ; *Doctor-Syntax* très-petit ; *Bai-Middleton* de la taille la plus élevée ; *Rubens*, court et compact ; *Camel* allongé dans toutes ses parties ; et tous étaient des chevaux de course du premier mérite.

Les modèles les plus opposés se rencontrent dans les mêmes familles, et les générations directes offrent les transmutations les plus brusques.

18.

Ainsi, *Camel*, fils de *Whalebone* petit cheval compact, a-t-il produit *Caravan*, grand et lourd ; tous trois célèbres sur le turf et excellents.

Je préfère citer des chevaux un peu anciens dont il nous reste des portraits ressemblants. Rien n'empêche de juger mes observations en les appliquant aux sujets présents et à venir que l'on pourra voir et essayer.

Le cheval étant donc placé devant nous, nous nous rappellerons qu'il doit être examiné sous quatre points de vue, comme nous l'avons dit : 1° de profil ; 2° de face ; 3° par derrière ; 4° de haut en bas.

Ce dernier aspect est très-important ; par l'habitude on finit par deviner, en restant à côté du cheval, ce qu'il doit être vu d'en haut, et on s'en assure toujours en le montant.

De profil, examinez sa longueur, la hauteur respective des jambes, la tête, l'encolure, le port de queue.

Nous avons déjà expliqué comment et pourquoi le cheval devait être long. Il est entendu que cette longueur doit être fournie : 1° par l'obliquité de l'épaule, qui rejette le garrot en arrière ; par la profondeur de la poitrine, qui projette en avant la pointe du sternum et les parties qui l'environnent ;

2° Par la longueur de la croupe, qui augmente la force des leviers principaux, au moyen desquels la machine est lancée en avant.

Mais n'oublions pas que la longueur du dos et des reins doit être suffisante pour laisser une vaste place aux viscères dont dépendent la vie, la santé et la résistance.

Les jambes doivent être environ de même hauteur, c'est-à-dire que le coude et la rotule doivent se rencontrer sur la même ligne horizontale.

Le coude plus bas permettra la vitesse dans certaines conditions d'ensemble, mais fera craindre que le cheval de course ait de la peine à se relever à chaque pas lorsqu'il s'est lancé très-avant avec une grande puissance d'arrière-main ; il y a alors beaucoup de terrain couvert, mais lenteur obligée entre chaque foulée de galop (1).

Le coude trop haut fait relever l'allure, comme chez le cheval d'Alger, occasionne une grande perte de temps ; beaucoup d'espace est parcouru en l'air, au lieu de l'être d'arrière en avant. Le cheval s'enlève bien pour sauter, mais il laisse ses jambes de derrière sur la barre ou dans le fossé.

Si le garrot est très-sorti, l'encolure pourra être trop hardie ou le rein trop bas. En général, le dos doit être aussi droit que possible. Trop haut du devant, le cheval, difficile à maîtriser, ne peut servir qu'aux attelages de luxe, parce que là la sujétion n'est pas excessive, ou pour la selle, dans le cas où le cheval est totalement livré à lui-même, encore faudra-t-il que la douceur de son caractère le permette.

Trop bas du devant, le cheval, lourd à la main, n'est bon qu'au tirage et hors d'état d'être un brillant carrossier. La hauteur de la croupe l'empêche de s'asseoir, de s'enlever, de s'arrêter même ; aussi est-il rarement rétif avec cette conformation, pourvu qu'on le laisse aller sans trop l'assujettir.

---

(1) Pour le saut, le cheval sera sujet à se précipiter sur ou dans les obstacles, faute de pouvoir se posséder suffisamment dans son train.

La poitrine doit descendre de quelques doigts plus bas que le coude.

Des jambes courtes et bien espacées, en sorte que le coude soit loin de la rotule, forment une bonne construction et qui annonce de la vitesse chez les trotteurs.

La rotule un peu haute et généralement un peu de longueur dans l'arrière-main ne nuisent pas pour la course, surtout si les jarrets sont bas et l'épaule bien oblique.

Chez le cheval de course, les canons, les boulets, les paturons peuvent avoir trop de longueur et être un peu effacés : c'est le défaut inhérent à l'espèce.

Défiez-vous d'une encolure longue et sortie, avec une croupe basse, mince et d'un appareil léger ; il est à craindre que le cheval ainsi fait ne fasse des pointes et ne se renverse.

D'arrière en avant, que le cheval soit fait en coin, c'est-à-dire large de croupe et étroit de poitrail ; il percera mieux droit devant lui, et si le devant est un peu trop haut par le garrot, la chasse de l'arrière-main diminuera ce défaut, qui du reste facilite souvent la légèreté et augmente les moyens.

Ne regardez un cheval en face que pour voir s'il est panard, cagneux ou d'une bonne largeur de poitrail ; mais on ne saurait trop le faire marcher devant soi pour en examiner l'arrière-main, et il est bon d'écouter sa marche (1) pour juger la force et l'égalité des battues.

Les observations dictées par l'expérience sont innombra-

---

(1) On a cité un vieux maquignon aveugle qui jugeait encore les chevaux en les entendant trotter.

bles, et elles ont toujours leur côté juste ; malheureusement, l'observateur ne fait pas assez souvent la part de toutes les causes déterminantes de ce qu'il voit ; l'homme qui n'affectionne qu'une seule race, ou qui gouverne les chevaux de manière à ne pouvoir maîtriser que les individus de tel ou tel modèle ; qui ne se livre qu'à un seul genre de travail, sera tenté de donner comme des généralités ce qui est inhérent à ses goûts ou à ses moyens personnels, et même en ne se trompant pas, il induira les autres en erreur.

L'homme de théorie cherche à appliquer les lois de la mécanique au jeu des ressorts de l'organisation animale. Il voit des poulies, des leviers, des cordes, et lorsqu'il a deviné ou cru deviner l'étendue des mouvements de tel ou tel muscle, il base là-dessus son théorème. Lorsqu'il sait parfaitement la statique et la dynamique, ce qui n'arrive pas toujours, ses raisonnements sont faux encore, en ce que certaines données lui manquent toujours ; en d'autres termes, il est impossible de résoudre l'équation, lors même qu'on peut la poser, parce que les quantités qui devraient être connues sont destinées à nous échapper, éternellement peut-être.

Quand on a déterminé que tel os était un levier de tel genre, mis en mouvement par tel ou tel muscle, qui évaluera la puissance de son effort, quantité nécessaire cependant pour établir quelle doit être la conformation parfaite de cette partie ?

Qui, dans un mouvement donné, pourra calculer l'action de tous les muscles qui y contribuent, leur quantité de mouvement et la direction dans laquelle ils fonctionnent ?

La théorie des équilibres nous échappe également à cause de la rapidité et de la multiplicité des mouvements. En un mot, l'étude de l'anatomie n'est que l'étude de la mort, l'étude des aplombs et des détails de conformation n'est que l'étude de l'immobilité ; il nous reste encore à acquérir la science de la vie et la science du mouvement. Il faut faire aux choses comme aux hommes la part qui leur revient de droit ; vouloir connaître les chevaux par l'analyse de leur myologie ou la mise en équation de leur mécanisme, est une prétention insensée et qui ne mène qu'à l'erreur : autant vaudrait, pour la conduite d'un vaisseau, soumettre la manœuvre du gouvernail à des calculs faits à l'avance sur le mouvement des flots.

D'un autre côté, celui qui agit, agit toujours, sans réfléchir, sans raisonner, sans comparer, acquiert une expérience également trompeuse et illusoire ; il ne voit la vérité qu'imparfaitement, il vaudrait souvent mieux l'ignorer tout à fait ; il met son mécanisme plus ou moins en rapport avec celui du cheval et va tant que durent la jeunesse, la force et la confiance ; il pratique sans savoir, ce n'est qu'un maquignon ignorant.

Étudiez donc l'anatomie et la mécanique animale, cela sert souvent et ne nuit jamais ; mais ne demandez pas à cette science plus qu'elle ne peut vous donner. N'abusez pas surtout des raisonnements mathématiques appliqués aux mouvements animaux, attendu que la force vitale ne s'apprécie pas, comme celle de la vapeur, par un nombre rigoureux d'atmosphères. Étudiez en même temps l'équitation sous le point de vue le plus large, le plus pratique et le plus savant tout à la fois, et lorsque l'examen du cheval vous aura fourni sur son extérieur toutes les données voulues, montez-le, il vous donnera alors lui-même la véritable clef de son mécanisme, à la condition toutefois que vous saurez vous laisser guider, au lieu d'imposer vos convictions et vos exigences.

La différence prodigieuse qui souvent existe entre l'apparence du cheval vu en place ou à la main et ce qu'il se révèle sous l'homme (1) doit toujours être, pour le cavalier, un grand enseignement. On voit quelquefois, sans se l'expliquer, une partie faible secourue par une autre plus forte ; un ensemble de mouvements admirable dans une machine en apparence décousue ; une agilité surprenante avec la démarche la plus gauche ; un pouvoir énorme, de la facilité, et de la continuité d'action avec des tares de toute espèce ; en un mot le théoricien prouve que le cheval ne peut pas marcher, et le cavalier va vite, longtemps, avec sûreté, et le cheval dure. Pourquoi ? comment ? parce que la nature ne nous divulgue pas tous ses secrets et qu'elle semble surtout se rendre impénétrable lorsque nous voulons l'assujettir à nos systèmes. Ce que nous avons appelé les lois de la nature ne sont pas les lois de la nature, ce sont des conventions

---

(1) Nous ne parlons ici que du cheval dressé, et non du poulain qui n'a pas encore été pratiqué. Nous supposons aussi un cavalier sachant parfaitement son métier et en état de mettre immédiatement un cheval à même de se déployer suivant ses moyens et son éducation. Notre dandy français voulant à toute force mettre un genet d'Espagne dans son train, ou l'écuyer de manége s'obstinant à manier un hunter sur les voltes, forment deux nuances opposées d'un même ridicule ; ils prennent pour la science elle-même une instruction incomplète.

plus ou moins fausses, mais telles qu'il les faut pour la faiblesse de notre intelligence, à peu près comme les verres de lunettes qui défigurent, décolorent et renversent les objets, mais enfin les montrent tant bien que mal à nos yeux, incapables, sans ce secours, de soupçonner leur existence.

Nous avons étudié le cheval d'après son aspect extérieur ; nous avons vu en lui l'appareil de locomotion, examiné les lois de la symmétrie et des proportions, tout en faisant, autant que possible, la part de ce qui échappait aux raisonnements ordinaires des sciences exactes.

Sauf cette dernière observation, tous les chevaux ont été pour nous autant de machines composées des mêmes matières et que nous pourrions classer d'après le plus ou moins de régularité de leur conformation.

Un écrivain du XVIIIe siècle, Thiroux, a poussé dans sa dernière rigueur l'application des raisonnements mathématiques et du calcul à la mécanique animale.

Il a pesé le cheval, l'a toisé et, établissant en chiffres la proportion qui existe d'ordinaire entre la taille et le poids du cheval, il l'a condamné à une charge en rapport avec sa hauteur, de sorte que tant de centimètres au garrot amènent tout naturellement tant de kilogrammes sur l'essieu (1).

---

(1) Un cheval de 1^{m}75 pèse d'ordinaire 225 kilogrammes, donc chaque centimètre comporte 1 kil. 280 grammes. Voilà son calcul, page 70, qui, du reste, repose sur une base fausse, car un cheval de 1^{m}75, ou 5 pieds 3 pouces et demi, doit peser plus de 225 kilogrammes, ou 450 livres, puisque dans deux expériences que j'ai faites en me pesant à cheval sur une bascule de grande route, avec deux chevaux différents, j'ai amené 1,200 et 1,000 livres, ce qui donnait, en ôtant 100 kilog. comme poids du cavalier et des accessoires, 500 et 400 kilog. pour des

Les Anglais, bien avant nous, ont compris que les constitutions variaient autrement que par la stature. On indique chez eux que tel étalon est compact et de bonne substance. Ainsi, deux chevaux exactement conformés de même et qui, moulés en plâtre, donneraient le même modèle, pourraient cependant différer infiniment entre eux comme force, comme vitesse, comme résistance.

Ces diverses nuances de vigueur tiennent à la santé, à la constitution individuelle, mais surtout *au sang*.

Ce que l'on appelle le sang n'est pas autre chose que le plus ou moins de ressemblance avec le type originel, l'arabe. Le cheval arabe, ne dégénérant pas dans son pays natal, est bon ou mauvais, suivant les qualités de ses ascendants et les accidents de sa constitution ou de sa vie. Partout ailleurs que dans sa patrie, un animal change de génération en génération, sous les influences du climat : c'est ce que nous appelons dégénérer, toutes les fois que ces changements nous contrarient. Or, le cheval arabe ou *de pur sang* est, nous l'avons dit, l'animal le plus fort de la création par rapport à son poids, et il est d'une taille et d'un volume médiocres.

Tout cheval d'un poids plus considérable, s'écartant par

---

chevaux de 4 pieds 11 p. et 4 pieds 10 p. (1^{m}60 et 1^{m}57). Le même Thiroux disait que les chevaux courts étaient faits pour trotter et les chevaux longs pour galoper. Je crois que l'opinion contraire est consacrée, et cependant je sais, par tradition authentique, que Thiroux était un écuyer habile et recommandable. Jamais un cheval ne paraissait dans son manége, qu'il ne l'essayât lui-même et le premier, payant ainsi de sa personne, comme tous ne le font pas aujourd'hui. Qu'est-ce que cela prouve? c'est que les chiffres ne sont pas tout.

conséquent du type et ayant subi les influences désastreuses de la dégénération, sera moins fort quant à son poids, bien qu'il puisse être absolument plus fort.

Tâchons d'examiner les diverses conséquences de ce fait.

Nous supposerons chez tous les individus que nous comparerons, parité d'âge, de santé, de conformation, etc.

Il est évident que le cheval de pur sang, ayant plus de force relativement à son poids, sera d'une supériorité absolue à l'état de liberté, puisque l'exercice ne consiste alors qu'à porter le poids naturel, moindre chez lui. Cuvier a démontré que dans le saut l'espace parcouru est en raison de la vitesse imprimée au corps, et que la vitesse est en raison directe de la force et en raison inverse de la masse; or, en général, la force étant elle-même communément en raison de la masse, il en résulte que, pour tous les animaux également bien construits pour sauter, les espaces doivent être à peu près égaux, puisque la vitesse est la même; de là, la supériorité immense des petits animaux, si on compare les espaces parcourus à la taille.

Appliquant ce raisonnement aux chevaux, il est évident que le cheval de sang, ayant plus de force relativement à son poids, franchira un plus grand espace.

Posant donc l'équation suivante $E = \frac{F}{M}$ dans laquelle E est l'espace parcouru ou l'effet produit en quelque genre que ce soit, F la force, M la masse, on verra que le cheval de sang aura l'avantage, puisque F est grand relativement à M.

L'expérience nous apprend que plus le cheval a de sang,

plus il a de facilité et de continuité dans les mouvements ; par conséquent, plus l'exercice se prolongera, plus le cheval de sang aura l'avantage.

Mais, comme le cheval ne nous est utile que lorsque nous donnons à ses forces une masse à remuer autre que la sienne, ce sera l'équation $E = \frac{F}{M + M'}$ qu'il nous faudra discuter, M′ étant la masse que nous lui donnons soit à porter, soit à traîner.

Dans le premier cas, le cheval agit comme bête de somme ou comme cheval de selle. La charge ordinaire d'un cheval de selle est de 100 à 200 livres ; son poids peut varier de 600 à 1,200 livres.

Comparons donc deux chevaux de 700 et de 1,000 livres, chargés d'abord de 100, puis de 200 livres.

Dans la première supposition :

Le cheval léger portera $\frac{1}{7}$ ou $\frac{10}{70}$ de son poids ;

Le cheval lourd portera $\frac{1}{10}$ ou $\frac{7}{70}$ de son poids.

Le premier est donc proportionnellement chargé, en plus que l'autre, des $\frac{3}{70}$ de son poids.

Avec le cavalier de 200 livres :

Le cheval léger portera les $\frac{2}{7}$ ou $\frac{20}{70}$ de son poids ;

Le cheval lourd portera les $\frac{2}{10}$ ou $\frac{14}{70}$ de son poids.

Le cheval léger a donc ici les $\frac{6}{70}$, au lieu de $\frac{3}{70}$ de son poids à porter en plus ; cela peut expliquer comment le cheval lourd peut trouver en course son avantage dans l'augmentation des poids, surtout si l'on fait l'observation qu'au delà d'une certaine quantité, les poids ajoutés surchargent plus qu'en raison de leur valeur intrinsèque ; qu'ainsi trois livres ajoutées à deux cents fatiguent plus qu'ajoutées à cent (1).

Le raisonnement serait le même pour les chevaux de bât; mais à ces données vient se mêler une autre qui échappe à tous les calculs de mathématique et qui les rend inutiles, si ce n'est à fixer tant soit peu les idées : c'est qu'en raison de l'origine du cheval, et par conséquent presque toujours en raison inverse de son poids, la tenacité des muscles, la puissance instantanée de leur effort et la durée de leur action viennent à augmenter, et à augmenter d'autant plus que la rapidité de l'épreuve est plus considérable.

It is the pace what kill (*c'est le train qui tue*), maxime éminemment juste et qui a deux sens : le premier, qu'une

---

(1) Voici le raisonnement sous la forme algébrique :
E est l'effet égal des deux chevaux.
F, M la force et la masse du cheval léger.
F', M' la force et la masse du cheval lourd.

On a donc $E = \frac{F}{M}$ et $E = \frac{F'}{M'}$

donc $$\frac{F}{M} = \frac{F'}{M'},$$

or puisque $M' > M$, $F' > F$,

Ajoutant une charge C, de telle sorte que $C = \frac{D}{M}$, on aura, appelant e et e' l'effet produit par l'effort des deux chevaux,

$$e = \frac{F}{M + \frac{D}{M}} \quad (1)$$

pour le cheval léger,

et $$e' = \frac{F'}{M' + \frac{D}{M}} \quad (2)$$

pour le cheval lourd.

Or, comme $M' > M$, le dénominateur de (2), est proportionnellement moins augmenté que celui de (1), il en résulte $e' > e$ à l'avantage du cheval pesant.

tâche très-facile épuise le cheval si vous augmentez la vitesse d'une quantité même assez minime (1) ; le second, que de deux chevaux égaux en apparence, pour une distance donnée et parcourue lentement, le mieux né prend un avantage d'autant plus marqué que l'on veut raccourcir le temps de l'épreuve, ou augmenter le train.

Quels sont donc les avantages respectifs du sang et de la masse dans l'action de porter ?

Le sang est susceptible d'un effort désespéré beaucoup plus considérable, d'une succession d'efforts modérés beaucoup plus longue ; l'épuisement total arrive beaucoup plus tard.

La masse a plus de facilité pour un effort assez grand, mais qui n'exige pas le développement entier de la force contractile ; une tâche pénible pour le cheval de sang pourra donc être continuée plus longtemps par le gros cheval, parce qu'elle sera extrême pour le premier et non pour l'autre. Il y a même des cas où la masse peut, sans se forcer, arriver à un effet que le sang ne saurait atteindre que par un effort extrême, le tirage d'une lourde voiture en mauvais chemin, par exemple.

Si nous voulons résumer et appliquer, nous dirons que pour la course longue et rapide l'avantage est nécessairement pour le cheval de sang ; que pour la chasse et la guerre, surtout lorsque le cavalier est lourd et chargé, la masse

---

(1) Un cheval fort médiocre peut aller 90 minutes au train de 12 kilomètres à l'heure en chemin plat ; il faut un bon cheval pour parcourir 16 kilomètres à l'heure pendant 90 minutes sans s'épuiser.

remplace le sang ou lui donne une nouvelle vigueur quand les deux avantages se trouvent réunis chez le même individu en proportion convenable.

Dans l'action du tirage, le poids spécifique de l'animal entre pour une bien plus grande part que l'énergie donnée par une belle origine, si toutefois nous entendons par tirage l'effort extrême du cheval en ce sens.

Il est reconnu que sur une route plate, dans les conditions ordinaires, les roues diminuent de dix-neuf vingtièmes l'effort nécessaire pour enlever le poids donné. Ainsi, 1,500 kilogrammes, charge ordinaire d'un bon cheval de roulage (chariot compris), sont portés en avant par un poids de **75** kilogrammes mis au bout d'un câble qui passerait par une poulie et s'attacherait par l'autre bout à la voiture (*fig.* 106).

Fig. 106.

Le cheval peut vaincre la résistance que le collier oppose à sa marche, soit par la contraction de ses muscles, soit en jetant simplement une partie de sa masse dans le collier. Attelant donc les deux chevaux de **700** et de **1,000** livres dont nous parlions tout à l'heure, nous voyons quel avantage le dernier a sur l'autre en s'appuyant seulement et avant d'avoir fait le moindre effort. L'idée de consacrer le cheval léger au roulage ou même à toute voiture pesante est donc ridicule et insoutenable.

Il n'en sera plus de même si, diminuant le poids, vous voulez augmenter les vitesses. Les chevaux de trait rentrent alors dans la classe des chevaux de selle peu chargés, en ce sens que le poids additionnel devenant presque nul, l'avantage revient à celui qui meut le plus facilement sa propre masse, le cheval léger. Augmenter les distances aura le même résultat que d'augmenter les vitesses, puisque vous vous adressez alors à la faculté de continuer les efforts de la marche.

Toutes les questions de ce genre seront traitées aussi complétement que possible dans la deuxième partie, ayant pour but d'utiliser le cheval, ou dans la troisième, quand il s'agira de choisir et de créer les types applicables à tous nos besoins.

Nous avons parlé plus haut de la nécessité de se créer divers modèles spécialement applicables à tel ou tel service. Nous avons dit encore que les mêmes qualités pouvaient être exigées impérieusement pour des services très-différents ; il résulte de là que le même cheval peut réunir des conditions qui le rendent apte à plusieurs destinations à la fois.

Les modèles qu'on peut distinguer sont par exemple : 1° le cheval de course ; 2° de chasse ; 3° de guerre ; 4° de tilbury ; 5° de carrosse ; 6° d'artillerie ; 7° de charrue ; 8° de roulage, etc., etc. Nous ne nous arrêterons pas à détailler ici toutes ces diverses spécialités.

Ces considérations doivent trouver leur place dans la deuxième partie de notre ouvrage, laquelle doit traiter de l'emploi du cheval.

Nous avons parlé d'une autre manière de classer les modèles de chevaux dont chaque individu doit nous offrir un spécimen.

Cette manière consiste à étudier l'ensemble de conformation et de physionomie qu'imprime chaque contrée à tous les chevaux qu'elle a vus naître.

On conçoit qu'indépendamment des circonstances climatériques, le goût des habitants, leurs habitudes et le plus ou moins de persistance qu'ils apportent à conserver par génération telle ou telle variété, doivent influer sur la forme et les qualités des animaux qui peuplent chaque pays.

Cela nous mène naturellement à étudier les chevaux sous le point de vue particulier de leur patrie, et c'est ce que nous allons faire dans le chapitre suivant, qui traitera des races.

DES RACES.

On sait que les hommes de cheval ont appelé races les diverses variétés de l'espèce chevaline ; il faut adopter ce terme, généralement compris et usité. Toutefois, il est bon de fixer parfaitement les idées sur la valeur de ce mot. Une race n'est pas l'ensemble de tous les individus d'une famille homogène qui, ne s'alliant jamais avec aucune autre, conserverait à perpétuité son type particulier et son uniformité. Cet état de choses n'existe et ne saurait exister nulle part. A l'état sauvage même, des accidents fortuits mélangent les familles ou les forcent à des migrations telles que le changement de climat peut avoir sur elles une influence notable ; de plus, dans tout autre pays que le sol natal, les causes de dégénération agissent avec une action sans cesse croissante. Si l'on ajoute maintenant tout ce qui est du fait de l'homme : sa négligence, ses erreurs, ses tentatives intelligentes ou mal combinées d'amélioration, on concevra facilement qu'il n'existe et ne peut réellement exister de race et de type que le cheval arabe plus ou moins bien conservé, c'est-à-dire dont les ascendants auraient toujours été judicieusement choisis dans une seule et même vue de *conservation* ou de perfectionnement.

Cette fluctuation incessante, déterminée par mille causes

dont la plupart nous échappent, est le plus grand argument à opposer à une certaine classe d'hippologues. Nous verrons, par exemple, regretter avec amertume nos belles races éteintes de la Normandie, du Limousin, de l'Auvergne, etc. On conseille de les recréer en rassemblant les quelques individus épars dont l'origine ou le modèle rappellerait ces anciennes souches, afin de revenir au type primitif. Mais, si l'on remonte aussi haut que possible, dans les documents qui nous restent, on voit d'une part tous les écrivains exhaler les mêmes regrets jusque et y compris les auteurs des manuscrits antérieurs à l'imprimerie, et de l'autre, on a des preuves certaines que les éleveurs n'ont jamais cessé d'importer tel ou tel type étranger dans leurs haras, en variant toujours selon leurs goûts, leurs ressources ou les caprices de la mode. Il n'existe donc pas de races proprement dites, quant à l'origine. La seule qui pourrait être citée, le pur-sang anglais n'est pas pur, comme on le verra.

Toutefois, il est certains caractères de ressemblances qui rapprochent plus ou moins les individus de la même contrée. Ces caractères sont difficiles à saisir, et ne peuvent être définis avec l'exactitude désirable; la connaissance parfaite et l'habitude du pays même sont nécessaires au véritable connaisseur pour assigner à un cheval sa patrie d'une manière certaine. L'uniformité que l'on rencontre dans les convois ramenés de tel ou tel pays est ce qu'il y a de plus trompeur dans cette étude. On imagine toute une population identique de chevaux, et on ne réfléchit pas que la similitude qui frappe dans une écurie de marchand est le résultat des choix les plus étudiés et du remaniement le plus minutieux (1).

Le spectacle de la foire d'où viennent ces chevaux si pareils dérouterait complétement, par la variété des individus qui s'y rencontrent.

Ayant donc établi quelle était véritablement l'acception vague et variable du mot race, nous allons jeter un coup d'œil superficiel sur l'état actuel des variétés chevalines du globe.

Chevaux arabes.

On prétend qu'il existe des chevaux sauvages en Arabie ; les Bédouins les chasseraient pour leur chair, très-estimée quand l'animal est jeune ; ils seraient si vites, qu'on ne pourrait les prendre qu'au piége : aussi, les croisements avec l'espèce apprivoisée seraient-ils fort avantageux. Telle serait alors la véritable souche primitive de l'espèce chevaline. Mais tout ceci est contredit par d'autres écrivains et par plusieurs voyageurs, entre autres par Bruce, grand amateur de chevaux.

Il existe une multitude de relations de voyageurs et de récits plus ou moins poétiques sur l'Arabe et son coursier. Mais, pour un écrit spécial, ces documents n'offrent pas un intérêt suffisant de certitude.

Nous lisons, par exemple, dans Niebuhr, voyageur danois, les distinctions rapportées dans Bourgelat et Huzard ;

---

(1) Cette question est très-importante en élevage ; on y reviendra en temps et lieu.

mais Niebuhr était astronome et non homme de cheval ; les dessins qui ornent son ouvrage le prouvent de reste. Faire ici un extrait de tout ce qui a été dit sur les chevaux arabes serait inutile et fastidieux (1).

Tous les voyageurs qui ont visité l'Orient parlent du che-

---

(1) Il y a en Arabie des chevaux, et on sait que les Arabes font grand cas de leurs chevaux ; on pourrait dire qu'ils les divisent en deux espèces : ils nomment l'une Kadisch, c'est-à-dire chevaux de race inconnue, lesquels ne sont pas plus estimés en Arabie que les chevaux ordinaires ne le sont en Europe ; ils servent à porter les fardeaux et à tous les autres ouvrages ; la seconde espèce s'appelle Kochlâni ou Kohelje (*), c'est-à-dire chevaux dont on a écrit la généalogie depuis deux mille ans. On veut qu'originairement ils soient venus du haras de Salomon ; aussi sont-ils très-chers. On les vante comme fort propres à soutenir les plus grandes fatigues et à passer des journées entières sans nourriture, vivant, comme on s'exprime, de l'air. On leur attribue de se jeter avec impétuosité sur l'ennemi, et l'on assure qu'il y a des chevaux de cette race qui, lorsqu'ils sont blessés dans une bataille, et qu'ils se sentent hors d'état de porter plus longtemps leur cavalier, se retirent de la mêlée et se mettent en sûreté. Si le cavalier est par terre, ils restent près de lui et ne cessent de hennir jusqu'à ce qu'il soit secouru. Ils ne sont ni grands, ni beaux, mais très-vites à la course ; aussi les Arabes ne les estiment-ils que pour leur race et pour leurs qualités, mais nullement pour la figure. D'ailleurs, on ne s'en sert que pour les monter, et jamais pour aucun autre travail. Les kochlâni sont principalement élevés par les Bédouins, entre Bâsa-Merelin et la Syrie, où les grands seigneurs ne veulent point monter d'autres chevaux. Toute cette race se divise encore en plusieurs familles. On trouve près de Mosul les familles Dsjülfa, Mânalci, Debâlemie, Seklani, Saade, Hamdâni et Isadsje ; celles d'autour de Haleb sont Dsjulfa, Mânaki, Torcifi, Seklani ; à Hama, Hallani ; à Orfa, Daadsjani ; à Damask, Nedsjedi.

Je n'ai pas entendu parler de ces kochlâni sur la côte occidentale de l'Arabie ; mais je crois qu'il y en a surtout dans l'Hedsjas. Quelques-unes de ces familles sont préférées aux autres, et bien que l'on soit assuré que les kochlâni sont quelquefois inférieurs à quelques kadischi,

(*) Kohel est un fard noir que les femmes se mettent sur les paupières. Ces chevaux ont, en effet, les paupières noirâtres, ce qui donne de la vivacité à leurs yeux.

val arabe ; un extrait de leurs relations serait ici d'un bien moindre intérêt qu'on ne pourrait le croire ; en effet, les uns, étrangers au sujet, n'ont pu faire aucune remar-

---

on estime beaucoup plus les premiers, surtout les juments, dans l'espérance d'en avoir de belle race.

Il est vrai que les Arabes manquent de tables généalogiques pour prouver de quelques centaines d'années la descendance de leurs kochlâni : cependant, ils peuvent être assez sûrs de leur race, parce qu'ils font toujours couvrir leurs juments en présence de témoins arabes ; et bien que les Arabes ne se fassent pas toujours scrupule de faire un faux serment, il n'y a pas d'exemple qu'ils aient jamais signé une fausse attestation touchant la naissance d'un cheval, parce qu'ils sont bien persuadés que toute leur famille serait détruite, au cas qu'ils déposassent contre la vérité. Quand un chrétien a une jument de la race kochlâni, ou en entretient pour un Arabe et veut la faire couvrir par un étalon kochlâni, il est obligé de faire appeler un Arabe pour témoin ; celui-ci reste vingt jours près de la jument pour être sûr qu'aucun étalon du commun ne la déshonore. Pendant ce temps-là, elle ne doit pas voir, même de loin, ni cheval entier, ni âne. Quand elle met bas, le même arabe y doit être présent de nouveau, et le certificat de la naissance légitime du poulain est expédié juridiquement dans les premiers sept jours. Le chrétien donne à ce témoin, pour sa récompense, un benïsch, c'est-à-dire un habit. On ne fait jamais couvrir une jument kochlâni par un étalon kadisch, et quand cela arrive, par hasard, le poulain est réputé kadisch. Cependant, les Arabes ne se font aucun scrupule d'accoupler un de ces étalons nobles avec une jument de race commune, mais le poulain de cette jument est toujours censé kadisch.

Les Arabes vendent leurs étalons kochlâni, tout comme leurs chevaux communs, sous toutes sortes de conditions arbitraires ; mais ils ne vendent pas volontiers les juments pour argent comptant. Lorsqu'ils ne peuvent les bien soigner, ils les confient à un autre, sous condition d'avoir part aux poulains, ou de redemander les juments au bout d'un temps fixé. Je crois que le possesseur de l'étalon peut aussi se réserver une partie du prix que l'on mettra au poulain. Cependant, il paraît qu'il en est de ces kochlâni comme de l'ancienne noblesse des Arabes, dont on ne connaît le mérite que dans leur patrie. Les Turcs ne font cas de ces chevaux fameux que quand ils peuvent les avoir pour rien ; comme leur pays est fertile, bien arrosé et plus montueux que l'Arabie, que utile à la science ; les observations des autres n'ont de poids qu'en raison de leur expérience en matière hippique ; et le véritable moyen de connaître un écrivain est de le lire. Nous renvoyons donc aux sources mêmes plutôt que de multiplier les citations.

Bourgelat et Huzard ont recueilli à peu près tout ce qu'on savait de leur temps. Depuis, sir John Malcolm, le major Denham, M. de Chateaubriand, M. de Lamartine ont donné, sur les coursiers du désert, des détails qu'on ne lira pas sans intérêt et surtout sans plaisir.

Il est certain que le climat de l'Arabie a dû, de tout temps, produire de bons chevaux ; mais l'excellence de la race est évidemment due à Mahomet ; cet homme de génie, en régénérant les populations, ne pouvait négliger le cheval, si utile à une époque de civilisation et dans un pays où toute la force des armées était dans la cavalerie. Aussi a-t-il fait descendre ses chevaux des haras de Salomon, de même qu'il rattachait le Coran à la Bible. Le conte véri-

---

les chevaux qui sont grands coureurs ne leur sont pas si utiles. Les grands chevaux forts et pesants, qui font une belle parade sous des harnais lourds et magnifiques dont ils les couvrent, leur plaisent bien davantage. Je présume qu'il y a aussi des kochlâni en Dsjof, province de l'Yemen ; mais, je doute qu'on les prise beaucoup dans le domaine de l'Imam, parce que les chevaux appartenant aux personnes qualifiées de ce pays me parurent trop beaux et trop grands pour kochlâni. Les Anglais, par contre, achètent quelquefois à Mokha des chevaux pour huit écus jusqu'à mille écus la pièce. Un marchand m'assura qu'un de ses compatriotes avait acheté, à Mokha, un de ces chevaux, pour lequel on lui avait offert, en Bengale, le double du prix d'achat, mais qu'il l'avait envoyé en Angleterre, où il espérait en avoir le quadruple.

(Extrait de Niebuhr, tome 3, page 142.)

tablement oriental de la jument à tête d'homme sur laquelle il fut transporté par-delà le soleil et la lune, pour voir Dieu face à face, avait pour but d'intéresser les croyances populaires à la conservation d'un animal précieux.

Les Arabes ont apporté dans l'art d'élever et de gouverner le cheval l'intelligence et la sagacité qui ont toujours caractérisé les races orientales ; ainsi le cheval de nos jours est l'enfant de l'islamisme.

Le soin des généalogies, les épreuves rigoureuses pour classer les individus, l'art de l'entraînement, ont probablement été importés d'Orient en Angleterre ; ou du moins, nous avons la preuve que toutes ces notions importantes étaient familières aux Arabes (1).

Depuis que j'ai écrit ces lignes, l'ouvrage du général Daumas a paru, lequel donne, selon moi, un nouvel appui à mes assertions.

Nous n'avons pas de renseignements positifs sur leur manière d'élever ni de juger les chevaux, non plus que sur les diverses familles qu'ils distinguent ; ce sont d'ailleurs

---

(1) L'arabe prend sa pouliche et souvent, sans l'avoir jamais montée auparavant, il saute sur son dos et la lance à travers les rochers et les sables du désert, lui faisant parcourir cinquante ou soixante milles sans respirer, puis il la plonge dans l'eau jusqu'au poitrail toute couverte de sueur. Si, après cette épreuve, elle mange comme à l'ordinaire, elle est déclarée kochlâni. (*The Horse*, p. 13.)

Beaucoup de voyageurs rapportent la manière dont les Arabes mettent leurs chevaux et leurs chameaux en état de traverser le désert. C'est un véritable entraînement.

Il est des *pedigrees* qui remontent, pour le père et la mère, au delà de 500 ans. Vraies ou fausses, ces généalogies prouvent l'importance que l'on attache au sang.

les premiers maquignons du monde ; pleins de mépris pour les chrétiens, et croyant faire acte de piété et de patriotisme en empêchant les Européens de se procurer des étalons et surtout des juments d'un mérite supérieur. Il serait donc à désirer que des hommes savants et sûrs fussent envoyés dans le pays, y vécussent assez longtemps et parvinssent à se mêler à ces peuples nomades et défiants.

Quoique nous connaissions donc peu les familles arabes, nous pouvons cependant juger si un cheval oriental est d'une origine plus ou moins relevée.

Les individus les plus distingués offrent l'image de la perfection et du beau idéal. La tête et les membres, les jarrets surtout, sont irréprochables. Les crins beaucoup plus foncés que la robe, du ladre, du truité, des reflets fort brillants, et une grande énergie dans le port et les mouvements de la queue, sont les caractères les plus saillants qu'on puisse signaler dans le cheval arabe. L'épaule est souvent courte et ronde ; mais, chez quelques étalons de l'origine desquels on est moins incertain, nous avons vu cette partie aussi belle que dans les races anglaises. Tels étaient probablement ceux à qui les belles races britanniques doivent toutes leurs qualités ; le *stud-book* anglais en cite plus de cent. *Darley's Arabian* et *Godolphin* sont les plus célèbres.

Indépendamment des avantages d'une conformation élégante et régulière, d'une constitution excessivement robuste, on reconnaît encore au cheval arabe une douceur de caractère, une franchise et une intelligence qu'on chercherait en vain dans toute autre espèce, et qui se révèlent dans sa magnifique physionomie.

Les soins judicieux des habitants du désert et surtout les rapports qu'établit la vie nomade entre le cavalier et le cheval ont singulièrement développé chez le dernier toutes les facultés morales.

Voici, du reste, un portrait du cheval arabe, tiré d'un ouvrage anglais.

« Le cheval arabe ne serait pas regardé par tout le « monde comme parfait dans sa forme : sa tête, cepen- « dant, est inimitable. Un front large et carré, la brièveté, « la beauté du museau, des yeux à fleur de tête et brillants, « la petitesse des oreilles, des veines apparentes caracté- « risent toujours la tête arabe.

« Son corps peut être considéré comme trop léger et sa « poitrine trop étroite ; mais, derrière les bras, le coffre « est généralement renflé et laisse assez de place pour le « jeu des poumons.

« Dans la conformation de l'épaule, comme dans celle « de la tête, l'arabe est supérieur à toute autre espèce. Le « garrot est haut, l'omoplate inclinée en arrière et si bien « ajustée, qu'en descendant une pente, la pointe du coude « ne frôle jamais la peau. Il ne paraît pas assez grand, « ayant rarement plus de quatorze mains deux pouces (1).

« La finesse de ses jambes, l'obliquité de ses paturons, « pourraient le faire croire faible ; mais la jambe, quoique « mince, est plate et sèche ; les anatomistes savent que ses

(1) Une main est quatre pouces anglais. Le pouce anglais est plus petit que le pouce français. Seize mains ou cinq pieds quatre pouces anglais représentent à peu près cinq pieds de France.

« os ont une densité rare, et les muscles partant de l'avant-« bras et de la cuisse indiquent qu'il est capable d'accom-« plir tout ce qu'on peut lui demander. »

Telle est l'opinion générale, en Angleterre, au sujet du cheval arabe, malgré une certaine tendance de nos voisins à dénigrer cette espèce, tant par amour-propre national que pour ne pas divulguer le véritable secret de l'amélioration des races chevalines : le croisement avec le type primitif.

Le cheval arabe n'est cependant pas le meilleur cheval du monde dans une acception absolue ; il est le plus beau, le plus parfait, le mieux apte à tous les divers services, par sa conformation, mais sa taille est médiocre, elle n'atteint que par exception neuf pouces ; si sa sobriété et sa vigueur le mettent à même de traverser le désert, tâche impossible pour tout autre cheval, il n'a ni la vitesse ni le fonds du pur-sang anglais pour une course donnée ; il n'est pas égal, surtout sous un fort poids, à un bon hunter ; il n'a ni le poids ni le train au trot d'un bon carrossier.

Il ne faut pas ajouter foi à toutes les anciennes prouesses du cheval du désert, le bédouin n'a ni bornes pour mesurer les distances, ni montre pour marquer le temps. On connaît d'ailleurs la valeur des contes orientaux. Partout où des chevaux arabes ont été opposés à des chevaux anglais, ils ont eu un désavantage marqué et n'ont jamais pu soutenir la concurrence. Si le contraire a été affirmé, pourquoi n'a-t-on pas cité à l'appui le nom des chevaux de pur sang anglais vaincus dans la lutte ? On sait que tout racer a un nom, une origine officiels, que ces performances sont enregistrées, et que toute la famille des *Thorough bred* est si connue, qu'une victoire remportée sur l'un d'eux suffit pour classer les vainqueurs, ou au moins donner une idée assez précise de leur mérite.

Le cheval arabe est donc inférieur en moyens, en force, en vitesse, au cheval anglais ; il peut être préféré, en certains cas, comme cheval de caprice, de manége ou de parade. La raison de cette infériorité est toute simple : la nation anglaise étant la plus éclairée du monde sur tout ce qui regarde l'éducation des animaux domestiques, a travaillé pendant des siècles à perfectionner la race arabe, et les inconvénients d'un climat contraire n'ont pu contrebalancer les soins judicieux, les croisements bien calculés, les épreuves si décisives des courses, des chasses ; en un mot, les efforts de l'homme opposant la nature à elle-même et lui dérobant ses secrets.

Le cheval anglais est donc le cheval arabe approprié à nos besoins ; mais c'est précisément l'excellence du cheval anglais qui fera apprécier le mérite du cheval arabe comme reproducteur, puisqu'en effet il est la souche du produit même que nous lui préférons ; il a une virtualité que son descendant a perdue ; il donne ce qu'il n'a pas : taille, force, moyens, vitesse, les Anglais ont tout obtenu de lui dès les premières générations (1).

Du reste, cette importante question sera traitée avec tous

(1) *Flying-Childers*, qui fit un tiers de mille anglais en vingt secondes, était fils de *Darley's Arabian*. *Eclipse* était petit-fils de *Darley's Arabian* ; et, de nos jours, *Eylau* était petit-fils de *Massoud*.

les développements convenables lorsqu'il s'agira de l'élevage et des croisements.

Je crois devoir expliquer ici, en peu de mots, la raison principale de cette grande controverse au sujet du cheval d'Orient et du cheval anglais et qui paraît aujourd'hui tendre à se terminer en faveur du dernier.

Un grand malheur de la question chevaline est de n'être presque jamais envisagée de haut et de loin. L'engouement le plus frivole et le découragement le plus irréfléchi se succèdent continuellement au sujet de chaque système.

Nous lisons que le duc de Newcastle jugea très-défavorablement un cheval arabe acheté cinq cents guinées par le roi Jacques Ier, pour n'avoir pas bien couru, après avoir été régulièrement entraîné, et que cette opinion erronée (1) (c'est un Anglais qui parle) influa, pendant un siècle, sur les éleveurs anglais de manière à les dégoûter de l'espèce orientale.

Il existe un mémoire sur la destinée comme étalon du célèbre *King-Pépin*, acheté et amené par le comte d'Artois quelques années avant la révolution.

Dans cet écrit, il est mentionné que ce cheval ne produisit rien de bon, si ce n'est un cheval alezan de manége qui passa à la grande écurie de Versailles.

Suivent les raisons de ce mauvais succès : *King-Pepin* avait été mal acheté ; on offrit, après une victoire suivie de l'achat, de le faire battre par le même cheval pour mille guinées ; il fut battu en France, etc., etc.

---

(1) *The Horse*, p. 28.

Tout cela ne prouve rien : un cheval de premier ordre est battu aujourd'hui, vainqueur un autre jour. *King-Pépin* était bien né, bon cheval, et nous achetons tous les jours des chevaux de son origine (1).

On ne doit donc accuser que le mauvais emploi de l'étalon et non son peu de mérite.

Il n'y a pas plus de justice à dénigrer le sang arabe, dont les Anglais ont fait leur pur sang.

Au lieu de copier, pour soutenir une cause, les mauvaises raisons que donnent les partisans de la cause contraire, examinons pourquoi et en quoi ont tort les uns et les autres.

On accuse les amateurs du pur sang de ne pas produire tels ou tels résultats : nous verrons plus tard ; ce n'est pas ici la question.

Mais on accuse les proneurs du sang arabe de ne rien faire de bon, et c'est à juste titre. Mais pourquoi ?

Il existe des chevaux arabes de tout modèle et de toute nature ; que veut-on produire ? des chevaux plus grands, plus vites, plus forts que l'arabe. Eh bien ! si l'on choisissait l'arabe à grandes lignes, long d'épaule, long de croupe, bien semblable en un mot au cheval anglais, et avec tout cela d'une riche et puissante nature, on obtiendrait de lui des chevaux grands, forts, robustes, vigoureux que l'on ne distinguerait pas toujours des fils d'anglais. Seraient-ils meilleurs ? ce n'est pas la question ; qu'ils soient aussi bons,

(1) La mère de *King-Pépin* se retrouve dans le pedigree de *Paradox*, *Tarrare*, *Silvio*, *Félix*, et de bien d'autres dont l'énumération serait trop longue.

ou même pas trop inférieurs, ça suffirait encore lorsqu'on aurait à choisir entre un bon arabe et un mauvais anglais, et on en est souvent réduit là.

Mais quels sont les arabes qu'on amène ordinairement ? des chevaux courts, ramassés, sans lignes, sans points de force ; nets, ronds et propres, comme on dit en argot d'éleveur ; en un mot, propres à servir de cheval de manége ou de bidet de poste (1)..., et l'on n'obtient avec ça rien qui flatte le goût actuel, qui réponde aux besoins du jour ; il n'y a là rien qui doive étonner !

Je ne veux pas développer davantage cette idée, ce serait très-long ; de plus, il faudrait citer des exemples, nommer des chevaux que tout le monde connaît, par conséquent en venir à désigner des personnes, à mettre en jeu des amours-propres, en un mot engager une espèce de polémique ; cela me répugne et ne convient pas dans un ouvrage comme celui-ci.

Chevaux barbes et égyptiens.

On a donné le nom de Barbarie à toute la côte septentrionale de l'Afrique, depuis l'Égypte jusqu'à l'Océan, à l'est et au midi jusqu'au désert ou à l'Atlas.

---

(1) Ce n'est ici ni une mauvaise plaisanterie, ni une invective. On demande à un cheval de poste une allure qui ne fatigue pas un cavalier forcé de courir jour et nuit, et qui se soutienne pendant deux, quatre ou cinq lieues. C'est déjà quelque chose, mais on lui demande peu de *train*. Plus tard, je démontrerai que les mots de poste et de vitesse n'ont rien de commun.

Cette contrée est favorable à l'existence des chevaux ; elle en a produit de toute antiquité. Ainsi, l'Écriture sainte nous montre Joseph, dans la splendeur de sa puissance, allant au devant de son père sur un char magnifique, traîné par des chevaux (1). Elle nous parle de ceux que Salomon faisait venir d'Égypte : *Ducebantur autem equi ex Ægypto.* L'histoire profane nous présente les grandes armées du roi Sésostris comme entièrement composées de cavalerie. Les services du cheval en Égypte et en Barbarie sont donc fort anciens et aussi anciennement connus que la civilisation de ce pays.

Plus tard, la prospérité de Carthage dut contribuer à l'amélioration des chevaux d'Afrique. De là sans doute cette fameuse cavalerie numide si estimée des Romains.

Toute civilisation disparut ensuite graduellement ; ces contrées restèrent plongées dans les ténèbres de la barbarie jusqu'à la conquête des califes, époque si brillante de victoire et de luxe. Le cheval arabe vint, avec ses maîtres, prendre possession d'une nouvelle patrie, et telle est incontestablement l'origine de la race barbe et de sa réputation européenne. Remarquons, en outre, qu'à l'époque où les écuyers écrivains commencent à nous vanter le cheval barbe, on ne connaissait pas le cheval arabe en Europe ; car les croisades n'ont pas été, comme on pourrait le supposer, une cause de régénération pour l'espèce chevaline.

---

(1) Quand Jacob fut arrivé, Joseph fit mettre les chevaux à son chariot et vint au même lieu au-devant de son père, etc.

(GENÈSE, *chap.* 46, *verset* 29.)

Les Anglais font assez de cas du cheval barbe, qu'ils affectent de regarder comme la souche de leur pur sang. « Remarquable par sa belle et gracieuse action, plus bas « que l'arabe, il n'a guère que quatorze mains et un pouce; « son épaule est plate, sa côte arrondie, ses jointures sou- « vent longues et la tête fort belle. Le barbe est décidément « supérieur à l'arabe pour ses formes, mais non en âme, en « train ni en fonds. » (*The Horse*).

Ils citent particulièrement les royaumes du *Fez*, du *Maroc* et l'intérieur des terres auprès de *Tripoli* comme produisant les meilleurs chevaux.

Nos relations actuelles avec toutes ces contrées nous mettent à même d'apprécier et d'utiliser toutes leurs ressources. Je doute qu'on y rencontre les éléments d'aucune prospérité hippique. Tous les chevaux ramenés d'Afrique que j'ai vus, quel que fût le motif qui les avait fait acheter ou la personne qui les avait choisis, n'avaient aucune valeur réelle, au moins sous le point de vue de la reproduction. Sans taille, sans allures, sans vitesse, sans fonds, ni aucune espèce de sang ou de distinction, ils ne pouvaient remplir convenablement que l'office de mauvais bidets de poste; aucun ne valait un bon cheval anglais ordinaire.

Il y a loin de là, je l'avoue, d'un pareil tableau aux récits que l'on fait de leurs prouesses en Algérie. Mais ceci s'explique facilement : en effet, les chevaux européens, éprouvant de la difficulté à s'acclimater dans le pays, y sont rares ou ne se conservent pas dans un état de vigueur convenable ; la comparaison manque ou elle est imparfaite. De plus, un cheval sans mérite peut supporter de grandes fatigues et faire de longues distances à un train modéré. Dans tout ce que fait un cheval, la vitesse à laquelle le travail s'exécute doit toujours être comptée en première ligne, parce que c'est la véritable mesure de ses moyens. *It is the pace what kill,* on ne saurait trop le répéter.

Le cheval africain ne doit donc pas absolument compter au point de vue de la science hippique et comme source d'amélioration. Les mauvais résultats obtenus par son emploi comme reproducteur sont le grand argument des détracteurs du sang arabe. Il est possible, sans doute, que, dans quelques contrées où les Mahométans ont encore quelque puissance et quelques richesses, à Tunis, par exemple, les grands seigneurs aient conservé quelques arabes plus ou moins dégénérés, mais, en thèse générale, le cheval d'Afrique est aussi loin du type arabe, tel que je le comprends, que le cheval normand le plus abâtardi l'est du meilleur anglais. Il suffit de jeter un coup d'œil sur la carte, la distance entre Alger et l'Arabie empêcherait toujours de confondre les deux pays et les chevaux qu'ils produisent.

Mais on peut faire en Algérie ce que les califes y ont fait, il y a des siècles : y importer la race arabe et l'y maintenir dans toutes les conditions de conservation et même de perfectionnement que comportent le climat et les ressources de l'industrie.

Le cheval barbe a retenu de ses ancêtres une robe assez souvent grise, quelquefois truitée et avec les crins noirs. Il a souvent l'épaule assez belle et la poitrine profonde, mais la croupe est toujours manquée, étroite, mince, avalée, avec des jarrets clos et généralement un appareil trop faible pour la masse entière du corps. Du reste, la constitution est souvent bonne et le caractère docile.

L'Égypte fournit aussi quelques chevaux plus ou moins rapprochés de l'arabe, dont ils descendent ; mais l'espèce a dû nécessairement suivre, là comme ailleurs, la fortune des Mahométans, ses véritables protecteurs. On a beaucoup parlé des belles races que le pacha d'Égypte a enlevées, il y a peu d'années, à des tribus arabes. Ont-elles été judicieusement conservées ? Le climat où on les a transportées, les soins qu'on leur donne, sont-ils de nature à les préserver de toute dégénération (1) ?

Les terrains qui ne doivent leur fertilité qu'au débordement du Nil sont-ils propres à élever des chevaux de race ? Je ne serais pas tenté de le croire, surtout en examinant les chevaux que l'on m'a dit venir d'Égypte. La mollesse de leurs tissus, les poils de leurs jambes, et surtout le volume énorme de leurs pieds, indiquaient des animaux élevés dans des marais et, par conséquent, sans aucune des qualités qui doivent caractériser le sang.

L'Égyptien doit être, selon toute apparence, loin de l'Arabe, comme éleveur nomade ; loin de l'Anglais, comme éleveur agricole ; entre l'Arabie et l'Angleterre, nous n'a-

---

(1) L'historiette assez récente du pari offert par le pacha d'Égypte et non accepté par les Anglais ne me paraît pas concluante. Il ne manque pas, au Caire, d'Anglais capables d'apprécier les chances d'une course et désireux de gagner *un match important*. Mais il ne faut pas se hâter d'en conclure que, puisqu'ils ont refusé de courir, c'est qu'ils avaient une bonne raison, et que cette bonne raison était la supériorité des chevaux d'Egypte. Je crois bien que leur raison était bonne, mais ce n'était pas celle-là. Quelle était-elle ? je l'ignore.

vons donc à aller chercher, dans les alluvions du delta, ni des étalons, ni des exemples.

Du reste, l'Égypte est aujourd'hui trop loin ou trop près de nous pour que nous nous en occupions avec fruit : trop loin pour que chacun puisse y aller soi-même et s'y instruire par ses propres yeux ; trop près, en ce que la facilité du voyage multiplie les relations sans augmenter leur véracité, à cause des intérêts personnels et des passions.

J'engagerai à lire quelques lignes écrites sur l'Égypte, par un Allemand, dans le *Journal des Haras*, tome 18, page 298 : j'avoue avoir confiance en général dans le coup d'œil consciencieux et connaisseur des hommes de cette nation. On verra un triste portrait du cheval égyptien.

« En Égypte, sur les bords du Nil, il n'y a aucune race « de chevaux particulièrement distinguée ; les meilleurs du « pays sont produits dans les cantons où croît la meilleure « luzerne ; par exemple, dans la haute Égypte, dans les « environs de *Tahta*, d'*Akhaïm* et de *Farchiout*, et dans « la basse Égypte ; dans le territoire de Menzaleh, il n'y a « que très peu de chevaux arabes de sang qui soient venus « en Égypte, ce qui n'est pas étonnant, puisque leur qua- « lité remarquable, qui est de pouvoir supporter la fatigue, « n'est que très-peu nécessaire sur les bords fertiles du « Nil.

« Le cheval égyptien est laid et d'une forme grossière, « ressemblant plus à un cheval de cuirassier qu'à un cou- « reur : ses défauts principaux sont d'avoir les jambes et « les genoux gros et mal faits, l'encolure courte et char- « gée ; sa tête, quoique un peu forte, est quelquefois belle,

« mais je n'ai jamais vu un cheval égyptien ayant de belles « jambes.

« Ces chevaux ne peuvent supporter aucune grande fa- « tigue; mais ceux qui sont bien nourris déploient une « activité beaucoup plus brillante que les chevaux arabes; « leur impétuosité les rend particulièrement désirables « pour la grosse cavalerie, et c'est grâce à cette qualité de « cheval que la cavalerie égyptienne a réellement droit à la « célébrité. Dans les batailles, aux premières charges, les « chevaux égyptiens sont de beaucoup supérieurs aux « arabes; mais, quand de longues marches deviennent né- « cessaires, et qu'on a besoin de cavalerie légère, les égyp- « tiens sont infiniment moins utiles que les Kohéil.

« Les Bédouins de la Lybie tirent leurs remontes de « chevaux de leurs propres races, aussi bien que de celles « de l'Égypte.

« Dans l'intérieur du désert, et du côté de la Barbarie, « on dit qu'ils ont conservé les anciennes races de chevaux « arabes; mais il n'en est pas ainsi dans le voisinage de « l'Égypte, où les espèces particulières sont aussi peu dis- « tinguées que parmi les Égyptiens. De même que les Bé- « douins arabes, ces Lybiens montent exclusivement les « juments. Quant aux généalogies des chevaux arabes, je « dois dire ici que, dans l'intérieur du désert, les Bédouins « ne s'en rapportent qu'à eux-mêmes; car, ils connais- « sent aussi bien la généalogie de leurs chevaux que celle « de l'homme qui les possède; mais, quand ils les con- « duisent aux marchés d'une ville quelconque, telle que « Bassra, Baghdad, Alep, Damas, Médine ou la Mecque,

« ils apportent avec eux une généalogie écrite, qu'ils don-
« nent à l'acheteur, et c'est seulement dans de semblables
« occasions qu'un Bédouin est nanti, par écrit, de la gé-
« néalogie de son cheval, tandis que, d'un autre côté, dans
« l'intérieur même du désert, il nierait, si on la lui deman-
« dait, la généalogie de sa jument. Cela peut servir à cor-
« riger un récit erroné que l'on fait partout, au sujet de
« pareilles tables de descendance.

« Dans la haute Égypte, les arabes *Malasi* et *Heleïm*,
« qui habitent le désert entre le Nil et la mer Rouge, ont
« conservé la race *khomsé*. De même qu'en Arabie, une ju-
« ment est possédée en commun par plusieurs personnes.

« On sait si peu de chose concernant la véritable race
« des chevaux, parmi les soldats, en Égypte, que quand,
« en 1810, les troupes d'Ibrahim-Pacha prirent dix che-
« vaux *Koheil* appartenant aux Héleïm, les soldats se les
« vendirent entre eux, comme s'ils eussent été des chevaux
« égyptiens de l'espèce la plus commune; tandis que les
« premiers possesseurs les eussent évalués dix fois au-des-
« sus de ces derniers.

« On peut, en tout temps, acheter pour 100 piastres
« espagnoles un beau cheval de cavalerie en Égypte. Le
« plus haut prix payé pour un cheval égyptien est
« 300 piastres fortes; mais un Bédouin n'en donnerait pas
« 50. Autrefois les Mamelouks estimaient beaucoup les
« Koheïl du désert et dépensaient des sommes considérables
« à propager leur race en Égypte. Les maîtres actuels de ce
« pays n'ont pas pour les beaux chevaux la même passion
« que leurs prédécesseurs, qui avaient adopté, à plusieurs

« égards, les usages des Arabes ; c'était devenu une mode « parmi eux d'acquérir des connaissances positives sur les « chevaux ; ils tenaient leurs écuries sur un pied extrava- « gant. » (*Journal des Haras*, tome 18, page 298.)

Chevaux du Dongola.

En remontant le Nil jusqu'aux pays qui séparent l'Égypte de l'Abyssinie, on rencontre, dit-on, une espèce de chevaux assez différente de toute race orientale.

Leur taille atteindrait cinq pieds et plus, l'avant-main est fort beau et fort développé, dit-on ; mais, à partir de l'épaule, qui est elle-même longue et bien faite, le reste du corps manque tout à fait d'étoffe et de régularité, le dos est voûté, la poitrine étroite, la côte plate, la croupe avalée et la cuisse maigre. Avec cette singulière conformation, qui rend le cheval de Dongola plus haut que long, il est bon pour la guerre, a de la vitesse et de la durée.

Le voyageur anglais Bosman en a vu quelques-uns au grand Caire vendus pour la somme de mille guinées. Il estime beaucoup cette race, peut-être même avec exagération.

Bruce rapporte que les meilleurs chevaux d'Afrique passent pour descendre d'un des cinq que Mahomet et ses quatre compagnons montaient dans leur fuite de la Mecque à Médine la nuit de l'hégire. On voit donc que toutes les traditions s'accordent pour rattacher l'amélioration des races chevalines orientales aux progrès de l'islamisme.

J'ai vu quelques chevaux que l'on m'a dit être du Dongola et qui en offraient à peu près les caractères ; ils étaient noirs ou alezans avec de grandes marques blanches, à peu près comme les *black cart horses* de Londres. Ces bigarrures n'indiqueraient-elles pas pour leur patrie un pays gras et fertile, où la nourriture est abondante, et où la lymphe prend un grand développement ? Ils étaient assez bons, mais je doute que, croisés avec des juments de trois quarts de sang, ils eussent fait de bons chevaux de cavalerie, comme c'est l'opinion de Bosman.

Chevaux du reste de l'Afrique.

Nous avons dit que le cheval existait difficilement sous la ligne. Il est à présumer qu'il descend avec les tribus arabes jusque vers les contrées occupées par les nègres, quoique nous ne sachions pas exactement où a lieu ce changement de population. Le Congo et la Guinée produisent des chevaux petits, faibles, rétifs et sans sûreté. Tels sont ceux que Mungo-Park a vus dans ses explorations du cours du Niger (1). Il est vrai que John Lander, continuateur de ses Voyages, assure avoir rencontré de beaux et bons chevaux, qu'il estimait à une valeur de 12 à 1,500 francs.

Les environs du cap de Bonne-Espérance ne renferment

---

(1) Après la mort de Mungo-Park, John Lander, son domestique, revint à l'endroit où il avait vu périr son maître, poursuivit sa route et mit fin à l'entreprise en arrivant sur les eaux du Niger dans le golfe de Guinée.

d'autres chevaux que ceux qu'on y a importés d'Europe ; il est probable que l'espèce s'y perfectionne depuis l'établissement des Anglais.

La Nubie et l'Abyssinie produisent des chevaux, mais ces contrées sont tellement peu connues, qu'on ne peut rien dire sur leurs productions et leurs habitants.

Chevaux de l'Asie.

La race persane est évidemment un rameau de la famille arabe. Cependant, la réputation des chevaux persans remonte jusqu'au temps d'Alexandre.

Ils ressemblent beaucoup aux chevaux arabes ; suivant les uns, ils ont plus de vitesse, mais moins de fonds ; suivant les autres, ils leur sont supérieurs en taille et en beauté.

Leur robe est, en général, grise et très-rarement foncée ; leurs formes fort élégantes ; elles annoncent beaucoup de sang, peut-être peu de résistance.

Du reste, les récits des voyageurs varient beaucoup à leur sujet. « Sir R. Peter Porter parle avec éloge des chevaux des environs d'*Hilla* (1). Ils ont peu de vitesse, mais beaucoup de membre et de bonnes allures. On ne leur donne à manger qu'avant le lever et après le coucher du soleil ; on ne les nourrit que d'orge ou de paille ha-

---

(1) Hillah, Hilla ou Hella, sur l'Euphrate, ville de 7,000 âmes, remarquable par son industrie et par le voisinage des ruines de Babylone. Les Anglais appellent persans les chevaux de cette contrée ; pour moi, ils seraient plutôt arabes.

« chée, jamais de foin ; ils couchent sur leur crottin desséché et pulvérisé, mais toujours couverts depuis les oreilles jusqu'à la queue, d'une vaste couverture épaisse ou légère, suivant la saison.

« Ils passent la nuit dans des cours, attachés à des piquets par les jambes de derrière ; lorsqu'ils se détachent, ils se livrent des combats furieux, étant tous entiers.

« Les préparations pour la course durent plusieurs semaines ; et on prend tant de peine à réduire leur poids par des suées que les os percent la peau..., la longueur des courses était de vingt-quatre milles..., ils arrivèrent si exténués, qu'à peine purent-ils passer devant le Roi à un très-petit galop. »

Quelques-uns racontent avoir vu, en Perse, des sites parfaitement semblables à la Normandie, et où on élèverait en grande quantité des chevaux pareils, pour la forme et l'étoffe, aux plus beaux carrossiers.

Il est à regretter que, dans l'ambassade dernièrement envoyée en Perse, le Gouvernement n'ait pas songé à comprendre un homme de cheval avec mission d'examiner un pays, sans contredit fort intéressant sous le rapport hippique (1).

Chevaux circassiens.

La Circassie produit de fort beaux chevaux assez semblables aux persans, et fort recherchés des Russes comme

---

(1) *L. Burlington's persian horse*, *Commodore Matthew's persian horse*, sont des désignations qui se trouvent plusieurs fois au *Stud-Book*.

chevaux de selle et de guerre, à cause de leur agilité, de leur souplesse et de leur vigueur. Un marchand disait à un officier russe qui doutait de la race d'un cheval qu'on lui présentait : *Voilà la preuve que c'est un cheval circassien,* et il le retournait lui même au galop sur un terrain glacé et glissant.

Les grands seigneurs circassiens possèdent des haras dont ils sont très-fiers, et dont ils marquent les produits d'un signe particulier. La race de Shalokh est, entre autres, fort renommée ; elle est vive et forte plutôt que belle ; la marque est un fer à cheval non évidé.

Chevaux turkomans.

On ne s'entend pas généralement sur ce qu'est le cheval turkoman : nous désignons ainsi, en France, certaines races de l'Asie-Mineure, épaisses, communes, assez solides, mais dépourvues de sang et qui ne sont autre chose qu'une ancienne souche arabe, plus ou moins alourdie par les influences d'un climat fertile et d'une nourriture plus abondante ou plus substantielle. Les Anglais donnent, au contraire, le nom de Turkomans à de grands chevaux que l'on trouve au nord-est de la mer Caspienne et vers le sud de la Tartarie. Leur taille est de cinq pieds anglais (1), ils sont vifs et infatigables, pouvant faire des voyages de neuf cents milles (trois cents lieues) en onze jours. Cependant, ils manquent de corps, sont trop hauts sur jambes, avec

---

(1) 4 pieds 8 pouces, 3 lignes de France, ou 1m53.

une encolure courte et grêle, et une tête énorme, hors de toute proportion. Telles sont cependant leurs qualités, qu'on les paie jusqu'à 300 livres (7,500 fr.), même dans le pays.

Le capitaine Frazer, bon juge de chevaux, en fait une peinture hideuse dans un voyage au Khorasan, et il ajoute qu'il faut du temps pour les apprécier. Cette description nous porterait à ranger les chevaux turkomans dans un autre groupe dont nous parlerons plus bas.

Chevaux turcs.

Il faut placer ici une famille qui habite à la fois l'Asie et une portion de l'Europe, celle des chevaux turcs ; elle tire son origine première de la souche arabe adoptée en même temps que le Coran par les Osmanlis. Le goût naturel des Turcs pour le type syrien, la facilité des communications, et la dépendance plus ou moins complète des tribus du désert, font affluer à Constantinople une certaine quantité de chevaux arabes plus ou moins employés à retremper la race ; d'un autre côté, les rapports continuels de la Porte avec les puissances chrétiennes tendent à importer en Turquie le goût des races de l'Europe. L'ancien cheval turc, assez semblable au persan avec son corps plus long, sa croupe plus haute que l'arabe, et son modèle oriental, et qui a contribué à la création du pur-sang anglais (1), s'effacé donc

---

(1) Les noms d'*Akaster*, *Hale's*, *Hillborough*, *Mulso*, *Newcastle*, *Oxford*, *Pigot*, *Rookby*, *Richmond*, *Selaby*, *Stamford*, *Sutton's*, *Wastell's*, *Yellow Turk*, etc., se rencontrent fréquemment dans le *General Stud-Book*.

graduellement, et disparaîtra, selon toute apparence, un jour, sous l'influence de la civilisation et des croisements européens. Tel qu'il existe encore, il est le dernier qui nous reste à citer des divers rameaux de la grande branche orientale type.

On peut classer ainsi ces divers rameaux :

Type arabe pur { Syrien,
Nedjd ?

Persan, allongé et civilisé.

Égyptien, dégénéré faute d'un sol et de soins convenables.

Dongola, grandi par la chaleur et la fertilité des herbages

Turc, commun et croisé.

Algérien, commun, dégénéré, abâtardi.

Les chevaux turcs ne seraient, par conséquent, pas d'une grande utilité pour régénérer les races d'Europe ; il faut toutefois se souvenir que la Prusse a obtenu des résultats fort heureux, et qui peuvent encore s'apprécier de l'emploi d'un étalon turc. Ce cheval, appelé *Turkmenati*, d'une origine inconnue, servait de bidet de poste sur la route de Vienne à Constantinople, dans les provinces ottomanes. Un diplomate allemand en mission le monta, fut frappé de ses qualités, en fit l'acquisition et l'amena à Vienne, où il fut acheté pour le haras de Trackenen.

Les Anglais qui habitent Corfou achètent beaucoup de poulains turcs, et, au moyen d'une éducation bien entendue, ils en font des chevaux de course et de bons sauteurs.

Les chevaux grecs ne sont plus ce qu'ils étaient au temps des jeux olympiques, non qu'ils soient améliorés ou dégénérés, car il est difficile d'établir les performances de ces temps reculés, mais en ce que le type oriental a dû en refondre entièrement l'espèce ; ce sont aujourd'hui des arabes négligés.

Autrefois, il paraît que les races particulières à chaque contrée étaient distinguées et appréciées. Argos donnait la plus grande, la Thessalie la plus vite, etc.

Aptum dicit equis Argos. . . . .

HORACE.

Telle est la famille la plus rapprochée sans doute de ce que fut le cheval de la création. Elle doit son type au climat qu'elle habite et qui tend à la maintenir stationnaire, quant aux influences naturelles. Du reste, elle subit de continuelles modifications, suivant les révolutions qui surviennent chez les peuples auxquels elle est soumise. Aussi voyons-nous dans l'histoire, chacune de ces variétés avoir tour à tour sa période de gloire et de célébrité. Sous Mahomet, les syriens furent vantés. Sous les califes, on parla des barbes ; la puissance des Ottomans fit la renommée des chevaux turcs.

Cette famille, que nous appellerons orientale pour nous conformer aux dénominations reçues par les hommes de cheval, a pour caractères distinctifs : une tête parfaite, une taille médiocre, un port de queue remarquable et caractéristique, une robe grise ou alezane, de la souplesse, du fonds, une vitesse due à l'énergie et non à la conformation de l'individu.

Quatre signes surtout semblent imprimés d'une manière exclusive au cheval oriental et à ses descendants les moins éloignés : le ladre, le truité, les reflets dorés ou argentés de la robe, enfin, un mouvement de queue particulier et fort énergique dans le sens horizontal, mais qui n'a aucun rapport avec le geste inquiet du cheval rueur.

Les sous-races dégénérées s'allongent et se décousent en s'allourdissant, la tête se bombe, l'oreille se néglige, le port de queue disparaît, les membres restent ou au moins gardent leur force et leur aplomb, enfin, il reste toujours un cheval de guerre plus ou moins bon, mais toujours propre à porter l'homme, et doué de quelque résistance.

Race Mongole.

Sur tout le grand plateau de l'Asie, et généralement dans les contrées qu'habite la race mongole, il existe une espèce particulière de chevaux, qui s'étend jusqu'en Chine vers l'Orient, du côté de l'ouest dans la Tartarie russe, et même jusqu'en Moscovie et en Pologne. Au nord, elle est remplacée, comme service, par le renne du Samoiède et le chien du Kamtschadale. Au sud, enfin, elle se confond plus ou moins avec certains rejetons de la souche arabe qui peuplent les Etats de Lahore, les vallées de l'Imaüs, le versant méridional des montagnes du Thibet et jusqu'aux Indes.

On la voit sous le Mongol, le Calmouck, le Tartare et le Slave, comme le type arabe sous le Musulman. Du reste, elle ne nous est connue que par les relations des voyageurs. La plupart sont anglais ou allemands, les autres totalement étrangers à la connaissance du cheval.

Le jugement que nous avons rapporté du capitaine

Frazer (1) peut nous faire regarder la race turkomane, ou du nord de la mer Caspienne, comme faisant partie de cette grande famille.

Nous devons à M. de Baezha, officier de la garde royale prussienne, quelques détails sur les chevaux tartares ou russes qui habitent les vastes plaines arrosées par le Volga, le Don et le Dniéper.

Ces animaux atteignent la taille de quatre pieds sept pouces au plus; ils sont ramassés, court-jointés, avec le bras fort et le pied bien fait, quoique l'habitude de courir et de se battre sur les rochers crevasse souvent la corne; du reste, cet inconvénient ne dure pas : l'encolure est courte, la tête lourde, la ganache forte ; mais l'œil est vif, l'arrière-main bon, la hanche saillante, la queue bien portée.

Ils vivent en troupeaux, appartenant à des Tartares ou à des Arméniens, qui les achètent poulains aux *Calmoulcks*, les castrent et les revendent à quatre ans. Ces hommes n'ont point de résidence fixe, ils poussent leurs troupeaux devant eux, changeant de direction suivant la saison et la nature des pâturages, et ayant soin de conserver comme noyau et élément de réunion, six ou huit étalons pour quatre-vingts ou cent juments, et pour cinq ou six cents hongres.

Ces étalons, après quelques combats, se partagent les troupeaux par hordes dont ils prennent le commandement et qu'ils empêchent de se disperser.

Ces diverses petites troupes sont presque toujours appa-

(1) Voir page 187, et plus bas page 335.

reillées par robes, les pies et les isabelles se réunissent ; ce qui est d'autant plus remarquable, qu'on observe généralement le même tempérament sous ces deux poils si différents en apparence.

Chaque tabune ou troupeau a un chef, ou attaman, avec des tabunzècks, ou aides, sous ses ordres. Ces gardiens réunissent la tabune tous les soirs avec l'aide des étalons.

Les loups font une guerre continuelle à ces chevaux qui leur résistent fort bien, les étalons s'adjoignent les plus courageux parmi les hongres. Les Russes estiment beaucoup les individus qui portent des cicatrices gagnées dans ces combats.

Les attamans et les tabunzecks vivent dans de grands chariots uniquement construits en bois ; il leur est défendu, sous peine d'amende, d'y faire entrer la moindre parcelle de fer. Les roues ont sept pieds de diamètre, l'essieu est en bois et fort long. Un cheval est attelé seul au brancard ; on en met trois ou quatre autres de front devant lui. La caisse carrée est surmontée d'une vaste couverture de feutre et contient la tente et les divers ustensiles.

Avec ces moyens de logement et de transport, le Tartare mène la vie nomade dans toute sa simplicité antique.

Mangeant la chair de ses chevaux, aussi bonne que celle du bœuf, buvant le lait de ses cavales, ou en faisant du beurre et même une espèce d'eau-de-vie, employant le crottin comme combustible, il n'a d'autre soin que de veiller à la réunion de sa tabune. Il a pour cela des chevaux de diverses sortes : des chevaux ordinaires pour veiller la tabune, des chevaux souples et agiles pour lancer l'arkan ;

des chevaux vites pour atteindre les animaux qui se dispersent ou suivre le troupeau lorsqu'il est entraîné par une panique.

L'arkan est un lacet de chanvre de vingt mètres de long, et terminé par un anneau de fer qui forme le nœud coulant (1).

Lorsque l'attaman veut prendre un cheval, il s'avance avec ses aides vers le troupeau, fait son choix, détache ce cheval du groupe à coups de lacet et se met à sa poursuite.

Le cheval porteur est dressé à suivre, en gardant la gauche, et à s'arrêter court en tournant, sitôt que l'arkan est lancé. L'attaman passe aussitôt la corde sous sa jambe droite et la serre avec force. Si le coup réussit, le cheval est renversé et suffoqué au point que le sang s'échappe par les naseaux. L'attaman raccourcit graduellement la corde, les aides accourent, mettent pied à terre, entravent leurs chevaux et se précipitent sur celui qui est abattu par le lacet, le saisissent aux oreilles et pressent les coins de l'œil entre le pouce et l'index ; la douleur immobilise tellement le pauvre animal, qu'on peut l'entraver, le brider, le seller et le monter sans qu'il résiste. Sitôt le cavalier en selle et prêt à partir, on défait les entraves, dont on tenait les deux bouts, en lâchant l'un des deux ; le cheval, libre en une seconde, hésite quelques instants, puis se met à bondir. Le

---

(1) Il paraît que l'arkan se lance, soit avec la main seule, comme le lasso des gauchos de l'Amérique espagnole, soit à l'aide d'un bâton assez long. Des gravures russes représentent l'une et l'autre manière.

kalmouck le décide alors en avant à coups de knout, et le pousse jusqu'à ce qu'il tombe de fatigue. Trois ou quatre jours de ce régime suffisent, dit-on, pour dompter le cheval.

Quelquefois, les troupeaux, effrayés par les loups ou les oiseaux de proie, se mettent à fuir à toutes jambes. Les gardiens cherchent à les découvrir et à les rejoindre sans autre guide que le vent; courant contre lui en été, et avec lui en hiver.

Souvent aussi, l'habitude de suivre le vent a fait précipiter des tabunes entières dans la mer d'*Azof*, en temps de neige.

Tous ces chevaux se vendent à *Écatherinoslaw* (1), sur le Dniéper, à *Élisabethgerod* (2), au nord d'Odessa, à *Mirogorod* (3), près de Pultawa, à Berdizow (4), toutes villes de commerce et de foires.

Presque tous ont été achetés poulains sur les bords du Kouban (5), contrées si fertiles, que l'herbe y atteint la hauteur d'un homme; aussi ont-ils souvent de la peine à s'habituer à d'autres climats.

Les prix varient suivant la quantité de têtes que veut réunir l'acheteur, ou la rigueur du choix qu'il fait. Ainsi, cent

---

(1) Archevêché, chef-lieu du gouvernement du même nom.

(2) Ville forte du gouvernement de Kherson sur l'Ingord.

(3) Ou Mirgorod, sur un affluent du Psol, rivière qui se jette dans le Dniéper.

(4) Ou Berdyezer, ou Berdichtef, près de Jitomir, sur les confins de la Volhynie et du gouvernement de Khiew.

(5) Fleuve qui part du versant septentrional de la haute chaîne du Caucase, traverse la petite Abasie et se rend par deux embouchures dans la mer Noire et dans la mer d'Azof.

cinquante chevaux se vendent à la fois 58 francs par tête, trois cents à raison seulement de 45.

Il est ordinaire, du reste, que sur une douzaine de ces chevaux, il s'en trouve un ou deux trop sauvages pour être dressés et qu'on est obligé d'abattre.

Le lieutenant-général de Benningsen parle d'une espèce de chevaux habitant les rives du Volga (1), ils sont légers de corps avec une belle tête et des crins soyeux, bons trotteurs et très-propres à la cavalerie.

Les chevaux de Sibérie sont petits et d'une forme grossière, mais bons, quoique plus aptes au trait qu'à la selle; ils sont souvent pies, isabelles ou de robes singulières.

Les montagnes qui avoisinent le lac Baïkal nourrissent des chevaux petits et robustes.

Vers les frontières de la Chine, on trouve, dit-on, une race de petits chevaux tigrés, assez bons, mais difficiles à expatrier.

Les kirguiz ont des chevaux laids, petits, busqués, mais excellents pour la fatigue.

Les chevaux baskirs ont une tête de cochon, mais de l'épaisseur et de la solidité.

Près d'Astracan et en Crimée, les races offrent à peu près les mêmes caractères.

Voici maintenant la description du cheval tartare tirée d'un ouvrage fort estimé en Angleterre :

---

(1) Le plus grand fleuve de l'Europe, qui se rend dans la mer Caspienne après avoir traversé des contrées d'une excessive fertilité.

« Le cheval de la Tartarie (en y comprenant les plaines « immenses de l'Asie centrale et une partie de la Russie « d'Europe), est presque à l'état sauvage ; il est petit et « mal fait, mais capable de supporter des voyages longs et « rapides avec la plus chétive nourriture. Les poulains, « exposés dès leur naissance à la rigueur des saisons, ac- « quièrent une constitution robuste. Ils doivent être durs à « la fatigue encore par une autre raison. Le Tartare se « nourrit en grande partie de viande de cheval ; par con- « séquent, il tue en voyage tous ceux qui sont hors d'état « de le suivre, et il ne garde que les meilleurs. » (*The Horse*, page 18.)

« Le cheval que Platof montait comme cheval de ba- « taille, et qu'il amena avec lui en Angleterre, est un des « animaux les plus forts pour sa taille, sans poids inutile, « qu'on puisse imaginer. Quoique âgé de vingt ans et ayant « été monté dans plusieurs campagnes très-dures, ses « jambes sont encore aussi nettes et aussi parfaites que le « jour de sa naissance, ses bras sont remarquablement « musculeux, sa poitrine large et profonde. Son action était « ferme et leste, et il pouvait parcourir au pas au moins « cinq milles en une heure. LAWRENCE.

« Ces chevaux, ou ceux de même sang et de même exis- « tence, furent battus par des chevaux de pur sang anglais « qui n'étaient cependant pas de première vitesse. C'était « dans une course qui devait prouver à la fois le train et « la résistance. Le 4 août 1825, une course pour la « cruelle distance de plus de quarante-sept milles eut lieu « entre deux chevaux de cosaques et deux chevaux de pur

« sang anglais, *Sharper* et *Mina* (1). Les plus célèbres che-
« vaux cosaques, du Don, de la mer Noire et de l'Ural,
« avaient été envoyés, et, après de nombreux essais, on avait
« choisi les meilleurs. Au départ, les cosaques prirent la
« tête à une allure modérée, les anglais suivant à trois ou
« quatre longueurs environ ; mais, avant d'avoir parcouru
« un demi-mille, l'étrivière de *Sharper* cassa, et le cheval
« s'emporta avec son cavalier, suivi de *Mina* ; ils parcou-
« rurent plus d'un mille et gravirent une côte rapide avant
« qu'on pût s'en rendre maître.

« La moitié de la distance avait été parcourue en une
« heure quatre minutes. Les deux chevaux anglais et un
« des cosaques étaient frais. Au retour, *Mina* tomba boi-
« teux et fut retiré. Le cheval cosaque commença pareille-
« ment à faiblir : les Russes qui l'accompagnaient se mirent
« à le tirer par la bride, après l'avoir débarrassé de sa selle

		Orville.			
	Octavius, b.b.		*Mufti.*		
		Marianne, al.1798, 352.		*Telemachus.*	
(1) *Sharper*, b. b. fils de né en 1819, page 151, du *Stud-Book*, vol. 3.			*Maria*, b.1783.		
				A la Grecque, p. 1.	
		Gohanna.			
	F. *Amazon.* 1810.		*Driver.*		
		Amazon, b. 1799. 95.		*Mercury.*	
			Fractious. b.1792, 411.		*Woodpeker.*
				Woodpeckermare, b. 1758. 411.	
					Everlasting.
	Orville.				
Mina, b. b. . . . . . 1820. 25.		*Vermine.*			
	Barrosa, b. 1808. 195.		*Alexander.*		
		Nike, b..... 1794. 195.		*Blank.*	
			Nimble, rouan. 1784. 196.		
				Joan.	

Le *Stud-Book* anglais consacre une note, page 151, tome 3, au récit de cette course, et la raconte dans les mêmes termes ; seulement il évalue à 49 milles 3/4 la distance donnée de 75 verstes, et il ajoute que l'autre cheval cosaque tomba mort au vingt-cinquième mille. Il dit encore que la course eut lieu aux environs de Saint-Pétersbourg.

« et avoir placé un petit enfant sur son dos. *Sharper* se sen-
« tait évidemment aussi de la vitesse qu'il avait déployée
« en s'emportant, et était très-fatigué. Les cosaques eurent
« alors recours à une tricherie et *portèrent* leur cheval, les
« uns le tirant avec une corde passée dans la bride, les au-
« tres le tenant par la queue, et allant à cheval à côté de
« lui pour le soutenir, et se relayant dans cette tâche fati-
« gante. *Sharper* parcourut toute la distance en deux heures
« quarante-huit minutes, et le cheval cosaque fut *remorqué*
« huit minutes après. Au départ, les chevaux anglais por-
« taient trois stones de plus que les cosaques, et pendant
« la dernière moitié de la course, le cheval cosaque n'avait
« été monté que par un enfant (1). »

Il est on ne peut pas plus important de mesurer exactement les distances parcourues dans ces luttes dont l'objet est de comparer le mérite relatif des races ou des individus.

Le mille anglais est évalué à 1,609 mètres 314 millimètres.

Quant à la verste russe, sa valeur est de 104 au degré. Or, le degré est la 90e partie du quart du méridien terrestre qui est, comme on sait, de 10,000,000 mètres, par conséquent, de 111,111^{m},111, dont la 104e partie est de 1,068^{m}3, en négligeant les fractions. La verste est donc de 1,068^{m}364.

D'après cette évaluation, les 75 verstes russes représen-

(1) Le stone employé pour les courses est de quatorze livres anglaises, environ six kilogrammes.

taient 49 milles 3/4, comme il est dit au *Stud-Book*, ou 80100 mètres ou un peu plus de 20 lieues de poste actuelles.

Cette distance, parcourue en deux heures quarante-huit minutes, c'est-à-dire en plus de deux heures trois quarts, est utile à retenir, comme résultat d'une des épreuves les plus décisives et les mieux constatées qui aient été faites.

Les hommes qui se destinent à l'étude sérieuse du cheval, doivent se garnir la mémoire des résultats les plus notables de chaque espèce de performance.

Nous reviendrons en temps et lieu sur cette partie importante de la science hippique.

Chevaux chinois.

Le vaste empire de la Chine ne nous est point encore ouvert d'une manière qui nous mette à même d'en apprécier l'industrie et les productions, principalement sous le rapport de la question chevaline.

En attendant que les relations commerciales nous aient donné toute facilité à cet égard, nous sommes obligés de nous en rapporter aux relations de quelques voyageurs et surtout des missionnaires. Les jésuites, qui pénétrèrent chez les Chinois dans le XVIIe siècle, et surent s'y maintenir à force d'adresse et de courage, nous parlent des chevaux tartares comme d'animaux très-sobres et vigoureux. « Le « cheval chinois, au contraire, est petit, faible, mal fait, et « si timide, qu'on ne peut l'employer à la guerre ; aussi,

« est-il vrai de dire que ce sont les chevaux tartares qui ont « fait la conquête de la Chine. »

« Le cheval chinois, disent les Anglais, est petit, faible, « laid, sans âme et tout à fait indigne d'aucune mention. »

On nous peint, d'un côté, les Chinois comme un peuple peu voyageur, nullement guerrier et tellement ennemi des exercices violents, que l'embonpoint excessif est, à ses yeux, l'idéal de la beauté.

Ce ne serait pas non plus un peuple pasteur, puisqu'on nous représente le pays comme fort peuplé et entièrement livré à la petite culture ; on cite même les soins minutieux des habitants pour recueillir toute espèce de substance capable de servir d'engrais.

D'après un tel état de choses, on doit nécessairement s'attendre à ne trouver aucun cheval en Chine, quelque variété de climat et de terrain que puisse offrir un empire aussi étendu, puisque les deux éléments de prospérité manquent : facilité de production, besoin ou goût de consommation.

Quoi qu'il en soit, il ne nous est jamais venu en France aucun cheval de ce pays. Le prétendu cheval chinois, à robe tigrée, à jambes courtes et torses, que l'on montrait, il y a quelques années, à Paris, n'était autre chose qu'un individu rachitique, né dans l'écurie d'un maître de poste au nord de la France.

Des gravures, fort rares aujourd'hui, retracent les principaux événements de la guerre qui mit sur le trône la dynastie tartare, actuellement régnante ; elles sont dues au R. P. Benoît qui exécuta ou fit exécuter les dessins sur les lieux mêmes ; elles offrent tous les caractères de la plus minutieuse exactitude. Les chevaux chinois et tartares y sont représentés à peu près avec le même extérieur, seulement le cheval chinois est peut-être un peu plus commun. Le cheval chinois, dont nous donnons ici le portrait (*fig.* 107),

Fig. 107.

est tiré d'un des sujets du P. Benoît. Un soldat tartare vient de l'enlever dans un camp chinois qu'on prend de vive force.

Il rappelle le type asiatique que nous avons déjà décrit : court d'épaule, assez épais, petit et d'une bonne nature, quoique avec une conformation assez défectueuse.

Des peintures chinoises, achetées à la vente de Huzard, par un savant antiquaire, sont assez conformes à ce modèle ;

les robes sont fort variées et même si différentes de ce que nous voyons, qu'on doit en contester l'exactitude.

Les vastes et sauvages contrées qui s'étendent entre les monts Altaï et Himalaya, et forment ce qu'on appelle le grand plateau de l'Asie, sont habitées par des hordes de tartares, de pasteurs ou de brigands. On doit y trouver le cheval cosaque plus ou moins modifié, plus ou moins nombreux, suivant la végétation de chaque localité et les mœurs de chaque peuplade.

Le versant septentrional de la grande chaîne Altaïque, Sayanïenne et Stanovoï, depuis l'Oural jusqu'aux rives du Kamstchatka, pays de plaines marécageuses et glacées, produit, dans ses parties les moins froides, le cheval sibérien, petit et robuste, plus propre au trait qu'à la selle. On a vu à Paris plusieurs individus de cette espèce, presque tous de poils singuliers, isabelle, pie, etc.

La région hyperboréenne interdite au cheval doit commencer plus bas en Asie que dans toute autre partie du monde, la configuration du terrain rendant ces contrées les plus froides du monde à latitude égale.

Chevaux des îles de l'Asie.

Le Japon nous est encore plus inconnu que la Chine. Il paraîtrait cependant que l'espèce chevaline y est moins négligée. L'équipage d'un vaisseau anglais naufragé sur les côtes de l'île Nyphon, et qui obtint avec beaucoup de peine d'être conduit sain et sauf au comptoir des Hollandais, rapporte avoir vu en route des soldats montant des chevaux de haute taille et de belle race. Des figurines, importées de ce pays, nous offrent le modèle régulier et fort d'un bon poney d'Ecosse, sous une robe soie ou bai brune, caractères qui s'accorderaient avec ce que l'on sait de la température du Japon et de sa configuration topographique, pourvu que les habitants fussent soigneux de leurs races.

Ce serait donc à juste titre, du moins sous ce rapport, que le Japonais serait appelé l'Anglais de l'Asie.

Les îles de Java, de Sumatra, de Bornéo, de Célèbes, etc., ont, à ce que l'on dit, des chevaux faibles, petits et sans mérite ; c'est la souche arabe complétement détériorée par un climat trop chaud et trop humide.

APPENDICE.

Chevaux des Indes orientales.

Nous avons omis la contrée d'Asie où, sans contredit, on s'occupe le plus, et avec le plus de succès, de l'espèce chevaline, les possessions anglaises : ce n'est pas sans dessein. Nous avons voulu jeter un coup d'œil rapide sur toutes les espèces abandonnées, ou à peu près, aux influences d'un climat plus ou moins rigoureux, et d'un genre de vie presque sauvage. En effet, le Tartare a plutôt soumis que civilisé le cheval ; il s'en sert et ne le cultive pas. Les peuples mahométans de la Perse, de Caboul et de Lahore ont adopté fidèlement les traditions arabes ou négligent totalement le cheval.

Les Anglais, au contraire, ont importé leur industrie et leur civilisation dans les pays soumis à leur puissance. Après avoir étudié le climat par de nombreux essais, ils ont choisi, soit pour leur service, soit pour leurs haras indiens, les espèces les plus capables de répondre à leurs goûts ou à leurs besoins.

Plus tard, à l'article des chevaux anglais, nous reviendrons à l'examen de la question de la production chevaline dans les possessions anglaises de l'Inde : car nous aurons toujours d'importants et utiles enseignements à recueillir de ce qui est fait par les Anglais en matière hippique.

Bornons-nous ici à transcrire un passage d'un livre déjà cité, *The Horse,* page 15.

LE CHEVAL DE L'INDE ORIENTALE.

« Nous allons maintenant voyager vers l'Est et jeter un « coup d'œil sur les races de chevaux de nos possessions « indiennes. D'abord, nous avons le *Toorky,* croisé de tur- « koman et de persan, beau de formes, gracieux dans son « action, et d'un caractère docile. On dit que lorsqu'il est « habilement dressé, la grandeur et la magnificence de son « manége égale ce que la plus bouillante imagination peut « concevoir du cheval : son ardeur croissant en raison de « ce qu'on lui demande, il montre aux spectateurs une « apparence de furie dans l'accomplissement de sa tâche, « tout en conservant pour le cavalier toute sorte d'agrément « et de gentillesse.

« Vient ensuite l'*Iranee*, bien membré (1), avec les arti-« culations bien nouées, et surtout une grande force dans « les quartiers ; mais il n'a pas assez d'âme, l'oreille est « grande et négligée.

« Le patient et docile *Cozakee* (2) est profond au passage « des sangles ; puissant dans son avant-bras, mais il a une « grande tête et une vilaine cuisse de chat ; il est dur et « bien calculé pour des voyages longs et un service pénible.

« Le *Mojinniss* (3) a de l'âme, de la beauté, du train et « du fonds.

« Le *Tatzée* (4) est mince, avec le rein creux et, pour « cette raison sans doute, manque de force, laissant pour « ainsi dire ses jambes postérieures derrière lui ; il est « aussi d'un caractère irritable, et cependant il est recher-« ché à cause de la singulière douceur de ses allures.

« Une vente de chevaux près du haras de la compagnie à « Hissar (5) est ainsi décrite par un excellent juge. On y « fit voir plus de mille chevaux ; ils avaient tous environ « quatorze mains et demie de haut, l'encolure haute et du « brillant. Le grand défaut paraissait être le manque d'os

---

(1) L'Iran est au sud des turkomans et s'étend au sud jusqu'au golfe Persique, borné à l'est par le Caboul et le *pays des Beloutchistan*.

(2) Il vient probablement des rives septentrionales de la mer Noire ou plutôt des steppes des Kirguises et des bords du Sarasu et du Kizil Daria, dans la Tartarie.

(3 et 4) La différence des orthographes m'a empêché de retrouver ces races sur la carte, ce qui, du reste, est d'une importance secondaire.

(5) Hissar, près d'Hansi, sur le *Chittung*, district d'Harriâna, présidence de Calcutta, S.-E. de Lahore.

« sous le genou, qui, du reste, est général à tous les che-
« vaux nés dans l'Inde, ainsi qu'une tendance à avoir les
« jarrets pleins, ce qui, en Angleterre, ferait passer la moi-
« tié de ces chevaux pour avoir des éparvins de veine
« (*blood spavin* (1). »

Un coup d'œil jeté sur la population chevaline de l'Asie peut déjà nous fournir d'utiles enseignements sur l'art d'élever les chevaux par l'étude des modifications qu'apportent le climat, le genre de vie et les soins de l'homme chez les individus : ces modifications venant à s'accroître de génération en génération constituent les races.

Ainsi, nous voyons dans l'Asie Mineure, la Perse et généralement partout où la température et la végétation rappellent plus ou moins l'Arabie, le type se conserver à peu près dans les mêmes conditions de souplesse, de vigueur et de beauté.

Au delà des montagnes qui enferment de tous côtés ces heureuses régions, le cheval vient à subir les influences d'un climat rigoureux, les formes s'altèrent, la tête devient longue, lourde, quelquefois moutonnée ; les reins s'allongent, la queue n'est plus portée avec grâce et énergie ; elle se charge de crins touffus et grossiers.

Cependant, la constitution, loin de s'altérer, semble

---

(1) Les Anglais appellent *bog spavin* l'engorgement des capsules tendineuses du jarret ;

Blood spavin (éparvin de sang), l'élargissement des veines du jarret, que la présence du *bog spavin* vient à obstruer ;

Bone spavin (éparvin d'os), est notre éparvin de bœuf.

Stringhalt est notre éparvin sec.

prendre une nouvelle vigueur et s'endurcir en raison même de l'intempérie des saisons. Il existe, dans la nature animée, un principe occulte, une résistance de vitalité qui tend à accroître les forces pour les mettre de niveau avec les circonstances extérieures. Cette action a lieu avec une énergie toujours croissante jusqu'à ce qu'enfin l'existence devienne impossible ou trop pénible ; dans ce dernier cas, les individus languissent, les races végètent sans taille ni vigueur.

De plus, soit à l'état sauvage, soit dans la vie nomade, les animaux sont condamnés à des courses rapides, à de longues migrations, à des efforts violents, à des périls innombrables.

Le dur service des tartares, le besoin de changer de pâturages, dans des steppes tantôt couvertes d'herbes succulentes, tantôt frappées de stérilité, les poursuites des bêtes féroces, les fatigues de la guerre, déciment les chevaux d'une manière désastreuse pour les individus, favorable à la prospérité des races.

Le kalmouk tue et mange les mauvais, et monte les bons; tout ce qui est faible et lent périt sous la dent des loups ; le mieux organisé échappe à tous les dangers et devient étalon par le droit du plus fort. Cela suffit pour expliquer, chez les chevaux asiastiques, leur énergie, leur longévité, leur fonds et jusqu'à la médiocrité de leur taille, car les fatigues et l'inconstance du régime arrêtent le développement, tout en fortifiant la constitution.

Toutes ces circonstances favorables à la force ne le sont pas à la beauté. Les accouplements se font au hasard, soit dans les hardes que le caprice seul réunit, soit auprès des tentes d'un peuple insoucieux et ignorant.

Aussi le cheval tartare est-il laid; si sa conformation offre quelques beautés de détail, elle pèche par l'ensemble: la machine est toujours mal faite; elle est solide, car sinon elle serait brisée.

Le résultat général de cet état de choses étant, après tout, une masse innombrable d'excellents chevaux, a inspiré à plusieurs le désir de créer dans nos contrées des haras sauvages, où les races abandonnées à elles-mêmes fourniraient, sans soins et sans frais, à tous nos besoins.

C'est une illusion qui, pour s'être emparée de quelques bons esprits, ne peut résister à un examen réfléchi.

L'homme frappé de la bonté d'un cheval tartare ne doit pas oublier que cet individu est l'exception de sa race; sans parler ici de ses défauts, qui sont nombreux, il n'a de qualités que celles qu'il ne peut se passer d'avoir, à peine de mourir. Tous ses frères, tous ses compagnons, moins forts que lui, ont péri à différents âges : il est donc, pour ainsi dire, le résultat unique d'une foule d'essais tentés par la nature ou par l'homme, peu importe, mais qui ont tous coûté, en temps, en individus, en nourriture.

Que l'on évalue ces pertes, et on sera effrayé de leur prix de revient dans un pays de bonnes terres et de riche culture: car on s'abuserait étrangement, si on espérait fonder un haras sauvage dans ces friches, où le travail du laboureur n'a rien à espérer. Les steppes ne sont pas improductives en elles-mêmes; que ce soit le climat ou le génie des habitants qui se refuse à une culture régulière, toujours est-il que là où le cheval est robuste et vigoureux, c'est qu'il y trouve d'abondants pâturages et une nourriture qui lui convient. Placé dans de mauvaises terres, en Europe, il ne profitera pas plus que dans les mauvaises terres de la Tartarie, où il n'existe pas.

Si l'on veut placer les haras sauvages dans des contrées fertiles, il faudra comparer le produit de la vente des chevaux élevés, avec le profit qu'on pourrait tirer du terrain, et auquel on renonce.

Soit donc un cheval ordinaire des steppes de la mer d'Azof, tel qu'on le vend 58 francs à Eckarinoslaw et qui vaudrait peut-être en France 6 ou 700 francs, prix du reste exagéré, et où l'on n'a pas encore fait entrer, en ligne de compte, l'absence de toute éducation. Calculant, au taux de nos marchés, la valeur des fourrages consommés ou perdus non-seulement par ce cheval, mais encore par tous ceux qu'auront enlevés les maladies, les accidents, et auxquels il aura seul survécu, on arrivera à un chiffre plus élevé que le prix du meilleur hunter anglais.

La création d'un haras sauvage est donc impossible dans l'état actuel de notre civilisation, eu égard au prix des terres, à la valeur des denrées, à l'excessive population.

Une autre idée également inspirée par les hautes qualités des chevaux cosaques ou tartares, mais qui n'a guère plus de réalité, est de les choisir comme type régénérateur, soit en naturalisant leur race sans mélange, soit en la croisant avec nos espèces indigènes.

Si d'abord nous comparons le cheval tartare, même le mieux choisi, au véritable produit de notre civilisation, le cheval anglais bien né, qu'il soit ou non de pur sang, nous le trouverons inférieur sous beaucoup de rapports ; d'abord taille et beauté ; avantage incontestable, le moindre de tous, si l'on veut ; mais la beauté, telle que nous l'entendons, n'étant que l'indice à peu près certain des qualités innées, nous pouvons espérer de l'étalon anglais des productions plus régulières et, par conséquent, le gage, sinon d'une excellence exceptionnelle, au moins d'une bonté tolérable.

Supposez les deux étalons égaux en qualités, l'un doit tout à son éducation, à la vie qu'il a menée et qui l'a fait ce qu'il est ; car il n'a pas de famille tracée et connue. L'autre doit beaucoup à sa race ; il a été éprouvé de génération en génération, ses ancêtres sont connus comme lui ; et c'est aujourd'hui un axiome que plus les qualités sont anciennes, plus elles sont transmissibles. L'hérédité des qualités acquises par l'éducation est encore à peu près un problème.

Passant maintenant à l'examen réel des deux chevaux, il est presque toujours à l'avantage du cheval anglais d'élite. Il a réellement plus de force positive et plus de *pouvoir* pour n'importe quelle tâche ; c'est ce qu'a prouvé la victoire de *Sharper*, c'est ce que prouveront tous les essais qu'on voudra faire consciencieusement ; car c'est aujourd'hui un fait acquis à la science, que les bienfaits de la civilisation contribuent à la force et à la santé des individus, pourvu qu'on sache et qu'on veuille suivre le régime convenable.

Resterait donc uniquement la question de sobriété et d'aptitude à vivre sous un climat rigoureux, à endurer toutes les fatigues et toutes les privations. En un mot, le cheval anglais supporterait-il l'existence du cheval tartare ? Non, en général, je crois qu'il faut l'avouer ; mais, si l'on voulait sacrifier autant d'individus d'une race que de l'autre, on arriverait aux mêmes résultats. Il paraîtrait même que, dans toutes les épreuves de ce genre, par exemple, dans les guerres soutenues en Asie par les Anglais et les Russes, les chevaux de race les plus fins, les plus distingués, les plus délicatement élevés, ont survécu presque en égal nombre et, de plus, ont conservé une supériorité marquée sur les chevaux demi-sauvages, les battant sur leur propre terrain et dans les circonstances qui semblaient les plus favorables à ces derniers.

Quant au reste, avons-nous besoin d'exposer des chevaux à toutes ces privations ? En temps de guerre, et seulement encore dans certaines guerres, dans des circonstances exceptionnelles impossibles à prévoir et toujours très-rares.

Et le cheval tartare donnera-t-il ces qualités si vantées et si exceptionnellement utiles ? Est-il probable qu'il transmette ce qu'il ne doit qu'à son éducation, à des produits qu'on n'osera ni ne pourra élever comme lui ? Lui-même, en changeant de maître et de patrie, renoncera à ses habitudes de vigueur et de sobriété. Peut-être même perdra-t-il la santé en quittant sa vie pénible et sauvage : pourra-t-il donc se reproduire tel qu'il n'est plus lui-même ? Non ! hors le type imprimé par un climat favorable et un bon régime à une longue suite de générations, l'animal transplanté ne peut rien donner à ses descendants ; les influences locales ne peuvent être combattues que par l'origine de l'espèce importée ; et dans ce sens, certainement il est bien des contrées, en Asie comme ailleurs, qu'il nous serait utile d'explorer ; partout où se trouve le cheval de noble origine, on doit l'étudier et essayer d'en tirer race. D'ailleurs, les expériences, quelles qu'elles soient, bonnes ou mauvaises, ne sont nuisibles que lorsqu'elles sont tentées incomplétement ou sans conscience, parce qu'alors, au lieu d'éclairer, elles égarent.

Races européennes.

Passons maintenant des contrées orientales de l'ancien continent à celles qui font partie de l'Europe. Nous verrons l'espèce asiatique, cette race petite, maigre, anguleuse et sobre, se modifier en raison du climat et des mœurs des hommes qui habitent chaque localité.

Nous avons déjà commencé à suivre la race arabe vers l'Occident et le Nord, et nous nous sommes arrêtés aux chevaux turcs.

Prenant donc à peu près le méridien qui sépare l'Asie de l'Europe pour ligne de démarcation entre les races arabes et les races asiatiques d'une part, et, de l'autre part, entre les races asiatiques et les races européennes, nous allons examiner comment celles que nous avons déjà décrites se fondent et se modifient de manière à former celles qui nous restent à connaître (1).

---

(1) On voit que déjà nous avions fait d'avance infraction à cette limite que nous posons nous-même, puisque nous avons décrit comme

A mesure que l'on s'avance de l'Orient vers l'Occident, le climat devient plus doux à latitude égale ; les terres se trouvent par conséquent plus fertiles, toutes circonstances égales d'ailleurs. En outre, l'ethnologie nous apprend que les races d'hommes sont plus aptes à l'agriculture et à une civilisation éclairée et scientifique ; la vie nomade disparaît graduellement ; les habitants attachent plus de prix à la terre, qui leur appartient et dont ils savent tirer parti, plus de prix aux animaux qu'elle nourrit. Au lieu de choisir dans un nombre immense de produits créés au hasard, de négliger ou de sacrifier les individus faibles, de surmener les autres sans s'inquiéter de les détruire par une consommation indiscrète, parce que l'espace et le nombre ne lui manquent jamais, l'homme, plus circonspect, plus resserré par la population, ménage ses élèves, supplée à la quantité par la qualité, et emploie son intelligence à produire le mieux possible.

De là l'origine des haras véritables ; les chevaux ne sont plus abandonnés totalement à l'état de nature ; les juments et les étalons sont soigneusement accouplés suivant un système quelconque. On ne laisse plus entiers que les mâles jugés dignes de contribuer à la reproduction. Cet état de choses est une transition entre notre civilisation actuelle et la vie nomade des anciens Scythes.

---

asiatiques certaines espèces russes de la Crimée et même du Dniéper : cela prouve la difficulté de trancher nettement des distinctions là où il n'y a que des nuances ; de même que le slave rapproche le type kalmout de la race caucasienne, de même son cheval tient à la fois de l'arabe, du tartare et du cheval d'Europe.

L'influence de la vie sociale des hommes se retrouve partout et toujours, mais elle agit différemment suivant les climats et la nature du sol.

Une ligne à peu près parallèle aux cercles de latitude tracés sur la sphère peut nous servir à partager l'Europe hippique en deux parties distinctes.

La portion méridionale comprendra les pays les plus chauds, les plus secs, et là nous verrons le type primitif conserver à un plus haut degré ses qualités originelles.

Les contrées du Nord, au contraire, froides, humides, souvent grasses et fertiles, opéreront sur l'espèce chevaline des changements dont nous n'avons pas vu d'exemples jusqu'ici.

La ligne de démarcation indiquée passera par les marais de *Minsk*, au-dessous de *Mohiloff*, traversera la *Pologne* en laissant au nord la *Silésie*, la moitié de la *Bohême*, la *Prusse*, le *Hanovre*, le *Mecklembourg*, la *Saxe*, la *Hollande*, et nous l'arrêterons à Strasbourg, pour nous occuper de la France dans un article à part.

Chevaux polonais.

La Pologne produit de bons chevaux dont les grands seigneurs et les riches propriétaires relèvent continuellement l'origine par l'emploi d'étalons arabes achetés à grands frais. Le Polonais est généralement connaisseur et bon cavalier. Le cheval polonais est rarement grand et étoffé, à moins qu'on ne le croise avec les espèces allemande et anglaise. Plus son éducation a été soignée, plus il se rapproche des pères dont on le fait descendre. L'espèce commune est bonne, solide, et a de bons membres, mais elle manque de modèle et de régularité. Plusieurs individus que j'ai rencontrés rappelaient assez, par leur tête busquée et le reste de leur ensemble, notre type normand le plus commun, mais avec du fonds et de l'énergie.

Chevaux hongrois.

En continuant à nous avancer vers l'Ouest, nous rencontrons la Hongrie, pays depuis longtemps célèbre par ses chevaux petits, longs de corps, peu agréables de formes, mais d'un bon usage et capables de résister aux fatigues et aux privations. Le comte de Newcastle est, de tous les anciens auteurs, le seul qui en parle défavorablement. Le goût des Hongrois les porte à imiter jusqu'à un certain point les Turcs, leurs voisins, avec lesquels ils ont eu de grands rapports de guerre ou de commerce, ce qui n'a pas peu contribué à conserver à leurs chevaux, tant par l'éducation que par le croisement, une certaine physionomie orientale.

Nos amateurs français ont beaucoup parlé, soit en bien, soit en mal, des chevaux hongrois. Les militaires qui ont fait les campagnes de l'Empire les citent avec éloge. On peut suspecter leur jugement, parce qu'ils n'avaient pas alors sous les yeux, pour point de comparaison, les chevaux anglais, auprès desquels aucune race ne peut paraître sans désavantage. Les partisans du pur sang anglais, au contraire, renchérissent sur le mépris de Newcastle. Quelles que soient les exagérations des deux parties, la cavalerie hongroise n'aurait pas, sans ses chevaux, la réputation méritée d'être la meilleure cavalerie légère de l'Europe ; les hussards hongrois ont été de tout temps célèbres.

Cette race de chevaux a toujours été fort soignée et retrempée de sang arabe.

Les grands haras impériaux de Babolna (1), Mezoëgès (2) et Rudautz, sont entretenus par le gouvernement pour fournir des étalons dont les produits servent aux remontes et aux besoins du pays. Les individus jugés indignes d'être étalons restent à la disposition de l'empereur ; plusieurs sont donnés aux officiers de l'armée autrichienne.

Ces haras impériaux ont été autrefois peuplés d'étalons orientaux et espagnols ; on s'en tient aujourd'hui aux arabes et aux anglais de pur ou de demi-sang.

Un étalon normand, nommé *Nonius*, y a laissé une nombreuse postérité.

Nous nous abstiendrons de plus de détails sur ces haras et sur l'éducation des chevaux en Hongrie. Il serait impossible d'approfondir cette question sans tomber dans une polémique interminable sur le plus ou moins d'opportunité dans l'emploi de tel ou tel type régénérateur.

Nous nous contenterons de citer les haras du comte Hungady, près de Pesth ; du comte de Caroly, près d'Urmeny ; du comte Fechtich, près du lac Balaton. Ce dernier haras a fourni à l'administration des haras royaux de France quatre

---

(1) Babolna, près de Comorn, Komorn ou Komarom, sur la rive droite du Danube, dans le cercle au delà du Danube.

(2) Mezoëgès, dans le cercle au delà de la Theis, près de Mako, entre Szigeth et Temeswar.

étalons que l'on a pu voir et apprécier. El-Bedavi (1) en venait également ; mais il est arabe, et n'a été amené en Hongrie qu'à l'âge de dix-huit mois. Jugé peu avantageusement sur son extérieur, il a mieux produit qu'on ne s'y attendait ; et nous ne le citons ici que comme une preuve de cette vérité qu'on se trompe en chevaux aussi souvent par un refus précipité que par une acceptation trop facile.

Chevaux valaques, serviens, bulgares, etc.

La Valachie produit une variété de l'espèce hongroise ; est-ce l'espèce type ou une dégénération ? On l'ignore. Quoi qu'il en soit, ces chevaux, petits, minces et solides dans leurs articulations, ont quelques qualités, mais peu de valeur. Ordinairement noirs ou gris, ils offrent, dit-on, quelque analogie avec les chevaux qu'on rencontre dans les marais Pontins. On attribue leur défaut de taille à la mauvaise qualité des pâtures marécageuses du Danube.

Le mot français *hongre*, le mot allemand *wallach*, employés pour désigner le cheval castré, n'indiqueraient-ils pas que l'usage de cette opération nous est venu de l'Europe orientale et même de Tartarie, à une époque où la naissance de l'art de l'équitation, en Italie et en Espagne, nous avait donné l'habitude tout arabe de ne monter que des chevaux entiers ?

Les Orientaux ne châtrent d'ordinaire que leurs chevaux

---

(1) Etalon qui a été au haras de Pompadour et en Navarre.

d'amble. Le mot anglais *gelding* désignait autrefois un cheval hongre qui allait l'amble.

Les Anglais disent qu'un hunter entier a besoin d'un cavalier énergique, parce qu'il est plus lent, plus mou, plus disposé à se laisser aller sur les obstacles.

Certains cultivateurs éclairés préfèrent les chevaux hongres pour le labour comme plus expéditifs, au lieu, disent-ils, que les autres se cadencent dans le sillon et n'avancent pas plus que des bœufs.

Nous pouvons, par conséquent, le dire ici en passant : la castration a des effets que l'on n'a pas encore parfaitement appréciés. Lorsque l'on veut résoudre une question d'une manière tranchante et absolue, par oui ou par non, il est rare de ne pas tomber dans l'erreur, dans quelque sens qu'on se décide. Ainsi les hippologues qui, avec Thiroux, ne veulent que des chevaux entiers, même pour la cavalerie, en n'accordant aux hongres ni santé, ni vigueur, sont dans l'erreur ; il en est de même de ceux qui, préoccupés de la terreur secrète que leur inspire toujours un étalon, ont été jusqu'à dire que le cheval castré était plus apte au service, plus résistant, plus actif, moins sujet aux maladies.

Que l'on examine attentivement, chez chaque peuple qui pratique ou néglige la castration, quelle est la conformation qu'on préfère, le genre d'équitation en usage, le mode de service qu'on exige du cheval ; et chez les nations qui, comme nous, par exemple, ne châtrent qu'une partie de leurs chevaux, à quelles spécialités on destine respectivement les mâles entiers ou opérés, on verra que généralement le cheval entier est l'animal des allures lentes, majestueuses et brillantes, du travail lent, continu, excessif, tandis que le cheval hongre est préféré pour les courses plus rapides que longues, et où l'on tient plus à avancer qu'à toute autre chose, et dans les circonstances surtout où la facilité de remplacer l'individu forcé ou usé permet de ne pas attacher un grand prix à sa conservation.

Les chevaux serviens et bulgares offrent à peu près le même type que les chevaux de Valachie, toutefois un peu rapetissé par le voisinage des montagnes.

Entre *Presbourg* et *Agram*, les pâturages étant plus gras et plus fertiles produisent une espèce plus grande, quoique de la même physionomie, et que l'on croise, dit-on, avantageusement avec le pur sang anglais.

La *Styrie*, pays moins riche et plus montueux, nourrit une race plus petite, mais cependant assez forte et propre au trait. Les meilleurs individus, bien élevés chez les grands propriétaires, deviennent propres aux attelages. On cite particulièrement les productions du haras du prince *Traudtmansdorf*. Elles doivent à des soins judicieux et au croisement avec le demi-sang anglais beaucoup d'ampleur, des formes arabes et de grandes qualités.

La *Carinthie* possède à peu près les mêmes chevaux que la Styrie; seulement, le voisinage du haras de *Lipitza*, fondé par l'empereur Léopold, a répandu dans le pays la tête longue et l'oreille négligée des chevaux espagnols, qu'affectionnait ce souverain.

L'Illyrie n'a que des chevaux de trait de peu de mérite; mais c'est dans cette province que se trouve le haras de Lipitza, dont nous venons de parler. Cet établissement, destiné exclusivement aux remontes de la cour impériale d'Autriche, produit une race d'origine espagnole croisée d'Arabe, et que l'on dit énergique et élégante. Les robes sont fort bizarres dans ce haras; on y voit beaucoup de chevaux tigres, ainsi qu'en Dalmatie, des isabelles à crins blancs, et des blancs à crins jaunâtres, que l'on appelle *hermelines* ou *hermines* (1).

Le Tyrol et la Bavière méridionale donnent des chevaux à peu près pareils à ceux de la Styrie; les alezans dorés, les gris et les robes bizarres, telles que le tigre, y dominent.

Le royaume de Wurtemberg terminera pour nous la série des contrées formant l'Allemagne méridionale. On a vu le type oriental se conserver dans toute cette zone à peu près par lui-même et sous l'influence du climat. Quelquefois grossi, il ne s'est pas élevé en taille, et les habitants n'ont essayé que rarement et partiellement de lui donner plus de développement par l'introduction de reproducteurs septentrionaux.

Le Wurtemberg est le pays où l'on a suivi avec le plus de constance et de soin le mode de conservation et d'amélioration par le sang arabe. En moins de vingt-cinq ans, le roi, par l'emploi continuel des étalons syriens qu'il faisait

---

(1) Le *Cabinet du jeune naturaliste*, déjà cité, donne une origine dalmatienne aux chiens mouchetés qu'on appelle vulgairement *danois*. Cette tendance attribuée à la Dalmatie de donner des robes mouchetées est attribuée aussi à l'île de Fionie, en Danemark. Aristote dit la même chose de je ne sais quelle contrée de l'Asie-Mineure. Est-ce un dicton, un préjugé? peu importe, je constate, faute de pouvoir mieux faire, et voilà tout.

ramener à grands frais par ses écuyers, a changé le type primitif du pays, qui se rapprochait de l'espèce suisse. Ses haras doivent être visités et étudiés par quiconque a la prétention de se dire homme de cheval.

On cite les haras de Monrepos pour les carrossiers, créé en 1827 ; de Hohenheim, de Scharnhausen, de Weil et de Marbach, pour les chevaux de selle, datant de 1817 ; tous près de Stuttgardt.

Chevaux du Nord de l'Europe.

Reportons-nous maintenant à l'Est et vers le Nord, à peu près à l'intersection de ces deux lignes que nous avons tracées, et dont l'une sépare l'Europe de l'Asie, tandis que l'autre nous indique jusqu'où s'étendent vers le Nord les races méridionales de l'Europe.

Nous verrons d'abord, dans les plaines glacées qui environnent *Archangel*, un cheval petit, corsé et d'un grand fonds, qui grandit un peu dans la *Livonie* et l'*Estonie*.

Les contrées froides, mais fertiles, du Nord, lorsque la rigueur du climat n'est pas trop intense et que les soins de l'homme se joignent aux influences naturelles du sol, font parvenir le cheval à une taille et à un développement excessifs, et dont nous n'avons pu trouver successivement jusqu'ici que des exemples individuels ; ce n'est que dans les pâturages gras du Nord que le cheval peut atteindre cinq pieds comme taille ordinaire, avec une charpente osseuse et musculaire tout à fait en proportion de cette hauteur.

Le haras de la famille *Orlow* est depuis longtemps célèbre par ses trotteurs. Ces chevaux, ordinairement noirs ou gris, quelquefois alezans, sont extrêmement recherchés par les amateurs russes pour leur vitesse, leur fonds et la douceur de leurs allures; ils se paient des sommes immenses. On m'a parlé d'un étalon de ce haras estimé 300,000 roubles (le rouble vaut plus d'un franc).

Les chevaux de la race des comtes Orlow sont le modèle le plus accompli, le type le plus parfait de l'espèce qui peuple la Russie. La tête est souvent lourde et même bombée, l'oreille presque toujours négligée, le cou court, les reins bons, la croupe bien faite; l'épaule est ronde. Ces chevaux ont du train et du fonds, mais ils n'ont point l'extension et le nerf du trotteur anglais, quoique peut-être leur tempérament les rende plus propres à supporter les intempéries, les souffrances et les privations.

Quelques hippologues font l'honneur de la création de cette race à Pierre le Grand, qui, selon eux, amena de *Hollande* des juments de l'espèce *ardrave* et les croisa avec des arabes et des demi-sang arabes pour corriger leurs croupes avalées et défectueuses.

On emploie, depuis plusieurs années, le pur sang anglais dans les grands haras de Russie. Les éleveurs n'épargnent aucun sacrifice pour se procurer les plus grands et les plus étoffés. Ils préfèrent de beaucoup les alezans brûlés, mais surtout les gris et les noirs. Un écrivain anglais disait, il y a quelques années, au sujet des achats faits en Angleterre par des amateurs du continent : Les Russes prennent tout ce qui est gris et noir; les Allemands ne recherchent qu'une belle queue et une belle tête ; mais il a été jusqu'à présent impossible de deviner ce qui dirige les Français dans leurs choix et leurs refus.

On a beaucoup parlé des colonies militaires russes et des élèves qu'on y entretient pour la remonte de la cavalerie ; nous n'en dirons rien ici : indépendamment de l'impossibilité de juger d'après les impressions d'autrui, il n'entre pas dans notre but de donner la statistique chevaline de chaque pays.

Nous avons extrait des principaux écrivains anciens ou modernes les renseignements les plus vraisemblables par leur concordance et par le caractère des auteurs, sur les types que produit naturellement chaque contrée : cela suffit pour l'instruction élémentaire de l'homme de cheval.

Décrire la situation hippique de chaque pays, analyser toutes les causes de prospérité ou de pénurie, faire la part des climats, des soins, des systèmes, serait assurément une tâche belle et utile ; mais que faut-il pour cela ? Beaucoup de science, encore plus d'expérience et toute une vie consacrée aux voyages : l'entreprenne qui se croira en état de l'accomplir.

Chevaux suédois et norwégiens.

Avant de passer au reste de l'Europe, il est à propos peut-être d'en finir avec deux races septentrionales qui n'ont pas de rapport direct avec celles dont nous venons de parler ni avec celles qui nous restent à décrire : ce sont les chevaux de Suède et de Norwége. Habitant un pays beaucoup plus froid que ceux où l'espèce chevaline atteint son maximum de taille et de développement, ils se rapetissent tout à coup, parce qu'ils approchent de la limite où la rigueur du climat empêche l'espèce d'exister. Ainsi, le cheval norwégien est au cheval danois ce que, dans l'espèce humaine, le Lapon est au Finlandais.

Nous avons vu le cheval sibérien vif, vigoureux et petit, faisant facilement quatre lieues à l'heure sitôt qu'on le tire des forêts où il erre sans soin et sans nourriture tant qu'on n'a pas besoin de lui.

Il en est de même du cheval finlandais et norwégien; son instinct est, dit-on, fort développé. On rapporte qu'un de ces animaux, voyant son maître dans un état d'ivresse tel qu'il ne pouvait se tenir en équilibre, essaya longtemps de l'y maintenir par ses mouvements; puis le voyant tombé, le pied pris dans l'étrier, tenter d'abord de le dégager en reculant dans diverses directions. La chute avait rappelé le cavalier à lui-même; il essaya de se relever, et le cheval l'aidait en le soulevant par son bonnet avec ses dents; mais le bonnet céda et l'homme retomba par terre; le cheval saisit alors le collet de l'habit et enleva son maître assez haut pour qu'il pût se remettre sur ses jambes et dégager son pied. On ajoute que le propriétaire, de retour chez lui, garda son cheval par reconnaissance jusqu'à sa mort, en lui prodiguant des soins proportionnés au service rendu.

Des deux parties de cette invraisemblable historiette, à laquelle est-il le moins impossible de croire? Est-ce à l'intelligence du cheval, est-ce à la reconnaissance du maître? Nous ne savons pas jusqu'où peut être développé l'instinct des animaux.

Le cheval suédois tient à peu près le milieu entre le norwégien et le danois, plus fort, plus étoffé que le premier. Mais il y a peu de chevaux en Suède : les pays d'herbages, resserrés entre les montagnes Dofrines et la mer, ont trop peu d'étendue.

J'ai vu, à Paris, deux jeunes chevaux entiers élevés en Suède ; ils étaient noirs zains, de petite taille, et rappelaient un peu le type espagnol allongé que présentent souvent les races soignées du Nord.

Le feu roi possédait, même avant son avénement au trône, étant prince royal, un haras où il paraît que l'on essayait les croisements de plusieurs races, hanovrienne, russe, espagnole, etc.

Du reste, le pays suffit aujourd'hui à remonter sa cavalerie sans avoir recours au Holstein comme autrefois, et on a établi des courses dans plusieurs endroits de la presqu'île scandinave.

Grande famille du Nord.

Nous allons à présent commencer l'examen d'une nombreuse famille présentant des caractères tout à fait particuliers ; c'est cette espèce qui est répandue sur tout le littoral de la Baltique, de la mer du Nord et de la Manche, et qui peuple l'Allemagne, le Danemark, la Hollande, les Iles britanniques et tout le nord de la France jusqu'à la Bretagne. Cette famille se partage en une multitude de variétés, suivant les différences de climat ou les caprices de l'éleveur ; c'est, de toutes les races chevalines, celle qui a été le plus travaillée par l'homme et qui a été le plus complétement modifiée par la domesticité. Aussi a-t-elle, plus qu'aucune autre, de grands défauts avec des qualités utiles à nos besoins et à nos plaisirs. Nulle autre ne nous offre des individus aussi hauts, aussi étoffés et, à l'exception des arabes, aussi régulièrement conformés.

Nulle ne peut aller aussi vite pour un petit espace, ou même accomplir une tâche aussi violente, pourvu qu'elle ne se répète pas ; nulle ne peut enlever ni traîner d'aussi lourdes charges ; mais en revanche, sans les soins, sans les accouplements judicieux, sans une nourriture abondante et choisie, elle dépérit et dégénère ; la créature artificielle disparaît, et l'on ne sait trop ce qui viendrait à la place à la longue, tant les produits sont alors disparates et irréguliers. De plus, comme cette race habite des pays cultivés où tout est précieux et cher, il n'y a jamais chez elle d'épuration par l'anéantissement des sujets faibles et indignes ; tous sont conservés et utilisés, bons ou mauvais ; le prix seul en fait la différence.

Il serait fort long et fort difficile de tracer complétement les caractères propres à cette grande famille du Nord, à cause du grand nombre des sous-races différentes qui la composent.

Une grande taille, avec une charpente fort développée, des os spongieux, et par conséquent une tête volumineuse, souvent busquée, des pieds très-grands, quelquefois plats, beaucoup de poils aux jambes, tels sont les caractères que produit un sol gras et fertile, sous un climat froid, sans être extrêmement rigoureux.

Une conformation régulière, une encolure rouée et bien sortie, un garrot élevé, une épaule oblique et une poitrine profonde, résultent des accouplements judicieux et de l'introduction répétée du sang oriental bien choisi. Car enfin, il faut le dire, le cheval du Nord, fruit de la civilisation, est toujours meilleur que le cheval élevé au hasard, toutes choses égales d'ailleurs. Rien de moins logique que de préférer la race tartare à la race hanovrienne, par exemple, par suite de la comparaison faite entre le cheval d'un Cosaque du Don et l'attelage d'un paysan d'Oldenbourg : l'un tue et mange le cheval qui ne le porte pas vite et longtemps, l'autre achète de préférence une rosse, parce que cette rosse est bon marché.

La race du Nord, c'est le cheval approprié à nos besoins, avec les qualités et les défauts inhérents à cette condition.

C'est chez elle que nous trouvons ces horribles têtes busquées, ces robes bizarres, ces spécialités singulières que nous chercherions vainement ailleurs, et il n'y a pas là de quoi s'étonner.

Chevaux prussiens.

Le premier pays qui s'offre à nous, en continuant notre marche vers l'Occident, est la monarchie prussienne.

De tout temps, les Prussiens ont excellé dans l'équitation militaire ; de tout temps, ils ont été connaisseurs en chevaux et se sont appliqués à créer les meilleures races possibles. Tacite, dans son ouvrage intitulé *Germania*, nous donne une idée peu favorable des chevaux allemands (1).

Depuis cette époque, il est probable que les chevaliers teutoniques s'occupèrent de perfectionner leurs haras. Toujours est-il que l'on fait remonter la race prussienne jusqu'au moyen âge.

Le bonhomme Vinter, écuyer polyglotte, qui florissait vers 1658, nous a laissé un ouvrage en allemand, en latin, en italien et en français, où il nous dit que le sang barbe ou polonais est le meilleur à employer. C'était la doctrine du pur sang avec les ressources de l'époque.

C'était aussi l'opinion qu'émettait en Angleterre, à peu près vers le même temps, le marquis de Newcastle.

Le baron d'Eisenberg, écuyer allemand du XVIIIe siècle, nous parle des chevaux allemands comme étant d'un caractère difficile et quinteux. Ils n'étaient donc pas encore suffisamment améliorés par le sang oriental.

Quoi qu'il en soit, les haras royaux de Prusse datent d'environ 1730. Le grand Frédéric était bon écuyer et grand amateur. Les chevaux, une fois mis à son rang après un dressage complet, n'étaient plus montés que par lui, ou pour la promenade seulement, et en couverture, par des palefreniers. Son dernier cheval de guerre (2) est mort à Postdam, il n'y a pas fort longtemps encore ; il était anglais de demi-sang, gris, fortement charpenté, avec une

---

(1) Nous citons ce passage dans la seconde partie, à l'article de l'équitation.

(2) Il portait le nom de *Condé*.

tête busquée ; et niqueté suivant la mode d'alors ; ses proportions étaient parfaites et ses allures excellentes.

En 1787 et 1788, le gouvernement prussien s'occupait encore plus activement des haras, lorsque les guerres avec la France, surtout par leur issue malheureuse, vinrent porter un coup violent à la prospérité hippique de ce pays ; *Néron*, *Morwick* et plusieurs autres étalons fort estimés furent amenés en France, où très-probablement on ne sut pas les utiliser.

On parle d'un étalon que des paysans avaient soustrait à tous les regards en bâtissant tout autour et au-dessus de lui une vaste meule de paille ou de foin. L'officier en cantonnement dans la ferme fut longtemps à s'apercevoir de cette ruse ; l'entrée de la retraite était masquée par quelques bottes, et il fallut défaire toute la meule pour faire sortir et emmener le cheval (1).

Au haras de Pless, pendant toute l'absence d'un étalon également enlevé pour la France et qui était, je crois, *Néron* (2), sa place demeura tendue de noir.

Les remontes faites en Prusse pour les armées russes et françaises achevèrent d'épuiser le pays.

Depuis la paix, tout est revenu à un état de prospérité qui tend sans cesse à s'accroître. Le célèbre haras des comtes de Pless contenait environ 500 têtes à l'époque de la mort du dernier propriétaire, arrivée il y a peu d'années.

Le commerce des chevaux s'y faisait avec un faste aussi

---

(1) Cet étalon se nommait, je crois, *Ivenack*.

(2) *Néron*, cheval gris, a été peint par C. Vernet ; quelques-uns disent que *Néron* portait, en Prusse, le nom d'*Hérodote*.

digne que lucratif. Un vaste manége, tout entouré d'écuries, s'ouvrait, ainsi que le château du maître, à tous les visiteurs de quelque considération. Tout cheval remarqué dans l'écurie par un visiteur était à l'instant monté par un palefrenier, dans le manége, et la vente se concluait rapidement.

Les produits de cet établissement provenaient d'étalons orientaux ou anglais, et de juments de vieille souche, barbe ou espagnole; ils avaient du feu, de bonnes allures et du modèle; mais ils étaient presque tous brassicourts ou arqués de naissance. Ce défaut ne leur nuisait pas, du reste, dans l'estime des amateurs; on connaissait leur sûreté et leur durée. Ils étaient tous marqués d'un P couronné.

On cite encore les haras particuliers de *Wardow* dans le Mecklembourg (cette province nourrit un nombre prodigieux de chevaux eu égard à son étendue); de *Prehberede* en Westphalie; de *Celle* dans le Hanovre (1), et beaucoup d'autres dans le Brandebourg et la Lithuanie, sans compter des dépôts d'étalons, aussi nombreux que bien composés, entretenus aux frais du Gouvernement et sévèrement administrés.

Il existe en Prusse quatre haras royaux dont le but est de conserver une belle race et de créer les étalons nécessaires à l'entretien des dépôts.

---

(1) On doit comprendre, sous la dénomination de chevaux prussiens, tous ceux que produit le littoral de la Baltique, en remontant vers le sud jusqu'à ce que le pays cesse de produire de grands chevaux.

Le haras de *Trackenen* (1), fondé en 1730, contenait, en 1830, trois espèces de poulinières :

1° 70 de pur sang oriental ou anglais, de robes diverses, mais sans marques notables ni bizarrerie de poil ;

2° 50 de demi-sang (anglaises ou autres), presque toutes baies, de selle ou de carrosse, mais légères ;

3° 180 de race forte, prussienne ou de sang mêlé.

Les noires étaient les plus fortes.

Les baies, celles qui rappelaient le plus le type anglais.

Les alezanes, celles qui étaient le plus près du pur sang ou les mieux nées.

Le fameux *Turk-Main-Ati* était la souche de cette espèce. Cet étalon servait de bidet de poste en Bulgarie ou sur tel autre point de la route de Vienne à Constantinople. Un secrétaire d'ambassade autrichien, frappé de ses qualités, l'acheta et le ramena à Vienne, d'où il fut emmené pour la Prusse.

Les produits du haras de Trackenen sont marqués d'un bois de cerf à la cuisse gauche. On leur a reproché d'être panards et de manquer de corps.

Le haras de *Neustadt* (2), composé de 100 poulinières, dont quelques-unes de pur sang, produisait de bons chevaux que l'on reconnaissait à une flèche entourée d'un serpent. Les étalons employés à Neustadt étaient ordinairement des élèves de Trackenen.

---

(1) Trakenen, 20 milles à l'est de Kœnigsberg.

(2) Neudstadt, sur la Dosse, affluent de droite de l'Elbe, nord-ouest de Berlin.

Le haras de *Graditz* (1) ne donnait que des chevaux de selle. On les marquait d'une espèce de fouet de chasse sur la cuisse droite. Celui de *Vesra* (2) renfermait 200 têtes et tirait également ses producteurs de Trackenen. Les chevaux de Vesra avaient de la taille, de la force et de l'élégance; ils portaient l'aigle prussienne sur la cuisse gauche.

Aujourd'hui, la Prusse paraît être entrée dans une nouvelle voie. Le goût des courses a amené l'emploi exclusif du pur sang anglais, ou, du moins, a fait abandonner le croisement de l'étalon arabe avec les juments du pays. Nous nous abstiendrons de toute réflexion à l'égard de ces différents systèmes, dont l'examen rentre dans la polémique actuelle. Le prince *de Puker Muskau*, le baron *de Biel* et M. *de Burgsdorf* ont émis à cet égard diverses opinions dont l'examen doit être, malgré leurs divergences, du plus haut intérêt pour tous et très-utile à quiconque veut s'instruire.

Chevaux du Hanovre.

Ce royaume, longtemps réuni à l'Angleterre, semble avoir échappé par cela même à la réaction violente qui entraîne toute l'Allemagne du Nord vers les usages exclusivement britanniques. Les anciennes races des écuries du roi de Hanovre, isabelles, gris souris, blanches (*weis geboren*), etc., ont été non-seulement conservées, mais même importées

---

(1) Graditz, près Torgau.
(2) Vesra, près Erfurt.

en Angleterre et consacrées aux carrosses du souverain dans les jours de grande cérémonie.

Cela n'a pas empêché pourtant de relever par le sang anglais les races communes et de leur donner les qualités qui leur manquaient.

L'ancien cheval hanovrien, avec ses allures brillantes, mais trop rondes, sa tête busquée et cependant légère, son corps un peu long et sujet à être levretté, ses pieds larges et son caractère vif et franc, a plu aux Anglais pour ses qualités, bien plus qu'il n'a été méprisé pour ses défauts. Les étalons que les régiments hanovriens amenèrent à leur suite en Angleterre y furent assez goûtés parce qu'ils donnaient de la souplesse et du brillant, ce que les Anglais avaient perdu chez leurs carrossiers en voulant donner trop de perçant à leurs hunters (1). Ces régiments furent remontés en chevaux anglais et irlandais pour la guerre d'Espagne ; une partie succomba bientôt, mais le reste devint excellent, et les juments de cette espèce qui revinrent en Hanovre y furent employées avec succès à la reproduction. Ainsi, le mélange des deux espèces fut avantageux pour l'un et l'autre pays, exemple remarquable dont nous n'avons pas su profiter.

Chevaux danois.

Le Danemark est le pays d'Europe où l'espèce chevaline

(1) Les chevaux noirs des *horse-guard* offrent aujourd'hui le plus beau type hanovrien, soit qu'ils aient été élevés en Angleterre, soit qu'on les achète encore dans le Hanovre.

a subi depuis vingt-cinq ans la transformation la plus remarquable. L'ancien cheval danois était grand, mince, haut monté, et avait peu de corps, la tête busquée et longue, la cuisse plate, les pieds larges ; assez *difficile et peu disciplinable,* suivant les anciens auteurs, il était pourtant susceptible d'être léger et bon sauteur de manége ; il était vigoureux et trottait bien ; mais il relevait beaucoup et n'avançait pas en proportion. Souvent d'une robe extraordinaire, pie ou tigre, il était prisé pour les attelages de parade et les académies.

On a prétendu que ce cheval, tel que nous venons de le décrire, avait été la souche de nos races normandes, que l'on faisait aussi dater de l'établissement de Rollon dans la Neustrie. Quoi qu'il en soit, ce type, moins mauvais du reste pour le service que sa description ne le ferait supposer, était détestable comme étalon, parce qu'il donnait ses défauts de conformation, les exagérait même dans ses produits et ne communiquait pas son feu et son entrain.

La Normandie, le royaume de Naples et l'Espagne en furent infectés et perdirent tout à fait leurs races qui alors étaient en réputation.

Aujourd'hui, le cheval danois ordinaire est assez petit, ordinairement bai brun, zain, ou peu s'en faut, court jointé, rond de corps et râblé, avec une tête courte et large ; il ressemble beaucoup à ce que l'on appelle improprement à Paris le double poney irlandais. Cette transformation, aussi avantageuse que remarquable, nous montre ce que l'on peut faire avec de la continuité et de l'intelligence. Malheureusement, nous avons peu de documents sur le mode de croisement à l'aide duquel on a ainsi ramené l'espèce à un type si uniforme et si approprié à nos goûts et à nós besoins.

Dans ces dernières années, un prince du sang royal, le duc de Schleswig-Holstein-Sunderburg-Augustenburg, a pris la résolution de travailler sérieusement à l'amélioration générale des chevaux de son pays. Le haras qu'il possédait dans l'île d'Alsen, et qui servait jusqu'alors à la consommation de ses écuries, fut transformé en une vaste pépinière d'étalons. Les types régénérateurs furent choisis exclusivement parmi les étalons et juments de pur sang les plus élevés en taille et les plus fortement charpentés. Bientôt, 47 étalons importés d'Angleterre ou nés à Alsen firent la monte dans le Holstein, le Jutland et les îles de Fionie, de Zélande, de Bornholm, etc.

Quelque soit, un jour, le succès d'une aussi vaste et aussi louable entreprise, nous reviendrons plus tard à l'examen de la méthode d'amélioration choisie par le duc de Schleswig-Holstein; et lorsque nous nous occuperons spécialement de l'élevage, nous verrons jusqu'à quel point cet exemple est imitable en France.

Chevaux de Frise, de Hollande, etc.

Le reste de l'Allemagne, la Frise, le comté d'Oldenbourg, ne donnent pas généralement d'aussi bons chevaux que le Mecklembourg et le Danemark. C'est de ces contrées que nous viennent les chevaux à pieds plats, à tête busquée, à côte courte, bai clair avec les jambes lavées, que leur bas prix met à portée de toutes les bourses et qui établissent une concurrence désastreuse pour nos éleveurs; mais, il faut en convenir, ces vilains animaux, malgré leur peu de fonds et de durée, se font encore préférer, et à juste titre, à nos poulains sauvages, incultes, mal préparés; ils ont au moins l'avantage d'être pratiqués, *bienfaisants*, doux et disposés à suppléer par leur bonne volonté à ce qui leur manque du côté du sang et de la constitution.

La Hollande paraît être aujourd'hui en voie de progrès; l'ancien cheval hollandais, le plus mauvais des chevaux du Nord, mou, lymphatique et d'un mauvais entretien, se trouve graduellement remplacé par le nouveau modèle danois ou hanovrien.

La race des trotteurs ardraves, par corruption de *hartdraver*, a été de tout temps célèbre. Presque toujours noirs, avec une tête et une encolure d'une finesse extrême, une croupe négligée et avalée, ils étaient connus dans toute l'Europe pour leur vitesse et leur fonds, quoique du reste ils n'aient jamais pu lutter avantageusement avec ceux des trotteurs anglais qui atteignaient leur train; ces derniers étant toujours bien supérieurs pour le fonds et la durée. Le ardrave tient toujours un peu du tempérament mou, délicat et lymphatique de tous les chevaux hollandais,

Autrefois, on leur coupait la queue tellement courte, qu'une telle opération devait offrir des dangers. Cet usage avait, dit-on, pour but d'empêcher le cheval de prendre les guides en chassant les mouches, accident fort à craindre dans un pays où toutes les routes sont en chaussées sur de hautes digues.

Le cheval flamand est fort estimé des Anglais ; grand, étoffé, brillant, il leur a servi à faire leurs plus belles races de trait. C'est presque l'ancien palefroi tel que le veulent nos peintres actuels pour figurer avec éclat sous un chevalier armé de toutes pièces.

Nos voituriers français le dédaignent ; ils le trouvent moins résistant que le boulonais et le percheron. La vérité est qu'ayant plus d'ardeur, plus de légèreté et peut-être moins de tempérament, il se fatigue et s'use rapidement dans de mauvaises mains ; mais, toutes les fois qu'on voudra grossir nos espèces par des croisements immédiats, la jument flamande nous sera utile comme poulinière, à la condition toutefois d'être placée dans un pays qui puisse la nourrir, parce qu'elle n'est pas sobre et dépérit facilement dans des pâturages trop secs ou trop échauffants.

Sa grâce, la beauté de ses allures, l'élégance de ses formes, certaine finesse de race qui perce toujours malgré la lymphe, la rendent éminemment propre au croisement avec le pur sang, et surtout avec l'arabe, qui la retrempe davantage, et avec lequel d'ailleurs elle offre une certaine analogie de ressemblance.

Chevaux suisses.

Nous avons peu de chose à dire sur la Suisse, pays peu adonné à l'éducation des chevaux, et que sa configuration topographique met hors d'état de produire en grande quantité. Toutefois, la Suisse fournit à peu près à ses besoins. Le cheval indigène est un cheval de trait d'une mauvaise origine et qui se rapproche du comtois; mais il est léger et d'un bon service. L'habitant est industrieux, intelligent et meilleur homme de cheval que le Français; il y a maintenant en Suisse des courses organisées et plusieurs hippodromes. Des prix de trot y sont souvent donnés aux chevaux d'origine commune et indigène.

Chevaux anglais.

Les Anglais, non contents de l'avantage qu'ils ont su conquérir sous le rapport hippique sur toutes les nations de l'Europe, et même, en beaucoup de points, sur tous les peuples de la terre, poussent l'amour-propre jusqu'à prétendre faire remonter cette supériorité jusqu'aux temps les plus reculés. Ils citent César et voient dans la description que donne cet écrivain de leurs chariots de guerre une preuve de la bonté de leurs chevaux. Malheureusement, tous les historiens ne confirment pas cette opinion. L'auteur grec qui raconte la défaite de Cassibellon attribue en partie le sort de la journée au désordre que mit la cavalerie dans toute l'armée bretonne, par suite de la frayeur que causa aux chevaux la vue des éléphants (1).

Newcastle reproche aussi aux chevaux de son pays leur caractère craintif et ombrageux.

---

(1) Quant à la frayeur que causa aux chevaux anglais la vue des éléphants, il est inutile d'en parler, puisque les chevaux grecs, qui ont cependant l'habitude d'en rencontrer souvent, ne supportent pas toujours leur aspect et leur voisinage. (*Cité de mémoire.*)

Les Anglais prétendent que, dès cette époque déjà si reculée de l'invasion de César dans la Grande-Bretagne, les chevaux de ce pays commencèrent à être recherchés des Romains ; mais ils conviennent, d'un autre côté, que l'on introduisit à cette époque chez eux une grande quantité d'étalons italiens, allemands et gaulois.

On peut lire dans plusieurs ouvrages anglais ces précis historiques dictés par l'amour-propre national : ouvrez John Lawrence, l'*Histoire de l'équitation* par Berenger, et *the Horse*, dont nous ne pouvons donner ici que quelques extraits.

Athelstan, fils naturel d'Alfred le Grand, reçut en présent de Hugues-Capet des chevaux de course allemands. N'est-il pas à présumer que ces prétendus chevaux allemands provenaient de la Hongrie, de la Valachie ou de telle autre contrée où le sang arabe avait déjà fait sentir son influence ?

Guillaume le Conquérant, avec ses quelques grands seigneurs normands et ceux, en bien plus grand nombre, qu'il fit nobles en Angleterre, d'aventuriers qu'ils étaient, entre autres Roger de Boulogne, devenu comte de Schrewbury, fonda des haras et dut améliorer l'espèce. On raconte que ce prince, qui était, comme on sait, d'une taille gigantesque et d'une obésité remarquable, emmena avec lui, pour la descente, un très-petit cheval espagnol, celui de tous les siens qui était le plus capable de le porter. La race andalouse était-elle bien supérieure alors à ce qu'elle a été depuis, dans le XVIIIe siècle par exemple, ou les grands chevaux de Normandie et d'Angleterre avaient-ils moins de force et de vigueur que nous ne leur en trouvons aujourd'hui ? L'une et l'autre supposition sont également admissibles. Le cheval arabe, importé nouvellement par l'invasion des Califes, n'avait pas eu le temps de dégénérer, et les molles productions de nos marais du Nord n'avaient été retrempées par aucun type améliorateur.

Ce n'est qu'en 1121 que Henri Ier posséda un cheval arabe ; c'était, dit-on, le premier qui ait été jamais vu en Angleterre. Ne serait-ce pas le même précisément qu'une tradition française raconte avoir été ramené en France par un Croisé et avoir été la première souche de la race limousine ? Huzard ou Bourgelat raconte que cet étalon fut vendu et partit pour l'Angleterre à un âge si avancé qu'il fallait le porter sur les cavales.

Au temps de Henri II, le marché de Smithfield, à Londres, était célèbre et chanté par les poètes ; ce n'est plus aujourd'hui qu'un lieu de rebut où se vendent les chevaux tout à fait usés ou destinés à l'abattoir.

Richard Cœur-de-Lion posséda deux destriers achetés à Chypre, et par conséquent orientaux.

Le roi Jean était grand amateur de chevaux ; il aimait à voir ses écuries et sa cavalerie magnifiquement montées.

Edouard II achetait à des prix exorbitants des chevaux de guerre et de trait en Lombardie, pays tributaire aujourd'hui de l'Angleterre et même de la France. Il en tirait aussi beaucoup de Flandre.

Edouard III acheta 50 chevaux espagnols ; il institua des courses ; il est pour cela considéré comme le père du turf, quoique nous ne sachions point ce que devaient être les chevaux de course de cette époque.

Henri VII, fondateur de la puissance maritime de l'Angleterre, favorisa aussi beaucoup l'amélioration des chevaux.

Henri VIII, dans le même but, déploya le caractère absolu et tyrannique dont il a donné tant d'autres preuves : pour empêcher les cultivateurs de consacrer à la reproduction des individus capables de détériorer l'espèce, il ordonna de mettre à mort tous les chevaux dont la taille n'atteignait pas quinze mains, et toutes les juments qui n'en avaient pas au moins treize.

L'exécution d'un pareil ordre dut plutôt amener une dépopulation qu'un perfectionnement.

C'est à Jacques Ier que l'on doit l'établissement des prix royaux, ou *king's plates*, pour les courses ; il fit de ce divertissement une institution régulière et dirigée dans un but sérieux et utile. Il possédait un cheval arabe assez célèbre, mais dont le comte de Newcastle parle en termes peu flatteurs, quoiqu'il fût lui-même très-partisan des chevaux barbes. Il est à présumer que l'opinion de ce grand homme de cheval contribua à discréditer pour longtemps les chevaux arabes en Angleterre.

Cependant M. Place, écuyer de Cromwell, eut *White-Turk*, et le duc de Buckingham posséda *Hemsley-Turk*, deux étalons orientaux fort célèbres, et dont le nom se retrouve dans la généalogie de nos meilleurs chevaux de pur sang d'aujourd'hui.

Depuis cette époque, l'espèce d'amélioration obtenue

porta la morgue nationale à mépriser tout cheval étranger. Le marchand Darley eut bien de la peine à faire apprécier le célèbre cheval arabe qui porta son nom et qui fut le père de *Flying Childers*, le cheval le plus vite qui ait jamais existé.

Quelques années plus tard, nous voyons dans l'histoire du turf anglais le même mépris pour *Godolphin arabian*, et la même réaction en sa faveur lorsque les victoires de ses produits eurent établi d'une manière éclatante sa supériorité sur tous les autres étalons de son temps.

Aujourd'hui, le même éloignement existe en général pour tous les reproducteurs arabes, bien qu'on reconnaisse ce sang comme la souche première de la race anglaise et qu'on l'emploie dans les Indes orientales.

Sans nous occuper davantage ici des moyens et du temps employés par les Anglais à perfectionner leurs races et à les faire ce que nous les voyons aujourd'hui, grande question qui doit être traitée à part et avec détails, disons un mot des différentes variétés de chevaux que l'on rencontre en Angleterre.

Le cheval anglais est toujours, toutes circonstances égales d'ailleurs, mieux disposé pour aller vite et longtemps que pour se rassembler et tourner sur lui-même; il a, en un mot, plus d'entrain que de souplesse. Ce fait, vrai en lui-même, a cependant été la source d'une foule d'erreurs et même de préjugés souvent ridicules. Bourgelat a dit : les chevaux anglais sont durs et ont peu de liberté dans leurs épaules. Huzard a longuement détaillé comme quoi, en Normandie, de son temps, les étalons anglais ne donnaient que des productions à épaules chevillées, et qu'au bout de quelques générations après que l'on eut renoncé à ce type dangereux, on voyait la liberté des articulations se rétablir. On en a conclu que le cheval anglais était impropre à la guerre, et que la cavalerie anglaise était appelée à des revers continuels, etc., etc.

La vérité est que le cheval anglais, toujours fort judicieusement élevé pour le but qu'on se propose, a appris pendant toute sa jeunesse à marcher en avant d'une manière hardie et même un peu précipitée. Son maître, cavalier vigoureux, actif, mais peu amateur des exercices du manége, quoiqu'il n'y soit pas autrement maladroit lorsqu'il veut s'y adonner, l'a formé à la course, à la chasse, à la route, mais toujours à des allures rapides et directes. Il est donc impossible de changer en quelques minutes le résultat d'une habitude de plusieurs années. Mais il n'en est pas moins vrai que le cheval anglais donne des produits aussi souples qu'on peut le désirer, et qu'il devient souple lui-même lorsqu'on veut employer le temps et les moyens convenables. Il conserve toutefois une énergie qui exclut toujours la mollesse et la marche insensible du cheval espagnol, à moins qu'on ne recherche l'espèce de chevaux que les Anglais ont destinée au service des femmes et des enfants, car elle existe, c'est celle des *Galloways*.

Il existe plusieurs variétés fort distinctes de chevaux anglais.

L'espèce primitive et antérieure à toute amélioration est entièrement disparue ; ce n'est que par hasard qu'on peut en saisir quelques traits caractéristiques sur les individus auxquels le hasard a laissé la physionomie de leurs ancêtres.

Ce type ressemblait beaucoup au cheval du Nord de l'Allemagne : front plat, tête souvent busquée, oreilles serrées et longues ; épaule un peu plate, membres grêles, sabot large et aplati, robe lavée, tempérament mou, caractère ardent et docile. On l'a anéanti par les croisements de toute nature avec le sang oriental ou les races les plus étoffées de l'Europe.

On peut distinguer aujourd'hui :

1° Le pur-sang ou l'espèce des chevaux de course provenant des étalons orientaux importés vers la fin du XVIIe siècle et plus tard, de quelques juments de même origine et d'une grande quantité de juments non désignées, indigènes ou autres, mais probablement remarquées dans leur temps pour leurs qualités. La souche première n'est donc pas pure, mais il y a eu amélioration successive par le soin que l'on a toujours eu de n'admettre à la reproduction presqu'aucun étalon ou jument d'origine moins noble que celle avec laquelle on avait commencé, et surtout de faire constater par l'épreuve des courses le mérite des pères et mères. Tout le mérite de la race dite de pur sang n'est donc pas dans sa pureté primitive, mais dans l'épuration que les courses y ont opérée.

Il existe de nos jours, en Limousin et en Auvergne, des juments de course non tracées, bien meilleures certainement que les aïeules des chevaux de course anglais de premier ordre, et dont il pourrait sortir pareille descendance, si l'on opérait en France avec la même habileté et sur une aussi grande échelle qu'en Angleterre ; car il faut le dire, lorsqu'il s'agit d'amélioration, le nombre est presque tout, puisque plus il y a de nombre, plus il y a de choix (1).

Quoi qu'il en soit, du reste, de l'origine du cheval de pur sang, il ressemble au cheval arabe, est plus grand, surtout plus haut de jambes, plus long, et a en général plus de poids.

La tête est moins belle, moins expressive, plus longue, quelquefois même busquée, l'oreille est presque toujours longue ; l'encolure est longue, mais c'est plutôt l'habitude que la nature qui la rend droite et fixe ; le cheval de pur sang prend l'encolure rouée comme le cheval espagnol sous une main savante au manége ; l'épaule est longue, plus plate, plus oblique que dans le cheval arabe ordinaire ; le garrot mieux sorti, les reins plus longs, la croupe à peu près pareille, mais la queue ordinairement moins bien portée, ce qui peut encore être attribué à l'éducation. En effet, le cheval de course est toujours mené ou au pas le plus allongé et le plus bas possible, ou dans toute l'extension de ses moyens au galop ; et ce n'est pas ainsi que le cheval peut se rassembler et prendre des poses brillantes. Tous les chevaux de pur sang que j'ai vu dresser pour le service ordinaire de la selle portaient mieux la queue que tout autre, hors le cheval arabe de haute et première race.

Les jambes sont ce qu'il y a de plus défectueux dans le pur-sang anglais : trop longues, avec les jointures effacées,

---

(1) Depuis que ceci est écrit, ces juments sont mortes, et leur descendance a presque totalement disparu pour faire place au pur-sang.

les tendons souvent peu sortis et mal détachés; le paturon est surtout fort long, le pied quelquefois bien fait, souvent encastelé, et rarement d'une aussi bonne nature que le sabot arabe; il se ressent un peu des influences septentrionales du climat et du terrain.

Tel qu'il est, avec ses qualités et ses défauts, souvent maladroit dans toutes ses allures, c'est l'animal le plus rapide de la création; il va plus vite et plus longtemps que le cheval arabe; et s'il est vrai qu'il ne puisse pas suivre ce dernier sous les ardeurs du soleil d'Orient et dans la stérilité du désert, il est vrai aussi que le cheval tant vanté du désert est loin d'avoir lui-même les qualités qu'une bonne éducation a données à ses descendants et qu'elle n'eût pas su donner à d'autres.

Les prétendues luttes entre les chevaux anglais et arabes, les magnifiques défis où les fils du Désert appelaient ces *animaux difformes et couverts de vêtements* à courir tout un jour, ou tout au moins une heure, toutes ces petites historiettes doivent être tout à fait éliminées du nombre des arguments sérieux et mises à côté des fables des Mille et une nuits, mais sous le rapport seulement de la véracité et de l'utilité historique, car elles n'ont ni l'intérêt, ni l'agrément des contes arabes;

2° La race *cleveland* ou carrossière : elle est presque éteinte, ou tout au moins défigurée par les croisements qu'on en a faits avec le pur-sang pour obtenir des chevaux de chasse ou des carrossiers fins et brillants. On l'élevait principalement dans le Yorkshire, le Durham, le Lincoln et le Northumberland. Le véritable *cleveland* est bai, un peu effacé dans ses formes, et ne saurait être mieux comparé qu'au carrossier normand de la plaine de Caen. C'est même le mauvais choix qu'on a fait de plusieurs étalons *cleveland* qui a donné à ces derniers les défauts qu'on leur reproche avec raison aujourd'hui, par exemple, d'avoir les hanches noyées et de manquer de profondeur de poitrine. La tête souvent forte, toujours sans expression, les jointures effacées, la robe presque toujours baie et quelquefois lavée, l'absence de tout caractère saillant, telles sont les qualités qui l'ont fait priser par un vulgaire ignorant et rebuter des véritables connaisseurs ;

3° *Race de gros trait.* Les Anglais possèdent, quoi qu'on en dise, une forte race dont les variétés sont nombreuses et admirablement adaptées chacune à une spécialité différente. Toutes ont cependant pour caractère commun une très-forte charpente, une tête osseuse, mais plutôt lourde que busquée, une épaule droite, une hanche énorme en largeur et en saillie, et surtout une conformation particulière de membres que nous avons déjà signalée ; le canon court, le tendon fort, détaché et sec, le paturon plutôt court que long, mais toujours droit et très-épais ; le pied haut et la muraille presque verticale.

Les principales branches de cette race sont :

1° La famille des Suffolk ou les *Suffolk punch*, éteinte aujourd'hui, presque toujours d'un alezan obscur et incertain, souvent de cette nuance que les Anglais nomment *Sorrel ;* ayant l'épaule basse et droite, les reins arrondis, le dos long et épais, la croupe haute et large, la cuisse développée, le flanc plein, les membres un peu ronds et court-jointés, ils réunissaient au plus haut degré toutes les conditions les plus favorables au tirage.

Aussi étaient-ils excellents pour l'agriculture et les charrois. Leur constance était si grande que jamais ils ne se rebutaient, quelque fixe que fût la résistance qu'ils rencontraient dans le collier. Un bon *Suffolk-punch,* attelé au pied d'un gros arbre, mourait dans les traits plutôt que de renoncer, et des paris considérables sur l'énergie et la puissance de ces chevaux étaient l'amusement favori des riches fermiers pendant les foires ;

2° Le duc d'Hamilton a créé près de Clyde, en Ecosse, une famille remarquable au moyen d'étalons flamands et de juments de Lanarck : on l'a appelée *Clydesdale ;* son principal caractère est une conformation athlétique, avec beaucoup de légèreté et même de vitesse au trot. L'étalon *Sandy,* mort il y a quelques années, et si regretté des amateurs de forte race, était vraisemblablement *Clydesdale.*

3° Le *heavy black cart horse* est presque toujours noir avec beaucoup de blanc. Il s'élève dans les comtés de Lincoln et de Stafford. Acheté poulain par les cultivateurs du Surrey et du Berkshire, il y est employé aux travaux de la ferme, mais avec les plus grands ménagements. De là, il vient à Londres à quatre ou cinq ans, développé, dressé et prêt au travail, traîner les grosses charrettes des brasseurs et des marchands de charbon. De haute taille, avec une épaule droite et longue, des membres forts et très-chargés de poils, une tête longue et busquée, il a le pas majestueux et allongé, beaucoup de force et un caractère doux, mais il manque de fonds, de durée, et ne pourrait supporter un travail forcé. L'emploi de ces chevaux est plutôt un objet de luxe que d'utilité pour les voituriers, qui sacrifient une partie de leur gain au plaisir de posséder un animal à formes colossales, en bon état et heureux de sa condition. Beaucoup de connaisseurs anglais s'élèvent avec raison contre le goût de certaines provinces pour les grosses espèces, qui ne seront, disent-ils, bonnes à quelque chose que le jour où l'on essaiera de manger de la chair de cheval.

La race Suffolk a disparu sitôt que l'état des routes a permis de recourir à l'emploi des voitures légères et des allures rapides. La race des *black cart horses* commence aussi à se croiser avec le pur-sang pour donner des chevaux de voiture. Quand les Anglais veulent désigner un *Cleveland* pur, carrossier ou hunter, ils disent *no blood, no black* (il n'y a ni pur-sang, ni espèce noire dans son origine) ;

4o Les trotteurs de Norfolk sont aux chevaux de selle ce que les Suffolk punch étaient aux carrossiers. Forts, nerveux, pleins de moyens, admirables dans toutes leurs articulations, ils sont d'une vitesse remarquable au trot surtout, galopent bien et sont bons sauteurs ; leurs allures franches et carrées compensent, pour bien des cavaliers, ce qui leur manque du côté du sang et, par conséquent du fonds et de la vitesse.

Lorsque l'espèce des trotteurs de Norfolk est croisée avec le pur-sang, elle perd du train et gagne du fonds.

Cette espèce, trop peu connue en France, serait la plus capable de nous fournir les étalons de demi-sang dont nous avons besoin, quoiqu'ils n'aient pas toute la taille que l'on puisse désirer.

Petites espèces.

Le *Galloway* est un cheval de treize à quatorze mains, c'est-à-dire de six à huit pouces, bien né, arrondi dans ses formes, gracieux, souple et doux, d'un type oriental, mais ressemblant un peu à l'espagnol. Il y en avait, dans le sud de l'Écosse, une espèce d'origine véritablement espagnole, et que l'étalon *Marsk* fut appelé longtemps à régénérer, avant qu'il eût été rendu si célèbre par les performances de son fils *Éclipse*.

Merlin a été employé aussi pendant longtemps à saillir des juments *Galloways*.

Les *ponys* d'Écosse, de Galles, d'Exmoor, sont encore plus petits que les *galloways*, mais ils ont à peu près les mêmes formes ; généralement, tous ces petits chevaux sont recherchés, à cause de la douceur de leur caractère, pour les femmes, les enfants ou les attelages de fantaisie. On aime assez chez eux les robes singulières.

Le poney de Schetland et des Orcades, avec ses poils longs d'un demi-pied, sa crinière touffue et ses proportions irrégulières, est le nain de l'espèce chevaline ; il tient la place du Lapon et n'est qu'un objet de curiosité.

Chevaux irlandais.

Malgré le mépris que les Anglais affectent pour tout ce qui vient d'Irlande, ils sont obligés de convenir des hautes qualités des chevaux de ce pays. Ils leur reprochent bien des défauts, et en même temps ils les recherchent beaucoup, les paient fort cher et paraissent même désespérer de les produire.

Rien de plus curieux que de lire les articles de sport où *John-Bull* vient rendre justice à *Pat* au milieu des plus critiques restrictions (1).

Le cheval irlandais est plus petit, en général, que le cheval anglais; il est moins long et a, en un mot, moins de masse; sa tête est longue et étroite vers le bas, l'oreille serrée et l'œil vif, l'encolure bien sortie, l'épaule parfaite, le poitrail étroit, les hanches énormément saillantes, les reins très-larges, la croupe quelquefois avalée et les membres secs.

Le devant est fort haut et fort étroit par rapport à l'arrière-main; le corps est fait en coin; cette conformation donne beaucoup de chasse et diminue les inconvénients du défaut très-commun d'un avant-main négligé. Aussi le cheval irlandais a-t-il beaucoup de train à toutes les allures, un fonds inépuisable, une grande facilité à se manier, et surtout une puissance incroyable pour sauter. Il est vrai qu'il est dur dans ses mouvements et si vigoureux qu'il demande un bon cavalier pour en tirer le parti convenable. On en a vu franchir des murs de sept pieds anglais. Il ne s'allonge pas sur l'obstacle comme le cheval anglais, mais il s'enlève brusquement comme le daim, par une secousse fort dure. La force de son arrière main lui permet d'être toujours

---

(1) *John-Bull* et *Pat* sont les surnoms grotesques du peuple anglais et du peuple irlandais, le *Journal des Haras* contient plusieurs morceaux de ce genre.

maître de son élan ; il peut s'arrêter sur la cîme d'un mur ou sur des crêtes de fossés pour se laisser glisser en bas, tomber même en s'appuyant du front contre terre, le cavalier restant en selle. En un mot, pour le cavalier véritable, c'est-à-dire pour l'homme qui veut oser tout ce dont un cheval est capable, il n'existe pas de monture pareille au monde ; mais il n'a pas toute la vitesse du cheval anglais, quoiqu'il soit presque toujours fort bien né, parce que l'Irlandais, plus curieux des moyens que du modèle, préfère l'étalon de pur sang, quelque petite et peu étoffée que soit sa jument. La fluxion périodique est malheureusement commune en Irlande.

Quelques amateurs de ce pays se plaignent de la disparition progressive de la vieille race, qu'ils prétendent originaire d'Espagne, et dont la vigueur et la masse ne se retrouvent plus dans les produits actuels.

Les chevaux de Roscommon passent pour les meilleurs hunters ; ceux de Gallway sont plus lourds et plus forts, mais plus lents. On estime les carrossiers de Londonderry et autres comtés du Nord, à cause de leur ampleur et de leur taille, qui est excessivement élevée.

Les races françaises gagneraient beaucoup à des croisements irlandais ; mais le choix des étalons serait difficile, et le pays aurait besoin d'être étudié particulièrement.

Chevaux espagnols.

C'est surtout en parlant de cette race que l'on peut dire : *fuit*. Le genet d'Andalousie, le palefroi d'Aranjuez, si célèbres dans les vieilles ballades, n'existent plus aujourd'hui. Autrefois, les étalons espagnols ont fait merveille, au moins pour le temps, en Allemagne, en Angleterre et même en France. Mais les véritables connaisseurs leur ont toujours reproché de produire moins grands et moins forts qu'eux, au contraire des barbes. C'est encore la question du sang, en d'autres termes.

Mille causes ont anéanti la prospérité hippique de l'Espagne : l'incurie d'une nation peu industrieuse, les troubles politiques et surtout le mauvais goût de plusieurs souverains. Charles III, accoutumé aux grands chevaux napolitains, infecta les haras de Cordoue et d'Aranjuez d'étalons italiens, danois et même normands.

Le cheval espagnol était remarquable par le brillant de ses allures et de ses formes, mais il était long jointé, avec le rein long et la queue mal attachée. Il est aujourd'hui parfaitement conforme au portrait qu'en donne John Lawrence, portrait peu flatté et que nous verrons plus bas. Il paraît qu'on recherche à présent, dans le pays, les chevaux de Navarre et du Mecklembourg, et que le commerce a trouvé son compte à ce nouveau goût.

Le cheval n'est jamais consacré, en Espagne, qu'à la selle ; le service des voitures, des postes et de l'artillerie est fait par les mules.

La race portugaise diffère peu de la race espagnole. Il est probable qu'aujourd'hui les relations du Portugal avec l'Angleterre influeront sur l'espèce chevaline, si on s'en occupe, de la même manière que sur les uniformes et l'organisation militaires.

Dernièrement, des tentatives ont été faites pour introduire en Espagne les coutumes anglaises du turf. Le marquis de la Vega de Armijo, propriétaire d'un haras de 45 juments et de 3 étalons, dont un seul espagnol, a créé des courses près de Madrid.

Ici, tout naturellement, se trouve encore une occasion de comparer les idées les plus contraires et de prouver qu'au milieu des exagérations les plus extrêmes en sens opposé, l'homme intelligent et judicieux a moyen de se rendre compte des différences d'opinion et d'en faire son profit :

Écoutez Richard Lawrence :

« Le cheval d'Espagne est le pire de son espèce dans « la création ; il n'a ni force, ni train, ni fonds ; ses formes « sont au rebours du bien en tout point. Une tête longue, « un front étroit, des yeux petits, un chanfrein grand, os- « seux, proéminent, des naseaux resserrés, des lèvres épaisses « en peau, une ganache étroite, un gosier charnu, une en- « colure lourde et chargée, des épaules droites et épaisses, « une poitrine sans profondeur, des bras courts et maigres, « des jambes longues et minces, des jointures effacées, des « paturons longs et affaissés, des pieds étroits, une côte « plate, un dos bas, des quartiers courts, de petites cuisses « rondes, des jarrets faibles, des jambons de chat, une « croupe ronde, une queue épaisse et fournie qui semble « fichée dans la croupe, et quant à l'action, il lève ses jambes « de devant dans une direction verticale, sans avancer « l'épaule, jetant les pieds en dehors pendant tout le temps « qu'ils sont suspendus en l'air.

« Le lecteur, s'il est bon juge de chevaux, et s'il a jamais « vu un cheval de race espagnole, reconnaîtra parfaitement « que cette description n'est pas exagérée. »

Elle l'est sans contredit, et beaucoup, si l'on veut examiner un bon cheval espagnol dans le sens du service auquel il peut être appliqué. J'en ai monté plusieurs et de ceux qui étaient estimés dans leur pays. Nuls sous le rapport de tout travail vite et même un peu suivi, ils n'avaient même pas la vigueur et l'entrain nécessaires pour un véritable travail d'école ; mais leur douceur d'allure et de caractère, leur sûreté, leur calme, l'innocence de leur action, quand ils s'animaient, en faisaient en définitive des animaux précieux pour des femmes, des vieillards, des enfants, même d'excellents chevaux d'armes pour un général que son âge et ses occupations sur un champ de bataille obligent à préférer une monture sage et solide à un cheval vigoureux et trop jaloux d'exercer sa puissance.

Je dirai plus, la tirade de Richard Lawrence est oiseuse en ce sens que tous les défauts qu'il signale peuvent bien se rencontrer souvent chez les chevaux de race espagnole, mais pas du moins chez le même individu, puisqu'il y en a qui s'excluent presque toujours. On pourra s'en convaincre sans que je m'attache à le démontrer.

Si j'ai consacré quelques lignes à cette citation, ce n'est pas dans le but de critiquer le passage en question, car après avoir montré en quoi il pèche, je dirai qu'il est juste en un certain point de vue, et fait dans un excellent esprit.

Lorsque les éleveurs ne se préoccupent pas exclusivement de créer le cheval en vue de la progression, qu'ils s'abandonnent à suivre l'engouement capricieux de la mode pour telle ou telle beauté illusoire et erronée, ou pour des qualités non réelles, l'espèce s'en ressent d'une manière désastreuse, c'est ainsi par exemple que le cheval espagnol, d'arabe qu'il était, a perdu toutes ses qualités sans en gagner aucune. Les lignes essentielles ont disparu par le mauvais choix des étalons indigènes, ou le mélange d'animaux étrangers que l'on importait pour donner à la race de la taille et du volume.

Richard Lawrence a donc eu raison de stigmatiser rigoureusement tous les fâcheux résultats d'une méthode mauvaise ou plutôt de l'absence de toute méthode.

Chez les Anglais, le cheval arabe a subi une transformation toute contraire, gagnant en taille, en force, en vitesse, en fonds, en un mot dans tous les sens possibles.

La méthode anglaise peut avoir aussi ses inconvénients, et plus encore la manière dont on l'interprète en France, et c'est sur ce point qu'il sera particulièrement utile d'appuyer dans la troisième partie de cet ouvrage, c'est-à-dire quand il sera question de produire et d'élever.

Quelques années après, Richard-John Lawrence écrivait ce qui suit (1807) :

« Le cheval espagnol d'aujourd'hui, nous en avons « plusieurs spécimens, et des meilleurs, est d'une espèce « plus grande que celui d'autrefois : il paraît avoir reçu un « fort mélange de sang septentrional, et ce changement a « eu lieu probablement pendant et à cause de la réunion

« de la monarchie espagnole avec l'Allemagne. Je crois que « la race des *genets* a totalement disparu.

« En vérité, dans un pays gouverné et opprimé par les « prêtres, on ne peut espérer qu'il puisse y avoir conserva- « tion du bien qui existait, ou encouragement pour des « progrès nouveaux. De plus on n'emploie généralement que « l'âne et la mule ; l'éducation du cheval est dans un petit « nombre de mains. C'est ce qui arrive en Portugal, où « l'on ne sait même plus rien de cette fameuse race de « *coursiers* plus vites que le vent, et qui, trop excellente pour « une origine mortelle, devait le jour aux aquilons. Les « Portugais de distinction achètent généralement des che- « vaux espagnols et négligent totalement la race de leur « pays, une des plus propres peut-être à ce but (la course) « etc. »

« Le cheval d'Espagne ressemble à certains chevaux an- « glais de demi ou de trois quarts de sang, etc. »

Entre ces deux opinions on peut facilement se faire une idée de la réalité, c'est-à-dire que l'Espagne pourrait produire d'excellents chevaux si on employait les moyens convenables. Il en est de même de beaucoup de pays, le nôtre par exemple.

Il est bien entendu que malgré notre respect pour les méthodes anglaises en général et celles de John Lawrence en particulier, nous ne goûtons pas l'épigramme lancée au clergé, et qui me paraît un peu plus théologique que le sujet ne le comporte.

Parmi les sources où je pourrais puiser des renseignements en faveur du cheval espagnol, il en est que je pourrais citer et auxquelles je renverrai le lecteur, il les trouvera du reste facilement ; mais il en est une que je n'indique pas : je m'approprie et je soutiens ce que je vais répéter, sûr que cela est vrai, et très-heureux de le savoir.

Il existe ou il existait sur le versant qui sépare la vallée du *Xenil* de la mer, du côté de Grenade et d'Andujar, dans les montagnes de la Sierra Nevada et de la Ronda, une espèce de chevaux de moyenne taille, forts, doublés, robustes, résistant à la fatigue, en un mot excellents chevaux de guerre, et dont l'armée française se servit avec succès pour remonter la cavalerie légère et même les dragons.

De ce chaos d'opinions, qui toutes se combattent et qui sont souvent soutenues avec plus ou moins d'aplomb, plus ou moins d'aigreur, que conclure ? Rien que de bien simple : c'est que chacun se tient à son point de vue et y reste pour discuter, au lieu de se mettre au point de vue de son interlocuteur qu'on ramène ensuite au sien, afin de s'entendre après.

Dans l'exemple qui nous occupe ici, le cheval espagnol de manége mérite d'être vu avec les yeux de Lawrence toutes les fois qu'il en sera question pour régénérer une race abâtardie et sans qualités, comme aussi pour en créer une nouvelle dans un pays où il n'en existerait pas. Et ici, oui, mille fois oui, le cheval espagnol est détestable, n'en déplaise à la tirade magnifique de Huzard. « Il y avait à « l'entrepôt général des haras à Claye, un cheval espagnol de « la plus grande beauté ; il joignait à l'élégance des formes, « à la grâce de ses allures, une *vitesse extraordinaire* (je vous « demande un peu quelle devait être cette vitesse). Ce che-

« val, qui avait été donné en présent au comte d'Artois par « la cour d'Espagne lors du siége de Gibraltar, a été vendu « ou plutôt donné, en 1788, pour 412 livres ! »

Mais s'il s'agit de rechercher quel est le type, le spécimen le plus propre à tel ou tel service, s'il est reconnu que, pour ce service, la guerre par exemple, ce soit moins la vitesse ou plutôt la puissance, ce que les Anglais appellent power, que la possibilité de conserver longtemps cette puissance, en dépit des défauts de soin, du manque de nourriture et de mille autres conséquences forcées de l'entrée en campagne, alors il se trouvera que souvent tel cheval sera le meilleur en raison même de son manque de qualités, et le cheval de la Ronda fera un meilleur service qu'un *Cock-tail* excellent, du reste.

Il y a plus, je ne réponds pas de ne pas rencontrer en Navarre certaines juments pleines de race mais trop vives, trop effilées, trop grêles, pour lesquelles je préférerais un lourd et commode cheval espagnol, à certains étalons anglais de pur sang de nos haras.

En écrivant ceci je pense d'une part à un certain *Tonquin*, fils d'espagnol, né à Pompadour, et que j'ai vu mourir *Bout-en-Train* à Aurillac, et d'autre part à certains étalons de pur sang qu'on m'a montrés à Pau, à Tarbes et ailleurs, mais que je ne nommerai pas, ne voulant désobliger personne ni entamer de polémique.

Chevaux italiens.

L'Italie, berceau de l'équitation, a eu aussi son temps de gloire hippique. Les chevaux de Calabre étaient recherchés comme chevaux de guerre, Sully parle dans ses mémoires d'un cheval noir de Calabre qui lui avait appartenu, dressé à se jeter pendant l'action sur le cheval de l'ennemi et sur l'ennemi lui-même, les chargeant du pied et de la dent.

Charles VIII, à la bataille de Fornoue, qui termina glorieusement une guerre funeste et une entreprise téméraire, montait un cheval borgne nommé *Savoie*, qui quoique âgé de 30 ans, le porta noblement pendant une rude journée et lui sauva plusieurs fois la vie.

Quelques personnes possèdent comme curiosité bibliographique un petit volume où sont recueillies toutes les marques que les éleveurs italiens de distinction imprimaient aux productions de leurs haras respectifs.

Cet usage prouvait sinon une grande prospérité hippique, au moins certaine prétention à posséder des chevaux de bonne race et judicieusement élevés.

Les chevaux napolitains, avec leurs allures superbes, leur tête busquée, et leur caractère difficile, fruit de l'éducation pointilleuse et exigeante à laquelle les assujettissaient les écuyers de l'école de Pignatelli, furent longtemps un objet de luxe pour nos attelages et nos manéges, Newcastle nous a laissé le portrait de *Nobilissimo*, coursier napolitain, un de ses chevaux favoris. Cette race a été perdue comme la race espagnole par les étalons de l'ancien type danois. Il reste aujourd'hui des chevaux napolitains petits et assez bons. La prohibition des chevaux étrangers dans ce royaume a probablement pour résultat de généraliser leur usage plutôt que de perfectionner l'espèce. Bourgelat parle avec éloge des chevaux polésinés ou des environs de Venise, comme carrossiers.

Les États-Romains produisent des chevaux de carrosse, noirs ou bai brun, de bonne taille, longs de corps, à tête busquée, ayant de beaux membres, assez de fonds, mais peu de figure.

Le duc de Toscane se sert pour ses attelages d'une race qu'il élève ; elle provient de croisements espagnols, normands et allemands ; elle a plus de qualités que d'apparence.

Le roi de Sardaigne (1) est, dit-on, grand amateur de chevaux et connaisseur éclairé ; il n'épargne rien pour se procurer de bons producteurs étrangers, et le Piémont se ressent d'un système d'amélioration bien entendu.

Au reste, l'Italie est un des pays de l'Europe où le nombre des chevaux produits est le moins en proportion avec les besoins du consommateur.

Tous les ans, une grande quantité de chevaux anglais et allemands viennent suppléer à l'insuffisance des haras indigènes.

Races naines de l'ancien Monde.

Nous avons déjà parlé des poneys de Galles, d'Écosse et de Schetland : ce sont les plus étoffés de tous les petits chevaux, parce que la population anglaise qui les nourrit est

---

(1) Le feu roi.

celle qui sait le mieux remédier par des soins judicieux aux influences d'un climat rigoureux et d'un pays aride et fortement accidenté. L'île d'Ouessant produit des poneys pareils aux Schetland. La Sardaigne et la Corse ont des chevaux très-petits, grêles, vifs et dont on a exagéré la valeur et les qualités.

L'Islande nourrit les plus petits chevaux du monde ; on en exporte quelques-uns par curiosité. La Finlande, les hauteurs du Japon, et généralement tous les pays de montagne où l'élévation du sol refroidit infiniment la température, produisent des chevaux nains, grêles, mais sobres, vigoureux et d'un bon tempérament.

Chevaux américains.

AMÉRIQUE DU SUD.

Le nouveau continent n'avait pas de chevaux à l'arrivée de Christophe Colomb ; ceux que les Espagnols y abandonnèrent s'y sont multipliés à tel point, que des troupeaux sauvages parcourent toutes les savanes et continuent de subsister, quoique tous les habitants, Indiens ou d'origine européenne, en consomment une prodigieuse quantité pour leur service ou par des chasses meurtrières, sans se préoccuper de la conservation de l'espèce.

L'origine première du cheval américain est donc espagnole, au moins dans l'Amérique du Sud ; mais le type a dégénéré, et a perdu beaucoup de sa physionomie primitive ; du reste, les races étant abandonnées à elles-mêmes sont peu observées ; elles doivent cependant varier avec le climat depuis la terre de Magellan jusqu'à la Guyane. Les Pampas de Buenos-Ayres passent pour produire les meilleurs chevaux et les meilleures mules ; on en exporte pour le Brésil et pour d'autres contrées. Le Gaucho ou cavalier américain a conservé quelque chose du Majo espagnol, mais il est plus sauvage et plus cruel. Nous ne répèterons pas ici tout ce que disent les relations sur son adresse et son intrépidité, lorsqu'il s'agit de dompter les chevaux sauvages. Un homme de cheval sait ce qu'il doit penser de l'étonnement des voyageurs en voyant des hommes saisir un cheval sauvage, le seller et le pousser à coups d'éperons devant lui à tout hasard. Mais ces chevaux sont petits et faibles ; leur allure est douce puisque leur origine est espagnole ; le pays se compose de plaines immenses et sans accidents de terrain ; les cavaliers ont des selles à la Mamelouk, et la vie nomade doit aplanir pour eux des difficultés bien réelles pour des Européens qui n'ont pas le même régime, la même vie et qui se trouvent dans des circonstances toutes différentes.

Que de choses dont le récit, quoique parfaitement vrai, semble exagéré et s'explique naturellement quand on voit de près et sous son véritable jour l'ensemble des causes et des résultats.

Il y a, dit-on, d'assez bons chevaux au Pérou et au Chili. Les habitants policés les montent avec des équipages à la mauresque ou à peu près, que l'on fabrique à Paris ; presque tous les objets de sellerie de l'Amérique méridionale sont expédiés de France et d'Angleterre.

Chevaux américains.

AMÉRIQUE DU NORD.

Lorsque les Anglais s'établirent aux États-Unis et qu'ils s'emparèrent du Canada, ils y trouvèrent des descendants de nos races françaises ou peut-être même de la souche espagnole, mais ils ne négligèrent rien pour le perfectionnement d'un animal si utile. Rien n'était d'ailleurs si facile dans un pays vierge, fertile et où le terrain ne manquait pas; aussi les chevaux des États-Unis devinrent-ils bientôt dignes de la métropole.

Les Américains ont surtout recherché les trotteurs, et ils sont parvenus à avoir les meilleurs du monde, tant pour la vitesse que pour le fonds ; les ardraves et les élèves du haras d'Orloff ne peuvent leur être comparés. Les paris engagés entre les trotteurs anglais et ceux des États-Unis sont presque toujours gagnés par ces derniers. *Tom Thumb* qui a parcouru attelé la distance de quarante lieues en dix heures, *Rattler* et *Confidence*, qui n'ont jamais trouvé de rivaux dans l'ancien monde, sont ceux dont nous pouvons le mieux nous rappeler les noms.

Le cheval américain est en général petit et long de corps avec une croupe avalée, beaucoup d'énergie et de sang ; son allure est douce, mais souvent désunie et mêlée d'amble.

Les courses au trot de New-York et de Philadelphie sont célèbres.

Le *racer* n'est pas négligé non plus dans le nouveau monde ; plus petit et plus court que le cheval de pur sang anglais, il obtient sur lui dans les hippodromes resserrés de l'Amérique un avantage qu'il perdrait en ligne droite. Du reste des étalons fort chers partent tous les ans d'Angleterre pour les États-Unis ; on cite entre autres *Shark* et *Priam*.

Il y a des hippodromes dans presque toutes les villes, et les spéculations du turf occasionnent des mouvements de fonds considérables.

Chevaux français.

On peut compter en France trois types principaux :

1° Le cheval de gros trait ;

2° Le cheval de carrosse ;

3° Le cheval léger.

1° La première race est particulière à la France ; et on ne la retrouve guère que dans la Flandre et dans la Belgique. C'est la plus répandue, et la seule peut-être dont l'éducation soit réellement profitable au cultivateur, dans l'état actuel des choses.

Mais c'est à peu près là tout son mérite réel, et il ne faut pas prendre le change sur les éloges exagérés qu'on en entend faire de toutes parts. On a été jusqu'à dire que l'Angleterre nous l'enviait, comme si cette race n'eût pas déjà été naturalisée depuis longues années de l'autre côté du détroit, si nos voisins ne l'avaient justement dédaignée. En effet, notre cheval de trait n'est comparable, ni par sa taille, ni par sa force, aux grandes familles des *heavy draw horses* de l'Angleterre. Il a d'ordinaire le poitrail lourd, l'épaule courte, la poitrine peu profonde, les reins mal faits, la croupe courte, et les membres dans une mauvaise direction ; la tête seule est bonne, c'est-à-dire droite et carrée.

Avec une telle conformation, il ne peut y avoir ni grande puissance, ni vitesse. Il est vrai que, pouvant rendre des services de très-bonne heure, tout individu tant soit peu bien constitué se trouve être bien nourri et assez soigneusement entretenu dans sa jeunesse. De là, et grâce à une prodigieuse consommation, résulte l'existence d'un assez grand nombre de sujets robustes, quoique conformés d'une manière peu avantageuse ; et, comme dans les services auxquels on les consacre ils se trouvent en concurrence avec les rebuts de toute autre espèce, vieux, usés ou tarés, on leur accorde une préférence fort usurpée quant à la véritable manière d'envisager la question.

En effet, le problème général de l'emploi du cheval de trait peut se formuler ainsi : transporter d'un point à un autre un poids donné quelconque le plus tôt et au meilleur marché possible (admettant, ce qui est vrai en thèse générale, que le poids puisse se subdiviser à volonté). L'exemple de la pratique des Anglais, si bons calculateurs en général, nous prouve que le cheval léger, vite et de force moyenne, remplace avantageusement, grâce à son activité et à sa vitesse, le cheval lent et susceptible d'enlever des charges énormes. L'agriculture anglaise nous prouve également qu'on peut se dispenser pour la culture de ces énormes animaux que nous croyons nécessaires.

Mais comme le cheval de trait français est lent, mou, insensible, il est le seul que nos voituriers négligents, colères et peureux, puissent manier, même dans sa jeunesse, sans se faire blesser, sans le tarer d'une manière trop notoire ; ce n'est donc pas son mérite, mais notre incapacité qui en fait toute la valeur; autrement, il disparaîtrait pour être remplacé, comme en Angleterre et en Allemagne, par un type à peu près uniforme, également capable de porter et de traîner, d'aller vite et lentement.

La grande famille de trait compte plusieurs branches :

La boulonnaise, courte, trapue, vigoureuse;

La cauchoise, élégante, ample, étoffée;

La percheronne, vive, robuste, un peu étroite dans ses proportions;

La bretonne, petite, vigoureuse, mais trop courte dans toutes ses lignes;

La flamande, dont nous avons parlé plus haut;

La poitevine, dont les meilleures juments sont choisies pour la production des mulets.

Du reste, les migrations occasionnées par des intérêts commerciaux et des circonstances de localité, les mélanges de races, les caprices et mille autres causes, tendent à confondre ces variétés, à tel point qu'il n'est guère possible d'établir des distinctions absolues et tranchées. La grande habitude en apprend plus que toutes les théories sur une question sujette d'ailleurs à des modifications continuelles.

Chevaux de carrosse.

La Normandie et le Poitou sont à peu près les seules provinces qui nous fournissent des chevaux grands et étoffés, sans offrir le type du gros trait. Depuis assez longtemps, tous les efforts de l'éleveur tendent à imiter les formes du carrossier anglais, et si l'on n'y est point parvenu, la faute en est à l'éducation, au régime, et non au système de croisement, examiné du moins d'une manière générale. Nous n'essaierons donc pas de spécifier les caractères particuliers, les nuances délicates qui peuvent faire juger à un connaisseur si tel cheval est né dans les marais de Saint-Gervais, dans le haut Poitou, dans le Cotentin, le Mellerault ou la plaine de Caen. Toutes ces localités peuvent produire le cheval de Cleveland ou à peu près, et il n'y a point à sa place de véritable race existante.

Le petit cheval existe en France partout où le sol ne permet pas aux animaux de se développer comme dans les pâturages gras et humides de la Normandie, et où le climat n'est pas favorable à la culture plus avantageuse de la vigne. Aussi avons-nous eu de tout temps des chevaux en Limousin, en Auvergne et en Navarre. On a assez parlé ailleurs de ces prétendues races que les uns disent exister encore et être injustement méprisées, tandis que les autres déplorent leur anéantissement complet. De tout temps on a peuplé les haras publics et particuliers d'étalons étrangers plus ou moins en rapport avec les vrais besoins du pays, mais toujours, autant que possible, suivant le goût du jour et les opinions en vogue. Il n'y a jamais eu ni plus de science, ni plus de stabilité dans les doctrines qu'il n'y en a aujourd'hui. Une seule nouvelle circonstance est survenue : c'est la prédilection actuelle pour le cheval étoffé, le cheval du Nord en un mot. Cette tendance, raisonnable ou non, mais universelle, anéantira l'élève du cheval dans les localités qui ne trouveront pas le moyen de produire ce qu'on demande. Le problème peut-il être résolu partout? C'est une question qui trouvera sa place dans la troisième partie de cet ouvrage.

Disons un mot ici de la race camargue, reste des chevaux abandonnés, dit on, autrefois par les Sarrazins après la victoire de Charles Martel. Ils ne servent guère qu'à battre le blé, et on n'a pas encore travaillé sérieusement à leur donner l'étoffe et la taille nécessaires pour d'autres services. Une particularité de ces chevaux est d'être presque toujours gris blanc, quels que soient les étalons arabes, ou anglais, ou autres, dont ils descendent, et quoique, dans le premier âge, ils annoncent devoir souvent être d'une toute autre robe.

Il serait inutile, je crois, de multiplier les détails sur les chevaux que produit telle ou telle province. Les caractères de ressemblance qu'imprime la localité même sont d'autant plus fugitifs et plus variables que la culture plus avancée et le choix plus grand des producteurs permettent à l'homme d'en combattre davantage les influences; par conséquent, plus un pays est peuplé, fréquenté, en relation avec ses voisins et les étrangers, moins il est susceptible d'unité dans ses productions. L'Angleterre, le pays sans contredit le plus savant dans l'art de se créer des animaux suivant ses besoins et ses caprices, n'a presque plus de type particulier à telle province ou à tel comté; et bien que certaines conditions topographiques continuent à influer sur les productions, il est impossible d'assigner positivement à un cheval anglais telle ou telle localité pour patrie; il n'est plus de tel ou tel pays, il est de telle ou telle famille.

Ces considérations acquièrent plus d'importance à mesure que l'on vient à considérer les choses de plus près; et lorsqu'on veut établir des comparaisons entre des objets fort rapprochés, les nuances se confondent et toute démarcation devient impossible. Il vient même un moment où les mots race, famille, espèce, deviennent illusoires ou vides de sens. En effet, quand une variété s'est-elle formée, combien de temps durera-t-elle, quelles circonstances l'ont fait dévier du type primitif, quelles causes peuvent l'y faire rentrer? Qu'est-ce positivement qu'une race pure? Où existe l'exemple d'une famille préservée absolument de tout mélange et gardant sa physionomie spéciale? On ne voit plus que des nuances, des à peu près. Mais comme, après tout, la vérité est une, et qu'un fait, quel qu'il soit, est toujours saisissable, il faut essayer de montrer la question sous un point de vue absolument net et tranché.

Je n'ai pas dû m'étendre davantage sur les chevaux français; dire sur la question hippique en France tout ce qu'il y a à dire entraînerait trop loin pour le moment. Si ce livre a quelque valeur, si je puis me promettre une récompense pour vingt ans d'expérience et de travail, ce serait de voir un jour mon pays sortir de la situation peu satisfaisante où il se trouve sous le rapport des chevaux, quel que soit le point sous lequel on envisage les choses. Nous élevons mal; nous ne tirons pas un bon parti de ce que nous élevons. Signaler le pourquoi, le comment, indiquer les remèdes qui, selon moi, pourraient être de quelque efficacité, c'est la tâche même que j'ai entreprise ; mais la solution n'est pas dans les quelques mots que l'on pourrait dire ici sur les chevaux que produit la France actuellement.

Pour donner toutefois un aperçu de mon idée dans son ensemble, je dirai que les matériaux ne nous manquent point, mais bien les hommes. Le climat et le sol permettent d'élever des chevaux excellents, soit que l'on veuille se contenter de faire produire à chaque localité, je ne dirai pas la race, mais le spécimen qui peut y être créé avec le plus de facilité et le moins de frais ; soit qu'on essaie, comme en Angleterre, de produire à peu près partout le cheval que l'on veut, quel qu'il soit, car cela n'est pas impossible. Ainsi, quoique la patrie naturelle du carrossier soit plutôt la Normandie et le Poitou, je suis fermement convaincu que le Limousin et l'Auvergne, par exemple, ne sont pas des contrées absolument incapables de donner naissance à de grands et forts chevaux, puisqu'elles produisent des bœufs en grand nombre et de bonne qualité.

Mais les connaissances spéciales théoriques ou pratiques ne sont pas répandues dans notre population ; les hommes instruits manquent de ce qu'il faut pour envisager la question largement et de haut ; les paysans et les domestiques n'ont pas ces traditions routinières de bons soins et de judicieuses habitudes que l'on remarque dans d'autres pays, et surtout en Angleterre.

La question n'étant pas vue de haut, les détails n'étant pas minutieusement soignés, il résulte dans l'ensemble des méthodes employées un chaos d'où rien de bon ne peut sortir autrement que par hasard.

Dans l'état actuel des choses, aucune ligne n'étant jamais suivie d'un bout à l'autre, et avec la rigueur nécessaire, les résultats ne sont en raison ni des espérances, ni des sacrifices, ni surtout, ce qui est encore plus déplorable, de la justesse de l'idée que l'on a suivie ou cru suivre.

Pour particulariser le raisonnement par un exemple entre mille, je dirai que la doctrine du pur sang est exécutée de telle manière qu'elle fait plus de mal que de bien.

Nul doute que le cheval de pur sang ne soit le meilleur à employer pour créer tous les types les plus variés que réclament nos besoins et nos plaisirs.

L'étalon de pur sang, qui compte dans sa généalogie une longue suite d'ancêtres éprouvés, qui a lui-même fait preuve de hautes qualités par plusieurs victoires, est à coup sûr capable de se reproduire lui-même avec une jument de pur sang pareille à lui pour perpétuer sa race sur le turf.

Croisé avec la jument de gros trait, il peut produire une fille qui, saillie à son tour par un étalon de gros trait, donnera un étalon de trait précieux, ayant plus de vigueur et presque autant de masse que le type le plus recherché sous ce rapport.

Ce système de croisement est recommandé par des éleveurs anglais.

Tous les modèles intermédiaires pour le carrosse, les remontes militaires, les attelages légers, la chasse, en un mot tous les services où le pur-sang est trop léger ou auxquels il ne peut suffire faute de nombre, doivent être produits par ce même étalon de pur sang croisé à divers degrés avec des juments d'une autre espèce, s'il y en a, etc.

C'est ce qui se fait, me dira-t-on ; sans doute, c'est ce qui se fait, mais cela se fait mal.

Un étalon de tête c'est-à-dire, qui a pour lui le sang et les performances, car avec ces deux conditions il ne manque jamais de posséder toutes les autres, quoi qu'on prétende, un étalon de tête, dis-je, peut servir à tous les emplois de croisement que je viens d'énumérer. Mais, comme cet animal est rare, il suffit à peine à entretenir la race pure, et à peupler les hippodromes. Autour de lui, au-dessous de lui, il faut chercher des étalons de pur sang qui, sans l'égaler, ont cependant les qualités suffisantes ; mais ici, il se présente une objection.

Presque toujours l'étalon de tête est parfait, presque jamais l'étalon inférieur ne manque d'offrir des défauts énormes, qui en font, non pas un animal à rejeter, mais un producteur dont l'emploi est plus difficile à assigner.

S'il manque de train, l'emploiera-t-on à créer des chevaux de course d'un ordre inférieur ? on manquera le but à peu près à coup sûr : sa première génération aura perdu toute vitesse.

S'il est conformé de manière à ce que la course soit pour lui une spécialité, et que, à peu près *racer*, il ne soit possible ni comme hunter, ni comme cheval de selle, ni comme cheval d'attelage, n'y aura-t-il pas faute immense à le consacrer à l'élevage par croisement ? etc., etc.

Je pourrais multiplier à l'infini les exemples, mais tous

les hommes un peu versés dans l'élevage s'écrient : On sait cela, à quoi bon le répéter ?

Parce que c'est ce qui se fait tous les jours et partout ; parce que si quelques-uns savent, la masse ignore, et ce n'est que lorsque la masse saura et fera, qu'il y aura progrès.

Ce que je viens de dire pour les accouplements, je le dirai pour les autres conditions de l'élevage, je le dirai pour la manière de dresser les jeunes chevaux, je le dirai pour la manière de s'en servir, et je ne finirai point ; et je ne crois pas qu'on puisse sérieusement m'accuser ni d'injustice, ni même d'exagération.

Mais tout ceci ne serait qu'une critique, la critique, pour être justifiée amènerait des personnalités, car pour signaler un mal, il faut prouver par un exemple.

Voilà pourquoi j'ai préféré expliquer longuement et avec patience tout ce que je crois utile et à propos de savoir ou de pratiquer.

Tout homme un peu versé dans la question verra aisément en quels points je m'écarte de la route généralement suivie et des idées adoptées par le plus grand nombre. Par exemple, pour revenir particulièrement à ce qui fait l'objet de ce chapitre, il ne manquera pas d'observer que je ne partage en aucune manière l'opinion si favorable qu'on a encore du passé de nos excellentes races indigènes ; que je ne partage pas non plus l'admiration que veulent inspirer pour notre prospérité actuelle certaines statistiques. En un mot, je ne vois pas la chose en beau, et je suis sûr de voir vrai.

Je suis sûr en outre que le progrès est possible, ou du moins que les impossibilités ne tiennent qu'à des causes entièrement particulières aux hommes.

Il y a donc remède, mais pour appliquer ce remède, il faut lutter contre tous, et ceci n'est pas un parodoxe, c'est le plus logique de tous les raisonnements.

Fait-on mal ? Oui. Qui fait mal ? Tous ou sensiblement presque tous. La raison donc est contraire à l'opinion générale ? Il est possible que j'aie tort tout seul, mais je suis certain d'avoir tort avec tous.

APPENDICE SUR LE PUR-SANG.

Nous avons dit qu'en vertu d'un ensemble de conditions dont la connaissance parfaite nous échappe, il existe pour chaque être vivant de la création, animal ou plante, une patrie, c'est-à-dire un lieu où il jouit au plus haut degré possible de la faculté de vivre et de se reproduire sans dégénération. Entre cette patrie et les lieux où il ne lui est plus permis d'exister, il continue de vivre, mais dans des conditions plus ou moins défavorables, et dont les effets se font sentir avec une intensité sans cesse croissante sur lui et ses descendants.

Le cheval subit cette loi à mesure qu'il s'éloigne de l'Arabie ou des localités qu'on est convenu d'appeler ainsi, peu importe.

Indépendamment de cette loi, il existe encore celle qui regarde les individus indépendamment du lieu qu'ils habitent, et qui consiste dans la nécessité pour le fils de ressembler plus ou moins à ses parents. C'est la connaissance de cette loi qui a donné à l'homme l'idée première de la noblesse, et qui engage les Arabes à garder des généalogies de chevaux remontant, dit-on, à cinq cents ans.

Une troisième loi paraît interdire aux animaux d'aller du Nord au Midi; en d'autres termes, de l'humide au sec et du froid au chaud.

Voyons maintenant ce qui est arrivé au cheval sous l'empire de cette triple condition, et dans le seul pays où l'on ait observé les faits et compris la nature, c'est-à-dire l'Angleterre.

De tous temps le choix des étalons et des poulinières tendit à améliorer l'espèce par ses propres ressources en n'accordant le droit de se reproduire qu'aux seuls individus de l'organisation la plus parfaite.

On fut plus long à reconnaître l'influence désastreuse d'un climat étranger à l'espèce qu'on élevait. L'homme a peine à comprendre en effet que le pays où il est depuis un temps immémorial, pour lui, n'est pas sa patrie véritable, ni celle de son compagnon naturel. Découvrir que le cheval est une plante exotique était un grand pas dans la science; il aurait dû être fait dès l'époque des croisades, mais les esprits n'étaient pas assez mûrs alors. Quelques écuyers l'avaient pressenti dans leur prédilection pour l'étalon barbe, mais le fait ne fut avéré et consacré que par l'introduction des *Royal mares*, juments orientales importées en Angleterre sous Jacques Ier.

On retrempa alors véritablement la race, en ce sens que tout cheval d'origine orientale pure par son père et sa mère n'avait plus à subir les influences dégénératrices du climat que personnellement et non plus par son ascendance. Le cheval de demi-sang était soustrait à moitié à ces mêmes influences.

Vint alors l'effet des courses; le plus vite étant le plus estimé, était choisi pour créer à son tour les plus vites. Ainsi les conditions de vitesse, occultes ou patentes, tendaient sans cesse à se perpétuer et à augmenter de génération en génération à l'exclusion de toutes autres. De là, la véritable différence qui existe aujourd'hui entre le type arabe et le cheval de pur sang anglais. Les influences du climat et du régime contribuèrent aussi à cette métamorphose dans des proportions qu'il est impossible de déterminer.

La lecture bien entendue du *Stud-Book* va nous en apprendre à ce sujet bien plus que toutes les dissertations.

Nous y voyons les étalons orientaux et les poulinières importées par Jacques Ier, et appelées pour cela *Royal mares*, travailler à la propagation de cette nouvelle race, concurremment, il est vrai, avec des chevaux et des juments sans origine indiquée, mais probablement recommandables pour leurs qualités ou au moins pour le mérite de leurs ancêtres, tels que *Almanzor*, mauvais étalon, *Aleppo*, son frère, *Bald Galloway*, *Basto*, *Blacklegs*, *Belgrade Turk*, *Bonny Black*, petit-fils d'un étalon persan et le meilleur de son temps, *Coneyskins*, *Jew Trump*, *Merlin*, *Partner* et bien d'autres. Avant ceux-ci il y avait déjà des courses ; on ne peut se procurer de documents, ni sur les chevaux qui les gagnèrent, ni sur leur origine : nous voyons seulement dans *Newcastle* : *Conqué-*

ror, *Shotten Herring* et *Butler*, annoncés comme fameux coureurs et fils d'étalons espagnols, et *Peacock* comme issu d'une d'une jument d'Espagne. Le hasard présida souvent à la rencontre de ces précieux producteurs orientaux. Ainsi le fameux *Godolphin Arabian*, acheté aux limons d'un porteur d'eau en France ou au marché aux chevaux de Paris, fut d'abord employé comme boute-en-train et n'arriva que par degré à l'estime prodigieuse dont il a joui tout le reste de sa vie. Il n'est aujourd'hui pas un cheval en Angleterre, non seulement de pur sang, mais avec un seul croisement de pur sang dans son origine, qui ne descende directement de *Godolphin*.

Un de nos romanciers dont le nom seul vaut tous les éloges, M. E. Sue, a fait de l'histoire curieuse de cet étalon une petite nouvelle, dont l'agrément littéraire est peut-être le moindre mérite ; elle semble écrite plus encore avec le sentiment de l'homme de cheval qu'avec le talent du littérateur, chose rare chez les auteurs de notre époque ; et nous sommes obligé d'y renvoyer comme à une lecture indispensable, et que des extraits ne pourraient remplacer avec fruit (1).

Curwen's-Bay-barb fut donné à Louis XIV par le roi de

(1) *Roxanna* fut donnée à *Godolphin* par une autre raison que celle dont parle E. Sue. A la naissance de *Lath*, elle fut donnée à *Childers;* on ne précise pas lequel des cinq étalons de ce nom qui existaient à cette époque : deux frères et trois fils, tant de l'un que de l'autre. Le nom qu'on donna au poulin *Roundhead* (tête ronde), sobriquet des protestants obstinés, ne semble-t-il pas indiquer qu'on revenait au vieux principe ennemi de l'arabe ? L'année de la naissance de *Cade* prouve que *Lath* avait un an quand on redonna *Roxanna* à *Godolphin*. C'est probablement ce que promettait *Lath* qui détermina à recommencer cette alliance.

Maroc ; méconnu en France, il alla doter l'Angleterre de chevaux précieux dont nous avons payé plus tard et dont nous payons encore fort cher les descendants (1).

Toulouse Barb eut le même sort, il avait appartenu au fils naturel de Louis XIV.

Belgrade-Turck avait également été la propriété d'un Français, le prince de Craon.

Il est impossible, à la vue de ces ressources précieuses perdues par notre incurie et notre incapacité de ne pas appeler l'attention générale sur de pareils faits, afin de renvoyer le blâme à qui de droit, c'est-à-dire au pays tout entier qui n'a ni le goût des chevaux, ni la sagacité nécessaire pour les connaître, ni la persévérance et l'assiduité qui seules peuvent mener à bien des entreprises longues et minutieuses.

Nous allons donner ici l'origine détaillée de plusieurs chevaux de pur sang achetés à grand prix et importés en France dès la fin du siècle dernier.

En 1776, le comte d'Artois possédait :

King-Pepin, gr. né en 1772, *Stud Book*, vol. 1, p. 61.

Le marquis de Conflans fit venir :

Teucer, né en 1769, vol. 1, page 441.

Nous avons encore eu :

Comus bai, 1770, p. 55 ;

Barbary, gr., 1771, page 167.

Glowworm, b., 1772, page 215, et bien d'autres.

---

(1) *Cadland*, le meilleur étalon qui soit jamais venu en France, descend de *Curwen's-bay-Barb*.

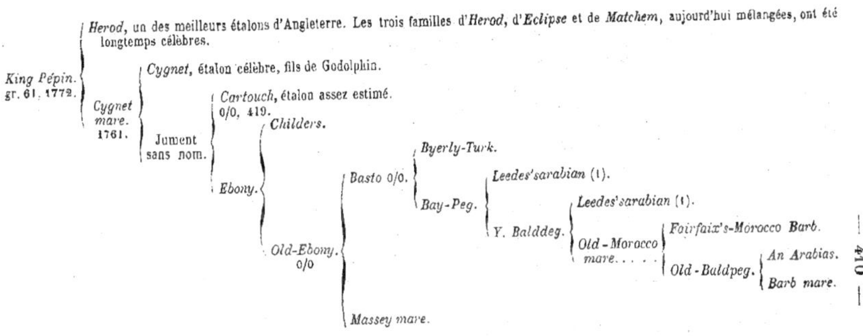

(1) Exemple d'une poulinière saillie par son père. Les Anglais ne craignaient donc pas la consanguinité, ou bien passaient par-dessus ses inconvénients à cause du mérite transcendant d'un étalon.

Bourdeaux, propre frère de *King-Pépin*, né en 1774, est un des ascendants de *Paradox*.

- *Teucer*. . . . . 1760, 441.
  - *Nothumberland*. On ne trouve d'autre *Nothumberland* dans le *Stud-Book* qu'un cheval né en 1754 et qui, par conséquent, ne peut être père de *Teucer* qu'à la condition possible, mais peu probable, d'avoir fait la monte à cinq ans.
  - Jument sans nom.
    - *Snip* (1).
    - Jument sans nom.
      - *Goliah*. . . 1722, 60.
        - *Greyhound*, arabe, né en Angleterre.
        - Jument sans nom.
          - *Curwen's-bay-Barb* vient de Louis XIV.
          - Jument sans nom.
            - *D'Arcy, ch. arabian.*
            - Jument sans nom.
              - *Witeshirt.*
              - *Montagu mare.*
      - Jument sans nom.
        - *Partner* (2).
        - Jument sans nom.
          - *Wilkinson's-Turk.*
          - Inconnue.

(1) *Snip* se trouve dans la généalogie de presque tous les bons chevaux d'Angleterre, entre autres de *Tramp*, père de *Lottery, Dangerous, Mendicant, Scroggins*, et grand-père d'*Inheritor* et d'*Alteruter*. Ces derniers ont été tous, à l'exception de *Scroggins*, achetés comme étalons de grand mérite et par conséquent payés fort cher.

- *Comus*, b. . . 1770, 55.
  - *Otho* (1).
  - *Crab mare*. .
    - *Crab* descend par sa mère de *Curwen's-bay-Barb*.
    - Jum. sans nom.
      - *Childers*.
      - Jum. sans nom.
        - *True-Blue*.
        - Jum. sans nom.
          - *Cyprus*.
          - Jum. sans nom.
            - *Bonny-Black*.
            - Jum. sans nom.
              - *A. Persian Stallion*.
              - Inconnue.

- *Barbary*, gr. 1771, 167.
  - *Pangloss*, ch. 1755, 15.
    - *Cade* (2), fils de *Godolphin*.
    - *B.-Childers mare* (3).
  - *Riddle*. . . . 0/0.
    - *Wolseley barb*.
    - *Lady Augusta*.
      - *Spot* (2).
      - Jum. sans nom.
        - *Crab* (2) descendant de *Curwen's-bay-Barb*.
        - *Sister to Partner* (2).

---

(1) *Otho* est frère de *Barbara*, aïeule de *Diamond*, acheté pour la France où il n'a passé laissé de postérité. Il est inutile de parler de *Crab*, *Childers*, etc., d'où viennent tous les bons chevaux d'Angleterre

(2) *Cade, Spot, Crab, Partner*, figurent dans les meilleures généalogies.

(3) Cette jument est sœur d'une autre, *Bartlet's-Childers mare*, aïeule de *Paradox*, *Ibrahim* et *Tandem*, et autres étalons achetés de notre temps pour la France.

Glow-Worm, b. 1772. 215. . . . . { *Éclipse* (1) descend de *Godolphin* et de *Curwen's-bay-Barb.*
Traveller mare (2).

Donc tous ces chevaux descendent d'une souche que nous avons possédée sans savoir l'utiliser et ont eu des parents que nous avons été chercher sans avoir su utiliser la descendance plus que la souche.

ABRÉVIATIONS ET EXPLICATIONS.

b. signifie bai; le millésime indique l'année de la naissance.
ch. signifie alezan; l'autre chiffre, la page au 1er volume du *Stud-Book* anglais.
gr. signifie gris; °/₀ veut dire absence d'autres renseignements.
? signifie doute.

(1) Inutile de parler d'*Éclipse*, que tout le monde connaît.
(2) Cette jument n'a pas d'autre *pedigree* marqué au *Stud-Book*. Son père, *Traveller*, est ancêtre de *Napoleon*, de *Lottery*, etc.

En poussant plus avant les pedigrees de ces chevaux, nous verrions qu'ils descendent tous d'un ou de plusieurs de ces étalons que nous avons nous-mêmes laissés partir, tels que *Godolphin* et *Toulouse-Barb*, sans en avoir tiré aucun parti, et dont il ne nous reste pas même le souvenir.

King-Pépin était frère de *Bourdeaux*, aïeul de *Paradox*. Que nous reste-t-il de *King-Pépin?* pas un seul descendant reconnu, mais une savante notice de je ne sais quel prétendu connaisseur, qui a démontré que le cheval ne valait rien, ne pouvait rien produire, et qu'il n'a, en effet, rien produit.

Paradox, son parent, a couru dans toute l'Europe sans avoir jamais été battu sur le continent, et il a été acheté, comme étalon, en France ; il est mort il y a quelques années, qu'en reste-t-il? pas un étalon, pas une poulinière en réputation ; et sa famille est estimée en Angleterre !

Toujours même insouciance, même légèreté, même conduite; où est le progrès, en dépit de nos institutions, de nos courses, de nos primes, de nos sociétés et des brochures qui surgissent de toutes parts?

Reprenant la lecture du *Stud-Book*, nécessaire à tout homme de cheval et facile à quiconque même, sans savoir l'anglais, consent à chercher une vingtaine de mots dans le dictionnaire, nous voyons que toutes les poulinières sont rangées par ordre alphabétique, avec leurs productions année par année, le nom du père, et deux lettres indiquant par abréviation le sexe et la robe.

Un examen quelque peu attentif nous montre que la souche première n'était ni pure ni nombreuse. On y voit des lacunes, des noms inconnus, des alliances trop rapprochées, même des contradictions qui impliquent des erreurs; on s'est donc contenté d'abord de ce qu'on avait de renseignements obscurs, incomplets, quelquefois même apocryphes. Peu à peu le chaos s'est débrouillé, les certificats sont devenus complets, authentiques; le lecteur n'a plus qu'à lire et à choisir les familles qui lui conviennent et tenter les alliances selon ses vues particulières. Le *Stud-Book* anglais n'est donc pas un livre d'or constatant la noblesse (1) des noms qui y sont inscrits, c'est une simple liste authentique ouverte à des appréciations. Lorsqu'un cheval ou une jument d'origine orientale et sans antécédents en Angleterre se présente pour l'inscription, on l'admet avec l'indication du propriétaire qui l'a amené; du *caractère* de cet homme dépend l'estime que l'on fait de son cheval. Tout est donc calculé de manière à laisser le jugement de chacun s'exercer librement, et à ses risques et périls, sur des choses vraies autant que possible. Le même esprit de liberté et de véracité se retrouve dans l'institution des courses en Angleterre. On peut concourir à tous les prix avec n'importe quel cheval, pourvu que son origine soit certaine, parce que le mensonge implique une tentative frauduleuse. L'événement est là pour juger les moyens employés.

Comment avons-nous imité le *Stud-Book* et les règle-

(1) Vous trouvez fréquemment des poulins dont le père est un *half-bred-horse*, demi-sang, ou un *country stallion*, étalon de province, ou un *cart-horse*, cheval de charrette, ou même un *normand horse*.

glements du *Turf?* en procédant par exclusions. Un cheval qui n'est pas au *Stud-Book* français n'est pas de pur sang (1); mais en Angleterre, l'inscription n'est pas de rigueur, si l'on fournit en place des documents d'une authenticité légale, et dans ce pays, la responsabilité personnelle et la garantie spécifiée aplanissent bien des difficultés (2).

Une grande partie de nos courses en France excluent les descendants d'arabes, bien qu'en Angleterre ces chevaux soient, non-seulement admis, mais considérés comme pur-sang.

Dire à un concurrent : Vous êtes inférieur, et comme tel je ne vous admets pas à la lutte, est un non-sens. Les victoires d'*Eylau*, de *Quine*, d'*Ismaël*, d'*Espérance*, d'*Agar* en sont la preuve. Laissez faire celui dont l'idée semble mauvaise, on verra bien. Imiter en renchérissant sur son modèle, c'est faire une caricature, et c'est ce qui a lieu lorsqu'on exclut des hippodromes des chevaux dans les conditions d'origine où se trouvaient *Eclipse*, *Flying-Childers*, *the Exquisite*, tandis qu'on admet les fils et les descendants de ces mêmes étalons.

---

(1) Le Jockey-Club est revenu, après vingt ans d'expérience, sur l'exclusion des chevaux arabes. Le Derby de France n'en sera pas plus pour cela gagné par le fils d'un mauvais cheval arabe, tel qu'*Hamdani-blanc*, mais *Tertius*, petit-fils d'un cheval turc, quoique très-médiocre, s'est montré *racing-like*.

(2) Il n'y a pas, en Angleterre, de cas rédhibitoires proprement dits; mais le contrat de vente établit la position réciproque des parties contractantes à l'égard de l'objet vendu. Un cheval déclaré sain et sûr, *sound and safe*, pour un vieillard ou une femme, passe, en cas de contestation, devant des juges dont l'examen est plus sévère et plus explicite qu'on ne saurait l'imaginer.

Pour faire un *Stud-Book* français dans les mêmes conditions que le *Stud-Book* anglais il eût fallu recueillir les renseignements qui concernaient l'origine de tous nos premiers vainqueurs sous l'Empire et la Restauration. *Vesta*, *Gazelle*, *Zoraïde*, *Latitat*, en eussent fait partie, et de ces souches seraient incontestablement sortis de bons et excellents chevaux. Les connaissances spéciales, les sacrifices eussent épuré la race en multipliant le nombre des produits et en rendant le choix plus sévère. Aurait-on réussi comme en Angleterre par cette marche? Non, parce que nous sommes moins riches, moins habiles, moins persévérants. Fallait-il nous aider du pur-sang anglais? Oui, parce qu'au lieu d'un seul moyen d'amélioration, nous en eussions eu deux. Le mauvais succès aurait peut-être fait abandonner le premier, mais au moins on n'eût gêné aucune idée; on aurait laissé périr les préjugés par eux-mêmes et aux dépens de ceux qui les soutiennent. Le résultat eût été sans doute en faveur de la majorité des races anglaises et de quelques vieilles souches inconnues, supérieures, sans contredit, à certains échantillons très-mauvais, d'une très-belle espèce, qui ne nous ont pas fait faute.

Revenons à quelques particularités historiques sur la race de pur sang; ceux qui voudraient des détails plus complets n'ont qu'à consulter le *Sporting dictionnary*, *John Lawrence*, l'*Histoire du Turf*, et beaucoup d'autres ouvrages anglais.

Marske, qui dispute à *Shakespeare* la gloire d'être le père d'*Eclipse*, fut vendu dans sa jeunesse pour quelques schillings. Il couvrit, en 1766, à 10 schillings (12 fr. 50 c.).

Éclipse était déjà né, mais il n'avait que deux ans, et personne n'espérait en lui; il fut vendu 500 fr. Plus tard, on le payait 25,000 fr., et sa monte était mise à 100 guinées.

C'est ainsi que, de nos jours, on a vu *Économist* augmenter de valeur par les victoires de son fils, *Harkaway*. *Colonel*, accordé pour un prix par son propriétaire, fut refusé, trois jours après, pour une somme beaucoup plus considérable, parce que, dans l'intervalle, un de ses fils avait bien couru à Newmarket.

Squirt était destiné à être abattu, il fut conservé à la prière d'un domestique, et depuis il produisit *Marske*, *Syphon* et autres bons chevaux.

Old-Traveller ne servait que des juments très-communes. On lui donna à regret quelques juments de pur sang. Mais il fut méconnu jusqu'aux victoires de *Squirrel*, son fils; il n'était plus temps alors de le réhabiliter, il ne pouvait plus saillir; mais la preuve de son mérite, comme étalon, se retrouva plus tard dans la production de *Squirrel*. De tous les genres de vicissitudes qu'un étalon puisse subir, c'est celui-ci dont on voit en France le plus d'exemples: car, en France, on attend, pour revenir sur le compte d'un bon cheval méconnu, non-seulement qu'il soit trop vieux, mais même qu'il soit mort. J'ai possédé un vieux cheval de chasse dont le mérite était très-suffisant pour une province peu adonnée à l'élève des chevaux; c'est lorsque ses derniers poulains ont atteint l'âge de dix ans, c'est-à-dire deux ans après que j'avais fait tuer le père pour cause de vieillesse, que les plus connaisseurs de mes voisins ont décidé que cet étalon était bon. Je leur ai demandé pourquoi ils ne s'étaient pas déterminés plus tôt à lui donner leurs juments ; je n'ai pas eu de réponse à ma question.

D'autres eurent une destinée toute contraire : *Little-Driver* gagna 30,000 fr. en prix de 50 livres chacun, et ne produisit aucun vainqueur.

Fox-Cub ne fut pas plus heureux dans ses productions, quoiqu'on le compte parmi les aïeux d'*Éclipse*, *Askam*, *Mirza* et *Almanzor*, très-joli cheval, qui courut bien et produisit mal.

Snake n'avait jamais été entraîné. On l'avait nommé *Snake* (1) parce que la morsure d'un serpent l'avait, dit-on, rendu boiteux.

Les espérances qu'on avait fondées sur lui avant l'accident engagèrent à en faire un étalon, et il produisit bien.

Snip, qui avait toujours mal couru, fut bon étalon. Son fils, *Snap*, fut bon coureur et bon étalon.

Old-England et *Blank* étaient frères ; le premier, après de nombreuses victoires sur le turf, se démentit dans ses poulains.

Blank, cheval de course médiocre, figure dans toutes les bonnes généalogies.

Lath et *Cade*, tous deux fils de *Godolphin* et de *Roxanna*, offrent la même particularité.

Cade perdit sa mère à l'âge de dix jours ; nourri au lait de vache, il transmit à ses fils des qualités que son éducation ne le mit pas à même de déployer.

---

(1) *Snake* veut dire serpent.

Matchem, par *Cade;*

Herod, par *Tartar;*

Regulus, par *Godolphin*,

ont été considérés comme les souches des trois meilleures familles d'Angleterre. Aujourd'hui, elles sont confondues et croisées au point que tout cheval vivant actuellement en présente au moins deux dans sa généalogie.

Quelques-unes des meilleures poulinières n'avaient jamais couru ni été entraînées; d'autres ont donné à leurs productions les qualités dont elles avaient fait preuve elles-mêmes sur le *Turf*. On ne peut donc établir en principe général aucune règle à cet égard. Toutefois, il est reconnu qu'il faut attacher autant d'importance au choix de la mère qu'à celui de l'étalon; quelques-uns disent plus.

Quant à la consanguinité, il existe des exemples pour et contre. *Highflyer*, étalon si célèbre qu'il donna son nom au hameau où il faisait la monte, descendait de *Godolphin* par son père et par sa mère.

Old-Fox eut pour mère *Bay-Peg*, et pour grand'mère *Bald-Peg*, toutes deux sœurs de père par *Leede's-Arabian*.

Priestess descendait de *Godolphin* des deux côtés, ainsi que *Babraham-Blank* et *Jonny*.

Shark, qui gagna 500,000 francs de prix, et *Sweetbriar*, cheval aussi célèbre, offraient le même exemple d'origine consanguine.

Aussi plusieurs hippologues, entre autres Lawrence, sont-ils partisans de ces alliances.

Un étalon fort célèbre, *Cadland*, qui, malgré sa mort prématurée et le peu d'estime qu'on a fait de lui en France, a donné notre meilleur cheval de course, *Nautilus*, était petit-fils, par sa mère, et arrière-petit-fils, par son père, de *Sorcerer*. Il donna souvent la robe noire qui était, comme on le sait, celle de *Sorcerer*, et je n'ai jamais connu de lui aucun poulain alezan (1).

Ne serait-ce pas une question bien importante à approfondir pour nous, que de savoir ce que pensent les Anglais eux-mêmes de leur *racing-blood* qu'ils ont créé et dont ils sont si fiers.

De tous côtés on court acheter à grands frais en Angleterre des étalons de pur-sang. La Prusse, le Danemark, et généralement toute l'Allemagne du Nord, en font un emploi à peu près général depuis plusieurs années. Quelques amateurs critiquent ce système et y voient une cause de dégénération. Les chevaux allemands, disent-ils, ont gagné en taille, mais beaucoup perdu sous le rapport du modèle, des allures et de la netteté des membres. D'autres, au contraire, se croient en progrès. Constatons le seul fait qui soit à notre connaissance, c'est que l'on continue depuis plusieurs années dans cette voie; il est à croire que l'on s'en trouve bien. Le contraire aurait eu lieu, dit-on, en Hon-

---

(1) Le dépôt des remontes de Paris n'a fourni à l'administration que quatre étalons de pur sang en douze ans : *Nautilus*, *Romulus*, *Jeroboam* et *Albatros*, tous quatre par *Cadland;* le même étalon produisit encore *Britannia*, bonne jument de course ; et, cependant, arrivé en France en 1834, il avait été oublié en Limousin et n'avait fait que deux montes à Paris en 1838, époque de sa mort. Il plaisait peu à nos amateurs de course et n'avait pas toutes les meilleures juments ; ses produits ont été dans le même discrédit, et pas à plus juste titre. On dédaigne *Nautilus*, et *Britannia* a été achetée pour l'Italie 1,200 francs.

grie, en Wurtemberg et dans toute l'Allemagne du Sud, excepté pour les amateurs de courses. La Russie ne nous donne pas de renseignements positifs à cet égard.

Examinons quelle est la pratique des Anglais en général, leur exemple ne peut que nous être utile, puisqu'ils opèrent dans toutes les parties du monde connu.

En Amérique, dans les États-Unis et le Canada, nous voyons importer les meilleurs types anglais, quel que soit leur prix :

C'est un *hunter*, fils d'*Highflyer* et d'une fille de *Blank*, qui en 1800 avait fait ses preuves à la queue des *fox-hound* de Sa Majesté britannique ; c'est *Phænomenon*, *Precipitate*, *Shark*, *Buzzard*, *Eagle*, *Centaure*, *Château-Margaux*, *Sarpedon*, *Priam*, et une foule d'autres non moins renommés. Et on sait s'ils y ont réussi, car la plupart de leurs trotteurs mêmes descendent de chevaux de pur sang de près ou de loin.

D'un autre côté, tandis que le *Stud-Book* fourmille de noms accompagnés de ces mots : *sent to Virginia*, *to United States*, *to Swan River*, *Van-Diemen's Land*, etc., peu sont marqués (1) comme destinés à la Jamaïque, aux Grandes-Indes et autres possessions anglaises des régions tropicales. Pourquoi cela ? L'Anglais a bien autant d'orgueil pour les productions de son pays que le Yankee de déférence pour son ancienne métropole.

(1) La rivière des Cygnes et la terre de Van Diemen se trouvent dans l'hémisphère austral dont la température est plus froide que la nôtre, à latitude égale. Les Anglais ont créé, depuis quelques années, de magnifiques établissements dans la Nouvelle-Hollande.

Lisez un passage emprunté au *Sporting Magasine*, et rapporté dans le *Journal des Haras*, tome I, page 346.

Ouvrez l'ouvrage de M. Hankay-Smith, *Journal des Haras*, tome 2, page 325, et une lettre du capitaine Gwalkin, chef de l'un des haras de la compagnie des Indes, au rédacteur du *Sporting Magasine*, *Journal des Haras*, tome 3, pages 130 et 162.

De ces documents et de tous ceux que j'ai pu me procurer d'ailleurs, on peut conclure que les Anglais préférant de beaucoup le cheval qu'ils ont fait à leur convenance, au type dont ils l'ont tiré, l'emploient tel qu'il est comme régénérateur partout où ils le peuvent ; mais ils savent parfaitement reconnaître les conditions où leur race septentrionale et factice ne peut ni servir, ni se reproduire.

Ainsi dans les Grandes-Indes, pays chaud et fertile, le cheval arabe lui-même peut vivre, mais ne se reproduit pas bien, et le cheval anglais ne tarde pas à languir et à végéter.

Ainsi, bien que tous les chevaux arabes que l'on importe, tous les ans, à grands frais, dans les Indes, de Bagdad, de Mascate et de Bassora, ne puissent lutter de vitesse avec les *racers* anglais même médiocres, on ne se sert généralement dans ce pays que de chevaux arabes comme *Hacks*, coureurs, *hunters* ou étalons tels que *Paragon*, *Humdanieh* et autres dont les noms finissent par acquérir quelque célébrité.

N'est-ce pas la confirmation de ce principe, émis par Cuvier, que les races vont du Midi au Nord, et non pas du Nord au Midi ; principe confirmé par toutes les expériences faites sur les animaux et les plantes ? Ainsi on a obtenu dans une ménagerie à Londres, à Berlin, à Paris même, des générations de tigres, de singes, de perroquets et d'une foule d'autres animaux des régions tropicales, tandis que l'ours blanc végète et meurt au bout de peu de temps.

Le zébu des Indes se multiplie et se croise avec les vaches domestiques, dans ces parcs anglais où les grands seigneurs, si amateurs de curiosités zoologiques, n'ont pu naturaliser l'élan et le renne.

Nos serres produisent abondamment les ananas, les plantes grasses et les cannes à sucre, tandis que nous ne pouvons faire vivre le lichen de Laponie.

La relation qui existe entre la chaleur et le froid se retrouve, pour l'humidité et la chaleur, dans les terres fertiles ou peu productives. Ainsi, il est reconnu que les pépinières ne doivent point être établies dans un sol beaucoup plus riche que celui qui attend leurs productions. Les semences envoyées d'un bon pays dans un mauvais dégénèrent, les graines venues d'une terre aride et sablonneuse se développent et s'améliorent dans une contrée plus riche.

Il en est de même du cheval, parce que la nature ne procède jamais par anomalies et par caprices; sa patrie est dans un pays tempéré, sec, situé plus près des tropiques que du pôle ; peu susceptible de s'avancer vers le midi, il se modifie au nord par les diverses influences auxquelles il est soumis, mais une fois transformé et naturalisé par cet ensemble de circonstances, il ne revient plus au type primitif aussi facilement qu'il l'a quitté. L'opinion que le cheval percheron transporté en Arabie redeviendra arabe en quelques générations ne peut être adoptée que par un homme étranger, non-seulement à tout ce qui a rapport à la science hippique, mais à toute notion de physiologie.

Ces trois lois naturelles une fois définies que tout animal a une patrie, que tout individu doit ressembler à ses ascendants, que les migrations du Nord au Midi ne sont pas suivant le vœu de la nature, il est facile de poser quelques principes élémentaires pour l'éducation du cheval. On comprendra que partout en France où le climat et le sol offrent quelque analogie avec l'Angleterre, le cheval anglais de pur-sang ou de toute autre espèce pourra être employé avantageusement comme étalon, et transmettre à ses produits les qualités qui le font estimer, que partout ailleurs on ne pourra en attendre que des résultats nuls ou incomplets. Essayer de faire des carrossiers cleveland en Auvergne, ou de naturaliser le percheron dans la Sologne, paraîtra une entreprise ridicule à tout homme de sens. A moins, comme je l'ai dit plus haut, que l'on ne change les conditions de l'élevage, et alors la question changera de face, il s'agira de savoir si les résultats seront en rapport avec les sacrifices.

Les modifications qu'a subies le cheval arabe pour devenir cheval anglais nous donnent le droit d'espérer pareil succès partout où les circonstances seront les mêmes. Pourquoi donc n'obtiendrait-on pas de l'étalon arabe, dans la vallée d'Auge, ce qu'on a obtenu de lui dans le Yorkshire? Lequel préférer maintenant du type primitif, ou du sang arabe approprié à nos besoins, comme on dit? la réponse en est simple. Le cheval anglais ayant déjà subi un commencement de dégénération, il sera préférable ou inférieur selon le dégré de transformation auquel on voudra s'arrêter. Ainsi, dans le nord de la France, pour nos espèces fortes et communes, l'un et l'autre pur-sang conviennent à quelques nuances près, la plupart du temps négligeables dans la pratique. Le sang anglais plus grand, plus artificiel, plus difficile à nourrir, ayant conservé nécessairement moins de virtualité régénératrice, pourra souffrir et dépérir dans sa postérité, sur certains sols arides et avec une éducation peu soignée ou parcimonieuse.

La question d'élevage découle naturellement de l'étude des races, telle que nous venons de l'indiquer. Il n'existe pas en effet de méthode plus naturelle que de procéder ainsi de l'observation à la théorie, c'est par une collection de faits qu'on arrive à l'expérience, et ce n'est que l'expérience qui peut guider dans les connaissances naturelles.

Ici se termine la première partie de notre livre. Elle a eu pour objet d'apprendre à connaître le cheval, ou plutôt d'indiquer la route à suivre pour faire cette étude avec fruit.

Quelques notions de zoologie et d'histoire naturelle étaient nécessaires pour diriger nos observations, comme aussi pour rattacher à des sciences déjà consacrées une étude nouvelle et encore sans nom bien reconnu.

Nous avons appelé l'expérience de l'homme de cheval, bien plus que les raisonnements abstraits de la science à notre secours, lorsqu'il s'est agi de l'individu comme animal de service. En effet, l'équitation, comme la gymnastique, s'apprend plus par l'exercice que par des dissertations anatomiques ; il a donc fallu appeler l'attention sur la nécessité absolue de pratiquer un art tout mécanique dans une époque où l'on a trop de goût pour les théories, trop de penchant à remplacer les mouvements par des discours, les faits par des raisonnements.

Enfin, la manière dont nous avons passé en revue géographiquement les diverses races du globe a moins eu pour but d'enseigner dogmatiquement et avec une ambitieuse prétention d'exactitude, ce qui existe dans telle ou telle contrée, que de bien faire comprendre en quoi on peut profiter de ses voyages ou des relations écrites sur les pays que l'on n'est pas appelé à visiter.

Mais ce que nous avons appelé la connaissance du cheval serait plutôt une abstraction qu'une réalité, si l'on n'y joignait d'autres études qui seules peuvent la compléter. Ainsi il n'est pas admissible qu'un homme puisse arriver à juger et à choisir un cheval s'il ne sait parfaitement s'en servir.

Au risque d'être taxé de certaines allusions transparentes qui ressemblent à des personnalités, je dirai que l'on n'est jamais connaisseur sans être cavalier, bien que beaucoup de cavaliers ne soient pas pour cela des connaisseurs. Il y a plus, l'homme qui s'est peu occupé de telle ou telle spécialité de l'emploi du cheval, ou qui ne l'aime pas, ne choisira jamais aussi bien pour ce service que pour ceux qu'il a pratiqués avec suite et avec passion.

Il est donc tout à fait indispensable de faire marcher de

front la pratique de l'équitation avec les études théoriques sur la connaissance des chevaux.

Aussi ne pouvons-nous adresser qu'à des gens versés dans l'équitation la seconde partie, qui sera comme un coup d'œil jeté largement et de haut sur l'usage du cheval et sur le parti qu'on en peut tirer.

FIN DU PREMIER VOLUME.

TABLEAU GÉNÉRAL

DES

DIVERS ORDRES DE PACHYDERMES ET DE RUMINANTS RÉUNIS.

PACHYDERMES
A DOIGTS IMPAIRS ET A TROMPE.

Éléphant des Indes (5 doigts).

Caractères du squelette : défenses petites, peu ou point chez les femelles; 5 doigts devant et derrière; trompe indiquée par la forme des mâchoires.—Caractères extérieurs : 5 ongles devant, 4 derrière; oreilles petites

---

Éléphant mammouth (5 doigts).

Caractères du squelette : Grandes défenses aux deux sexes; trompe pareille à celle de l'éléphant des Indes. — Caractères extérieurs : poils roux, crins noirs, vaste crinière, trouvés sur le cadavre dont parle Pallas.

Éléphant d'Afrique (5 doigts).

Défenses fortes et communes aux deux sexes.—Caractères extérieurs : grandes oreilles, 4 ongles devant, 3 derrière.

Mastodonte (5 doigts).

Caractères du squelette : Défenses énormes, gros membres et peu de ventre.

Palaïotherion (3 doigts).

Caractères du squelette : Trompe indiquée, canines, ensemble se rapprochant du tapir, du rhinocéros et du cochon.

Tapir (4 doigts devant, 3 derrière).

La trompe du tapir n'est qu'un prolongement des naseaux du cheval.

Rhinocéros (3 doigts).

Caractères extérieurs : Corne simple ou double; diverses espèces, tant vivantes que fossiles, et parmi celles-ci une a été trouvée avec ses poils.

Daman (*rhinocéros en miniature*).

Cheval (3 doigts, dont un parfait et 2 rudimentaires, dits *péronés*).

Cinq genres distincts.

PACHYDERMES
A DOIGTS PAIRS ET A GROUIN.

Hippopotame (4 doigts), etc.

Cochons (4 doigts dont 2 parfaits et 2 ne servant pas à la marche.

—

Pécari (un doigt de moins derrière, etc.

Anoplotherion (2 doigts, le canon double, c'est-à-dire que le métacarpe et le métatarse ne sont jamais réunis en un seul, comme dans les ruminants).

Entre les ruminants et les pachydermes, il y a une foule innombrable d'espèces intermédiaires perdues.

RUMINANTS
SANS CORNES.

Chameau. Il a une espèce de canine, le canon en partie divisé, l'estomac moins compliqué que les autres ruminants).

Lama.
Musc.

Girafe, a des cornes, mais couvertes de poils.

RUMINANTS
A CORNES.

Cornes tombantes.

Cerfs.

Renne.
Elan.
Daim.
Cerf.
Chevreuil.

—

Cornes permanentes.

Les Antilopes.
Les Chèvres.
Les Moutons.
Les Bœufs.

Il en est une multitude d'espèces et de variétés dont l'étude n'est pas, selon moi, faite dans l'esprit qui devrait conduire ces sortes d'observations.

TABEAU DES SOLIPÈDES.

PREMIER GENRE.

ANE. Oreille longue, tempérament sec, nerveux, se pliant peu aux changements de climat et à la domesticité, longévité, peu de variations dans la taille, presque point dans la robe. Peu de poils aux jambes, à la queue et à la crinière.

DEUXIÈME GENRE.

ZÈBRE. Oreille un peu plus courte, les caractères sont à peu près les mêmes, seulement moins tranchés; plus de crinière, mais les crins ne sont pas assez longs pour retomber de côté; robe rayée partout; aux jambes et à la tête.

TROISIÈME GENRE.

DAW. Oreille assez courte, tempérament moins sec, substance plus charnue; larges bandes qui manquent à la tête et aux jambes.

QUATRIÈME GENRE.

COUAGGA. Marqué seulement à la tête, à l'encolure et aux jambes; semble un intermédiaire entre le daw et le cheval.

Nota. L'âne offre fréquemment des zébrures aux jambes.

CINQUIÈME GENRE.

CHEVAL. Oreille courte, crinière longue, flottante et susceptible de s'allonger indéfiniment; queue entièrement couverte de crins et pouvant être portée en trompe quand l'animal entre en action; jambes moins sèches et disposées à se couvrir d'une végétation intermédiaire entre le poil et le crin; grande diversité de robes. Possibilité d'atteindre à un haut degré de taille et de largeur, etc.

TABLE DES MATIÈRES.

PAGES.

PAGES.

PAGES.

PAGES.

FIN DE LA TABLE DES MATIÈRES.

www.ingramcontent.com/pod-product-compliance
Ingram Content Group UK Ltd.
Pitfield, Milton Keynes, MK11 3LW, UK
UKHW020314200726
13857UKWH00001B/171

9 782012 872509